建筑节能

Energy Efficiency in Buildings

44

涂逢祥　主编

中国建筑工业出版社

图书在版编目（CIP）数据

建筑节能．44/涂逢祥主编．—北京：中国建筑工业出版社，2005
ISBN 7-112-07459-2

Ⅰ.建... Ⅱ.涂... Ⅲ.建筑—节能 Ⅳ.TU111.4

中国版本图书馆CIP数据核字（2005）第 059279 号

责任编辑：刘爱灵
责任设计：刘向阳
责任校对：王雪竹 孙 爽

建 筑 节 能
Energy Efficiency in Buildings
44
涂逢祥 主编
*
中国建筑工业出版社出版、发行（北京西郊百万庄）
新 华 书 店 经 销
北京市兴顺印刷厂印刷
*
开本：787×1092 毫米 1/16 印张：14 字数：340 千字
2005 年 7 月第一版 2005 年 7 月第一次印刷
印数：1—2,500 册 定价：23.00 元
ISBN 7-112-07459-2
(13413)
版权所有 翻印必究
如有印装质量问题，可寄本社退换
（邮政编码 100037）

本社网址：http://www.china-abp.com.cn
网上书店：http://www.china-building.com.cn

主编单位

中国建筑业协会建筑节能专业委员会
北京绿之都建筑节能环保技术研究所

主　　编

涂逢祥

副 主 编

郎四维　白胜芳

编　　委

林海燕　冯　雅　方修睦　任　俊

编辑部通讯地址：100076 北京市南苑新华路一号
电　　　话：010—67992220-291，322
传　　　真：010—67962505
电 子 信 箱：fxtu@public.bta.net.cn

目　　录

能源战略与政策

中国气候变化初始国家信息通报（摘录）……………………………………………… 1
全球气候变化问题概述——《中国能源发展战略与政策研究》摘录
　……………………………………………………………………………… 徐华清等　4
能源活动对环境质量和公众健康造成了极大危害
　——《中国能源发展战略与政策研究》摘录……………………… 王金南等　8
大力发展节能省地型住宅………………………………………………… 汪光焘　11
中华人民共和国建设部关于加强民用建筑工程项目建筑节能审查工作的
　通知　建科［2004］174号 …………………………………………………… 14
《国际城市可持续能源发展市长论坛》关于建筑节能的讨论总结…………………… 16
坚持可持续的科学发展观　全面推进建筑节能工作
　——在昆明国际城市可持续能源发展市长论坛上的讲话（摘要）……… 许瑞生　20
对建筑节能的几点思考……………………………………………… 龙惟定等　23

建筑节能检测

全国建筑节能检测验收与计算软件研讨会纪要……………………………………… 29
对当前我国节能建筑验收检测的意见…………………………………… 涂逢祥　31
关于居住建筑的节能检测问题…………………………………………… 林海燕　35
墙体保温工程验收与检测宜采取综合评定方法………………………… 王庆生　39
关于节能保温工程施工质量的过程控制和现场检测…………………… 金鸿祥　48
关于采暖居住建筑节能评价问题……………………………………… 方修睦等　52
上海住宅建筑节能检测评估标准介绍………………………………… 刘明明等　58
建筑围护结构的热工性能检测分析…………………………………… 王云新等　62
RX-Ⅱ型传热系数检测仪在工程检测中的应用 ……………………… 赵文海等　69
用气压法检测房屋气密性………………………………………………… 刘凤香　77
示踪气体法检测房间气密性…………………………………………… 赵文海等　84
利用导热仪和热流计方法对墙体和外门窗检测系统测量准确性的验证
　……………………………………………………………………………… 陈　炼等　88
通道式玻璃幕墙遮阳性能测试…………………………………………… 李雨桐　93
房屋节能检测中的抽样方案…………………………………………… 赵　鸣等　104
空调冷水机组COP值现场测试方法…………………………………… 鄢　涛等　110

建筑节能计算软件

- 夏热冬暖地区居住建筑节能设计综合评价软件介绍 …………… 杨仕超等 113
- 居住建筑节能设计与审查软件的研究 …………………………… 马晓雯等 118
- 公共建筑的节能判定参数的确定 ………………………………… 李峥嵘等 126
- 节能建筑能耗评估软件的开发 …………………………………… 赵立华等 131

节能窗技术

- 第三步建筑节能对发展节能窗的机遇与挑战 …………………… 方展和 135
- 谈谈节能建筑中的窗 ……………………………………………… 沈天行 142
- 窗户——节能建筑的关键部位 …………………………………… 白胜芳 145
- 北京市建筑外窗调研报告 ………………………………………… 段 恺等 148
- 提高建筑门窗保温性能的途径 …………………………………… 张家猷 154
- 节能塑窗在我国的发展趋势 ……………………………………… 胡六平 161
- 上海安亭新镇节能建筑高档塑料门窗的选用 …………………… 陈 祺等 164
- 实德新 70 系列平开塑料窗 ……………………………………… 程先胜 169
- 铝合金——聚氨酯组合隔热窗框的制成、分类和应用 ………… 张晨曦 173
- 我国中空玻璃加工业的回顾与展望 ……………………………… 张佰恒等 174
- 提高中空玻璃节能特性的若干技术问题 ………………………… 刘 军 179
- 改善中空玻璃的密封寿命 ………………………………………… 王铁华 185
- 硅酮/聚异丁烯双道密封结构浅析 ……………………………… 戴海林 190

建筑节能进展

《建筑节能》第 33~44 册总目录 ……………………………………… 206

Contents

The Strategy and Policy on Energy

The People's Republic of China: Initial National Communication
on Climate Change 1

Brief Introduction on Global Climate Change .... Xu Huaqing et al 4

Extreme Harm for Environment Quality and Public Health Owing
to Energy Activities .... Wang Jinnan et al 8

Developing Energy Efficient and Land Saving Residential Buildings
with Major Efforts .... Wang Guangtao 11

Notice about Examination on the Engineering Projects of
Energy Efficient Civil Buildings 14

Summary of Discussion on Energy Efficiency in Buildings of The Major
Forum of International Cities Sustainable Energy Development 16

Insisting on Scientific Concept of Sustainable Development and Pushing on
Energy Efficiency in Buildings .... Xu Ruisheng 20

Discussion on Energy Efficiency in Buildings .... Long Weiding et al 23

Testing on the Energy Efficiency in Buildings

Summary on the National Seminar on Testing, Acceptation and Software on
Energy Efficiency in Buildings 29

Opinion on Thermal Testing for Acceptance on Energy Efficient Buildings
at Present in China .... Tu Fengxiang 31

Discussion on Thermal Testing in Residential Buildings .... Lin Haiyan 35

Comprehensive Evaluation Method is Better for Acceptance after Standard
Check and Thermal Testing for Exterior Wall Insulation ...... Wang Qingsheng 39

Process Control and Thermal Test on Construction Quality of
Exterior Wall Insulation in Site ················· Jin Hongxiang 48

Evaluation about Thermal Testing on Heating Residential Buildings
················· Fang Xiumu et al 52

Introduction on the Standard of Thermal Testing and Evaluation on
Residential Buildings in Shanghai ················· Liu Mingming et al 58

Testing and Analysis on Thermal Function of Building Envelope
················· Wang Yunxin et al 62

Applying of RX-II Monitoring Equipment of U Value on
Thermal Testing in Construction ················· Zhao Wenhai et al 69

Monitoring the Air-tightness of Buildings with the Blowing-door
Method ················· Liu Fengxiang 77

Monitoring the Air-tightness with the Trace Gas Method ········· Zhao Wenhai et al 84

Verifying on Precision of Measurement of Thermal Testing System for
Exterior Wall, Door and Window with Heating Conductor and Heat Flow
Meter ················· Chen Lian et al 88

Testing on Shading Performance for Channel Glazing Curtain Wall
················· Li Yutong 93

Sampling of Monitoring for Buildings ················· Zhao Ming et al 104

Testing Method on COP Value of Mechanic Group of Air-conditioning
Water Cooling on Site ················· Yan Tao et al 110

Software on Energy Efficient Design

Introduction on Comprehensive Apprising Software on Energy Efficient
Design of Residential Buildings in Hot Summer and Warm Winter Zone
················· Yang Shichao et al 113

Research on Software of Energy Efficient Design and Examination on
Residential Buildings ················· Ma Xiaowen et al 118

Determination on Judgment Parameter on Energy Efficiency in
Public Buildings ················· Li Zhengrong et al 126

Development on Evaluation Software on Energy Consumption in
Energy Efficient Buildings ················ Zhao Lihua et al 131

Energy Efficient Window Technology

Opportunity and Challenge for the Development of Energy Efficient Windows
with the Third Step of Energy Efficiency in Buildings ············ Fang Zhanhe 135

The Windows in Energy Efficient Buildings ············ Shen Tianxing 142

Windows—The Key Element in Energy Efficient Buildings ········ Bai Shengfang 145

Investigation Report on Windows in Buildings in Beijing ············ Duan Kai et al 148

Way to Improving the Insulation Performance Door and Window in
Buildings ················ Zhang Jiayou 154

Development Tendency on Energy Efficient Windows in China ········ Hu Liuping 161

Selection about Highly Quantity of the Plastic Energy Efficient Windows in
Energy Efficient Buildings at New Anting Town, Shanghai ········ Chen Qi et al 164

Plastic Energy Efficient Casement Window of New 70 System of Shide Company
················ Cheng Xiansheng 169

Classical for Finished Products and Applying of Combined Insulation Window
Frame Made with Aluminum-Polyurethane ················ Zhang Chenxi 173

Review and Prospect to the Insulation Glazing Process Industry in China
················ Zhang Baiheng et al 174

Discussion on the Technical Problem about How to Improving the Thermal
Performance of Insulation Glazing ················ Liu Jun 179

How to Improving the Airtight Life-span of Insulation Glazing ······· Wang Tiehua 185

Introduction of Double Airtight Structure with Silicone/Polyisobutylene for
Insulating Glass ················ Dai Hailin 190

Progress on Energy Efficiency in Buildings

Contents of *Energy Efficiency in Buildings* from Book 33 to Book 44 ············ 206

能源战略与政策

中国气候变化初始国家信息通报（摘录）

一、国家基本情况

中国陆地面积约 960 万 km²，毗邻的海域面积约 473km²。大陆性季风气候显著和气候类型复杂多样是中国气候的两大特征。中国降水的时空变化显著，降雨多集中在夏季，且地区差异很大。中国的地势西高东低，形成三个明显的阶梯，山地、丘陵和高原约占总面积 66%。中国的水资源短缺、时空分布不均。人均水资源拥有量约为世界的 1/4，人均能源资源占有量不到世界平均水平的一半。

中国是世界上人口最多的国家。1994 年中国大陆总人口为 119850 万人，就业人员总数为 67455 万人，三类产业就业人员之比为 54.3:22.7:23.0。1994 年中国的城市化水平为 28.5%，2000 年城市化水平提高到 36.2%。

二、国家温室气体清单

1994 年中国国家温室气体清单的范围包括：能源活动、工业生产过程、农业活动、土地利用变化和林业及城市废弃物处理的温室气体排放量估算，报告了二氧化碳（CO_2）、甲烷（CH_4）和氧化亚氮（N_2O）三种温室气体的排放。

能源活动清单报告的范围主要包括：矿物燃料燃烧的二氧化碳和氧化亚氮排放；煤炭开采和矿后活动的甲烷排放；石油和天然气系统的甲烷逃逸排放和生物质燃料燃烧的甲烷排放。工业生产过程清单报告的排放源包括：水泥、石灰、钢铁、电石生产过程的二氧化碳排放；以及己二酸生产过程的氧化亚氮排放。农业活动清单报告的范围主要包括：稻田、动物消化道、动物粪便管理的甲烷排放；农田、动物粪便的氧化亚氮排放。土地利用变化和林业活动清单报告的范围主要包括：森林和其他木质生物碳贮量的变化，以及森林转化为非林地引起的二氧化碳排放。城市废弃物处理清单报告的范围主要包括：城市固体废弃物处理的甲烷排放、城市生活污水和工业生产废水的甲烷排放。

1994 年国家温室气体清单基本采用了《IPCC 国家温室气体清单编制指南（1996 年修订版）》（以下简称《IPCC 清单指南》）提供的方法，并参考了《IPCC 国家温室气体清单优良作法指南和不确定性管理》。（以下简称《IPCC 优良作法指南》）。清单编制机构基于对中国的排放源界定、关键排放源确定、活动水平数据可获得性和排放因子可获得性等情况，分析了 IPCC 方法的适用性，确定了编制 1994 年国家温室气体清单的技术路线。

根据清单估算结果，1994 年中国 CO_2 净排放量为 26.66 亿 t（折合约 7.28 亿 t 碳），其中能源活动排放 27.95 亿 t，工业生产过程排放 2.78 亿 t，土地利用变化和林业部门的碳吸收汇总约 4.07 亿 t；CH_4 排放总量约为 3429 万 t，其中农业活动排放 1720 万 t，能源活动排放约 937 万 t，废弃物处理排放约 772 万 t；N_2O 排放总量约为 85 万 t，其中农业活动排放约 78.6 万 t，工业生产过程排放约 1.5 万 t，能源部门排放约 4.9 万 t。按照 IPCC 第二次评估报告提供的全球增温潜势数据计算，1994 年中国温室气体总排放量为 36.50 亿 t CO_2

当量，其中 CO_2、CH_4、N_2O 分别占 73.05%、19.73% 和 7.22%。

为了减少温室气体清单估算结果的不确定性，重点加强了数据、方法和报告格式等几个方面的工作。在保证数据的准确性方面，尽可能采用官方的统计数据，并配合进行抽样调查和实际测试工作，同时参照《IPCC清单指南》和《IPCC优良作法指南》中推荐的默认值。在方法方面坚持遵循IPCC方法，并根据中国国情加以改进，保证了清单估算结果具有可比性、透明性和一致性。在报告格式方面，尽可能采用《公约》非附件-国家信息通报指南推荐的格式。

本清单尚存在着一定的不确定性，主要因素有：首先，中国作为发展中国家，数据统计基础比较薄弱，尤其是在与估算温室气体排放相关的活动水平数据的可获得性方面还存在很多困难；其次，在能源、工业生产过程、农业、土地利用变化与林业、废弃物处理部门中，不同程度地采用了抽样调查、实地观察测量等方法来获取编制清单所需的基础信息，由于资金、时间等客观因素的制约，观测的时间尺度、观测点和抽样点的代表性还不够充分。

影响中国未来温室气体排放的因素主要包括：人口增长与城市化水平提高，经济发展与消费模式变化，人民生活基本需求的增长，经济结构调整与技术进步，林业与生态保护建设。分析表明：一方面，中国未来的基本生活需求与经济发展将产生更大的温室气体排放需求；另一方面，由于中国贯彻实施可持续发展战略，在排放量增长的同时，也在自身的能力和发展水平允许的范围内，努力降低排放增长的速度，为减缓全球气候变化作出积极贡献。

三、气候变化的影响与适应

中国从20世纪90年代初开始进行气候变化的影响、脆弱性与适应性评估的研究，主要研究的领域集中在与国民经济密切相关的四个领域：水资源、农业、陆地生态系统、海岸带和近海生态系统。应用的影响评估工具模型主要是从国外引进的，自主开发的模型不多，评估工作还是初步的，存在很大的不确定性。初步研究结论如下：

近百年中国气候变化的趋势与全球气候变化的总趋势基本一致，20世纪90年代是近百年来最暖时期之一；从地域分布看，中国气候变暖最明显的地区是西北、东北和华北，长江以南地区变暖趋势不明显；从季节分布看，中国冬季增温最明显。1985年以来，中国已连续出现了16个全国大范围的暖冬；中国降水以20世纪50年代最多，以后逐渐减少，特别是华北地区出现了暖干化趋势。在假定大气中 CO_2 浓度从1990年起渐进递增至2100年，并考虑气溶胶浓度变化的情景下，不同全球气候模式对中国气候变化的情景预测存在一定的差异，但总趋势是一致的，即中国将持续不断地变暖，降水也将增加。对于未来极端天气/气候事件的研究目前还很少，有限的结果表明，在未来气候变暖大背景下，中国的极端气候冷害事件呈减少趋势，而极端高温事件应是增加的；干旱和洪涝灾害将增加。

对中国主要江河径流量的观测结果表明，近40年来六大江河的实测径流量呈下降趋势。20世纪80年代以来，华北地区持续偏旱。与此同时，中国洪涝灾害也频繁发生，特别是进入90年代以来，多次发生大洪水。SRES A2、B2情景下的影响评估显示：北方径流深减少而南方径流深增加。这将加剧北方的水资源短缺，影响社会的可持续发展。自20世纪气候变暖以来，中国山地冰川普遍退缩，西部山区冰川面积减少了21%。在气候变暖情景下，冰川融化对近期出山径流的减少将起到一定程度的缓解作用，但对未来的冰川水资源利用有较大的威胁。

气候变暖后，由于作物生长加快，生长期普遍缩短，这将影响物质积累和籽粒产量。由于气候变化的不利影响，导致农业生产费用增加。现有的评估表明：气候变化对中国主要农作物的影响以减产趋势为主。气候变暖将影响气候资源的时空分布，相应的种植制度也将发生改变，一熟制地区的面积将减少23.1%，两熟制地区将北移至目前一熟制地区的中部，而三熟制由当前的13.5%提高到35.9%，其北界也将北移500km左右，由长江流域移至黄河流域。气候变暖后，中国主要作物品种的布局也将发生变化。模拟结果表明：在现有的种植制度、种植品种和生产水平不变的前提下，到2030~2050年间，由于气候变化和极端气候事件会使粮食生产潜力降低约10%，其中小麦、水稻和玉米三大作物均以减产为主。

气候变化对中国物候的影响显著。观测表明：随着20世纪80年代以来中国东北、华北和长江下游春季增温，物候期提前。在CO_2浓度倍增情景下，中国的植被带或气候带将向高纬或向西移动，植被带的范围、面积、界限将相应变化。全球气候变化对中国西南、华中和华南等地区的森林影响最大。气候变化对中国森林初级生产力地理分布格局没有显著影响，森林生产力和产量呈现不同程度的增加；但由于气候变化后病虫害的爆发和范围的扩大、森林火灾的频繁发生，森林固定生物量却不一定增加，各树种适宜面积均减少。在CO_2浓度倍增情景下，中国北方牧区的气候将会变得更加干暖，各干旱地区的草场类型将会向湿润区推进，即目前的草原界线将会东移；模拟预测表明，全球变暖对中国的冻土、沼泽、荒漠都将产生显著影响。

20世纪50年代以来，中国沿岸海平面呈上升趋势，近几年尤为明显，海平面上升的年平均速率约为1.4~2.6mm。中国科学家应用中国海平面变化预测模型，计算了到2100年中国沿岸5个区域相对海平面的变化范围在31~65cm之间，未来全球气候变暖引起的海平面继续上升将加剧中国海岸的侵蚀过程。由于海平面的上升，中国沿海江河潮水沿河上溯范围加大，从而影响到河流两岸淡水供应，并使水质降低。

已采取的适应措施主要包括：颁布了13部相关法律和条例；建设水利工程，如大江大河防洪堤防建设、南水北调等；调整农业结构和种植制度；抗逆品种的选育和推广；建立自然保护区、森林公园和天然林保护区等。

拟采取的适应措施主要包括：节水型农业和工业；生态环境保护和建设；选育抗逆和抗病抗虫新品种；退耕还牧、退耕还林还草；改善农业基础设施；控制和制止毁林及各种生态破坏；扩大自然保护区；加强并建立防治森林、草原火灾和病虫害的监测、预测和预警机制；提高江河防洪标准，加强沿海防潮设施建设。

全球气候变化问题概述

——《中国能源发展战略与政策研究》摘录

徐华清 郭 元等

一、气候变化问题的发展历程

瑞典科学家斯万特·阿尔赫尼斯（Svante Arrhenius）早在19世纪末就提出了温室效应概念并作了描述，许多科学家也逐渐认识到人为的温室气体排放增加的问题。但是，直到20世纪70年代初期，各国科学家仍缺少对气候变化问题进行系统的研究。1972年召开的斯德哥尔摩人类环境会议，促使人们加强对潜在的气候变化和相关问题领域的研究。70年代末期，科学家们开始把气候变化看作一个潜在的严重问题。1988年由世界气象组织和联合国环境规划署共同建立了政府间气候变化专业委员会（IPCC），同年召开的多伦多会议标志着有关气候变化问题高级辩论的开始。多伦多会议之后两个月，马尔他政府向联合国提出将全球气候宣布为"人类的共同遗产"的建议。联合国大会于1988年12月通过了一项关于为人类现在这一代和将来的子孙后代保护气候的决议。欧共体的代表在1990年6月筹备"第二次世界气候大会部长级会议"时，首次提出了保护大气层和控制CO_2排放的主张，随后又在当年9月讨论上述部长级会议的《部长宣言》稿时，提出了应立即开始"气候变化公约"谈判的主张，并要求将这一问题纳入《部长宣言》，拉开了"公约"谈判的序幕。1990年12月联合国大会审议上述部长级会议报告及其《部长宣言》后，通过了一系列决议，主要包括成立由联合国全体会员国参加的气候公约"政府间谈判委员会（INC）"，参照《部长宣言》立即开始起草"公约"的谈判，并争取在1992年环发大会时签署"气候公约"。1991年2月开始了关于起草"气候公约"的多轮谈判，谈判的焦点涉及以下五个主要问题：（1）责任问题；（2）承诺问题；（3）政策措施问题；（4）资金与技术转让问题；（5）组织机构问题。1992年5月9日在纽约通过了《气候公约》，并在里约热内卢环境发展大会期间供与会各国签署。1992年6月11日，国务院总理李鹏在里约热内卢代表中国签署了《气候公约》。公约于1994年3月21日生效。截至2003年2月17日，共有188个国家和欧盟成为《气候公约》缔约方。

二、《气候公约》和《京都议定书》及其初步评价

《气候公约》由前言、26条正文和两个附件组成，包括定义、目标、原则、承诺、研究与系统观测、教育培训和公众意识等条款，其主要内容如下：

（1）气候变化的定义：《气候公约》将气候变化定义为在类似时期内所观测的自然变异之外，由于直接或间接的人类活动改变了大气组成而造成的气候变化。公约缔约方承认地球的气候变化及其不利影响是人类共同关心的问题，人类活动已大幅度增加大气中温室气体的浓度，这种增加增强了自然温室效应，平均而言将引起地球表面和大气进一步增温,并可能对自然生态系统和人类产生不利影响。

(2)《气候公约》的最终目标:公约要求最终将大气中温室气体的浓度稳定在可保证全球可持续发展的水平上,即将大气中的温室气体浓度稳定在防止气候系统受到危险的人为干扰的水平上,以使生态系统能够自然地适应气候变化,确保粮食生产免受威胁,并使经济发展能够可持续地进行。

(3)《气候公约》的指导原则:

1)各缔约方应当在公平的基础上,并根据它们共同但有区别的责任和各自的能力,为人类当代和后代的利益保护气候系统。因此,发达国家缔约方应当率先对付气候变化及其不利影响。

2)由于历史上和目前全球温室气体排放的最大部分来自发达国家,发达国家应当首先采取措施减少温室气体的排放和影响,使其 CO_2 等温室气体的人为排放量回复到1990年的水平。同时要向发展中国家提供新的、额外的资金以支付发展中国家履行公约所增加的费用,并采取一切可行的措施转让温室气体减排技术。

3)发展中国家的人均排放量相对较低,在全球排放中的份额将会增加,以满足社会经济发展的需要。公约认为发展经济和消除贫困是发展中国家缔约方首要的、压倒一切的任务。应当充分考虑发展中国家缔约方的具体需要和特殊情况,特别是那些容易受气候变化影响的发展中国家和必须承担不成比例或不正常负担的发展中国家的情况。发展中国家缔约方履约的程度将取决于发达国家在公约下承担的资金和技术转让承诺的有效履行。

4)各缔约方应该采取预防措施,预测、防止或尽量减少引起气候变化的原因和影响,当存在可以造成严重或不可逆转损害的威胁时,要积极采取防范措施,并确保对付气候变化的政策和措施以尽可能最低的费用获得全球效益。这种政策和措施应考虑不同的社会经济情况,并且应当具有全面性,包括所有相关的温室气体源、汇、库及适应措施,并涵盖所有经济部门。应付气候变化的努力可由有关的缔约方合作进行。

5)各缔约方有权并应当促进可持续发展。保护气候系统免遭人为变化的政策和措施应当适合缔约方的具体情况,并应当结合到国家的发展计划中去,同时考虑到经济发展对于采取措施应付气候变化是至关重要的。

6)各缔约方应当合作促进有利的和开放的国际经济体系,这种体系将促成所有缔约方特别是发展中国家缔约方的可持续经济增长和发展,从而使它们有能力更好地应付气候变化的问题。为对付气候变化而采取的措施,包括单方面措施,不应当成为国际贸易上的任意或无理的歧视手段或者壁垒限制。

正是基于"共同但有区别的责任"原则,《气候公约》规定发达国家和发展中国家应承担不同的义务。发达国家的义务是率先采取减排行动,使温室气体排放水平回到1990年的水平,并且向发展中国家提供技术和资金。这种资金和技术转让,应是有别于官方发展援助和商业技术转让。发展中国家的义务是编制国家信息通报,其核心内容为温室气体排放源和吸收汇的国家清单,制定并执行减缓和适应气候变化的国家计划。发展中国家履行上述义务的程度取决于发达国家的资金和技术转让的程度。

应该说,《气候公约》是对少数发达国家依靠大量消费化石能源和其他资源而建立的高自然资源消耗模式提出的挑战,达到《气候公约》提出的控制大气温室气体浓度的目标,首先要求发达国家带头减排。《气候公约》的实施要求发达国家改变传统的不可持续的发展方式，寻求新的发展模式和消费观念，开创一种低资源消耗、低污染的可持续发展的模式。与此同时，包括发展中国家在内的所有缔约方在《气候公约》的框架下都承担了相应的责任和义务。认为发展中国家不承担任何义务是有悖公约的基本要求的。虽然发展中国家在现阶段没有承担具体的减排定量目标，但从《气候公约》的最终目标来看，不同的发展中国家根据自己的可能，逐步参与全球性的减排活动将是不可避免的。现阶段发展中国家应该在争取社会经济发展的同时，尽可能地将应对气候变化问题纳入到国家发展计划中去，将可持续发展的各种政策和措施与应对气候变化挑战有机地结合起来。

由于《气候公约》只是一般性地确立了温室气体的减排目标，没有硬性规定发达国家减排的具体指标。发达国家认为，《气候公约》所规定的义务不具有法律约束力，属于软义务，到目前为止，只有少数发达国家温室气体排放量达到了1990年水平，并且在技术转让和资金提供上行动也十分有限。为此，从1995年"柏林授权"开始，经过艰苦的谈判，于1997年形成了《京都议定书》。

1997年12月在日本京都召开的《气候公约》第三次缔约方大会上，通过了旨在履行"柏林授权"的"一项议定书或另一个法律文件"的《京都议定书》。《京都议定书》的核心内容是为发达国家明确规定了第一承诺期减、限排的定量目标和时间表。议定书第三条第1款规定：附件一所列缔约方（指发达国家）应单独或共同地确保本议定书附件A所示的温室气体（包括 CO_2、NH_4 等6种气体），其人为的 CO_2 当量排放总量不超过按照附件B所示的排放量限制和削减承诺以及根据本条规定所计算的分配数量，以期这类气体的全部排放量在2008～2012年承诺期间比1990年的实际排放水平至少削减5%。在履约方式上，议定书规定发达国家可以单独或通过"联合履行"、"清洁发展机制"和"排放贸易"等手段，实现其部分减排承诺。同时，《京都议定书》也要求所有缔约方根据共同但有区别的责任，继续促进履行公约中已规定的现有义务，包括制订、实施及定期更新减缓气候变化和促进适应气候变化的政策和措施的国家方案。

议定书规定的发达国家排放量限制或削减承诺（1990=100）　　表1-1

冰岛	110	澳大利亚	108
挪威	101	俄罗斯	100
新西兰	100	乌克兰	100
克罗地亚	95	加拿大	94
匈牙利	94	日本	94
波兰	94	美国	93
欧盟（15国）	92	其他国家	92
附件一39个国家和国家集团平均			94.8

可以说，《京都议定书》的达成具有非同寻常的意义，它是人类历史上第一个为发达国家单方面规定减少温室气体排放具体义务的法律文件，是对《气候公约》的重要补充，是推动可持续发展、保护全球环境的重要进展。

《京都议定书》是一种建立在自愿和灵活性基础上的承诺。首先，发达国家减排的时间比"柏林授权"向后推迟。"柏林授权"曾要求发达国家2000年开始减排，议定书则规

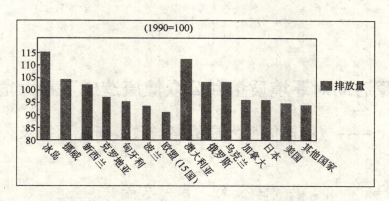

图1 议定书规定的发达国家排放量限制或削减承诺

定发达国家以2008~2012年作为"承诺期"的减排指标，这和政府间气候变化专业委员会建议国际社会尽早采取行动以保护大气层的要求是不一致的。这也说明，具体承担减定量目标义务，各国都要考虑其本身的经济承受能力和实际可能性。第二，发达国家的减排指标相对较低，议定书规定发达国家在2008~2012年期间平均减排5.2%，远低于欧盟提出的每个发达国家到2010年减排15%的目标。第二，《京都议定书》从各国能够接受的条件出发，并没有规定所有的发达国家都要绝对减排，相反，新西兰、俄罗斯、乌克兰三国不减排，而澳大利亚等三国还允许增长排放，其中挪威增长1%，澳大利亚增长8%，冰岛增长10%。第四，具体温室气体减排额之间有替代的灵活性和余地，议定书允许将CO_2之外的其他五种温室气体用"全球增温潜势"按"二氧化碳当量"计算，而全球增温潜势在科学上还存在明显的不确定性，其中一些温室气体的折算误差可能较大；同时，议定书还允许森林等吸收"汇"抵消一部分减排额，进一步增加了灵活性。

三、《京都议定书》实施规则的谈判进程

1997年《京都议定书》通过后的几次缔约方大会，通过了几个重要的文件，这些文件包括：1998年COP4通过的"布宜诺斯艾利斯行动计划"、2001年COP6续会通过的"波恩协议"；2001年COP7为具体落实"波恩协议"达成的一揽子决定，统称为"马拉喀什协定"。2001年10月25日~11月9日，在摩洛哥马拉喀什举行的COP7，其主要任务是完成落实"波恩协议"的技术性谈判。经艰苦谈判，会议以一揽子方式通过了落实"波恩协议"的一系列决定，统称为"马拉喀什协定"。为争取俄罗斯、日本等国批准《京都议定书》，"七十七国集团加中国"和欧盟在碳汇、遵约问题上再次表现出较大灵活性，这无疑再次削弱了《京都议定书》的环境效果。但COP6续会上就资金、技术转让、能力建设等问题形成的决定草案，在本次会上未做修改即予通过。本次会议也在续会遗留下来的《京都议定书》三机制、遵约程序和碳汇等议题上终于达成一揽子解决方案，从而基本维护了"波恩协议"的完整性，巩固了发达国家向发展中国家提供资金援助方面首次取得的较大进展。"马拉喀什协定"通过以后，除个别具体问题外，为使《京都议定书》生效所进行的实施规则的谈判已全部结束，气候变化谈判进入了一个新的阶段。

徐华清 国家发展改革委员会能源研究所环境中心主任 研究员 邮编：100038

能源活动对环境质量和公众健康造成了极大危害

——《中国能源发展战略与政策研究》摘录

王金南 曹 东等

中国传统的以煤炭为主的能源结构决定了能源消费活动中要排放大量污染物，造成了城市环境质量恶化，不仅带来经济运行成本的增加，而且严重威胁到人民群众的身体健康。能源活动对环境与健康的影响将是未来中国社会和经济发展的突出问题之一。

1. 主因：以煤为主的能源结构

根据地矿部门的普查和勘探，中国预测资源总量为40017亿tce，在能源资源中，煤炭占绝对的优势。若以常规能源资源总量为100，那么煤炭资源量在85以上，水能占12，石油和天然气仅占2～3。多年来，中国已经形成了以煤为主，多能互补的能源生产和消费结构，但能源资源条件决定了我国以煤为主的能源消费结构在短期内难以转变，未来煤炭仍将在整个能源过程中发挥不可替代的作用。

中国煤炭资源大多属于中低硫煤和中灰煤，但由于长期以来缺乏对生产和消费洗清煤炭的刺激，煤炭消费量的80%是原煤直接燃烧。中国煤炭的60%以上用于发电，但由于种种原因，火电行业的燃煤污染并没有得到很好的控制；此外，以煤炭为燃料的工业锅炉和民用锅炉也是大气中二氧化硫（SO_2）、烟尘的主要污染来源。目前有些地区城市居民燃煤做饭或取暖，居民区和商业区的集中供热许多是由小型燃煤锅炉提供的。随着餐饮等第三产业的发展，使用煤灶的餐厅和饭店增多，如此多的燃煤污染源必然导致大范围的室内和室外大气污染。

因此，大量低效的燃煤设备，传统的用煤方式和煤炭的品质，污染治理力度不够决定了煤烟型污染仍将是我国未来相当长的时期内大气污染的主要方面，也决定了由能源结构导致的煤烟型污染在短期内难以有效得到全面的遏制。

2. 表现：污染物排放居高难下

（1）大气污染物排放

中国大气环境污染与能源消费有直接的关系，从有关部门的统计来看，煤炭使用过程产生的污染是中国最大的大气环境污染问题。全国烟尘排放量的70%、SO_2排放量的90%、氮氧化物的67%、CO_2的70%都来自于燃煤。2000年，中国能源消费总量达到130119万tce，SO_2排放量为1995万t，烟尘排放量达到1165万t，可以说，中国主要大气污染物的排放量都居世界第一位。

在大气污染物排放中，SO_2排放与电力行业发展密切相关。燃煤电厂是煤炭的主要用户，电力耗煤占煤炭总产量的60%，同时也是SO_2排放大户。据统计，2000年，燃煤电厂SO_2排放量810万t，占全国排放总量的41%。自90年代以来，无论从排放总量还是占总排放量的比例，电力行业排放的 SO_2 都趋于上升。

除了能源消费过程中的污染物排放外，能源在开采、炼制及供应过程中，也会产生大量有害气体，严重影响着大气环境质量。如采掘业 2000 年 SO_2 排放量为 33.08 万 t，烟尘排放量为 21.5 万 t；石油加工及炼焦业排放 SO_2 37.8 万 t，烟尘 24.8 万 t；电力煤气及水的生产供应业 SO_2 排放量为 719.9 万 t，烟尘排放量约 300 万 t。2000 年，能源生产相关行业烟尘排放量占全国烟尘总排放量的 29.8%，对大气环境造成严重的污染。

（2）水污染物排放

据调查，全国 96 个国有重点矿区中，缺水矿区占 71%，其中严重缺水矿区占 40%。随着煤炭开采强度和延伸速度的不断加大提高，矿区地下水位大面积下降，使缺水矿区供水更为紧张，以致影响当地居民的生产和生活。另一方面，大量地下水资源因煤系地层破坏而渗漏矿井并被排出，这些矿井水被净化利用的不足 20%，对矿区周边环境形成新的污染。

据统计，中国煤矿每年产生的各种废污水约占全国总废污水量的 25%。2000 年，全国煤矿的废污水排放量达到 27.5 亿 t，其中，矿井水 23 亿 t，工业废水 3.5 亿 t，洗煤废水 5000 万 t，其他废水 4500 万 t。

（3）CO_2 排放

CO_2 排放与能源结构、消费量和能源效率等密切相关。中国是世界上仅次于美国的 CO_2 排放量大国，1990~2000 年中国 CO_2 排放量由 6.66 亿 t 碳增至 8.81 亿 t 碳，由占全球排放量的 11.6% 增至 13.7%（日本能源经济研究所）。由于人口较多，中国人均 CO_2 排放量低于世界平均水平；近年来，能源利用效率的提高和技术的不断进步，每万元 GDP 的 CO_2 排放量在逐步下降。

3. 影响：高昂的经济和公众健康成本

（1）造成大气污染和酸雨污染

大量能源（尤其是煤炭）的使用过程排放出大量的污染物，造成了中国城市空气质量的严重恶化。2001 年世界银行发展报告列举的世界污染最严重的 20 个城市中，中国占了 16 个。2002 年统计的 341 个城市中，达到或优于国家空气质量二级标准的城市，城市空气质量达到三级标准的城市和空气质量劣于三级标准的城市各占 1/3。与煤炭使用密切相关的颗粒物仍然是影响中国空气质量的主要污染物，64.1% 的城市颗粒物年均浓度超过国家空气质量二级标准，其中 101 个城市颗粒物年均浓度超过三级标准，占统计城市数的 29.2%。

研究表明，中国 20 世纪 90 年代的酸雨属硫酸型。燃煤等人为活动所排放 SO_2 是造成酸雨的主要原因。90 年代中期酸雨区面积比 80 年代扩大了 100 多万平方公里，年均降水 pH 值低于 5.6 的区域面积已占全国面积的 30% 左右。

（2）能源污染的经济成本

中国从 80 年代初开始研究环境污染造成的经济损失。综合不同研究机构的研究成果，中国的大气污染损失已经占到 GDP 的 2%~3%。世界银行根据目前发展趋势预计，2020 年中国燃煤污染导致的疾病需付出经济代价达 3900 亿美元，占国内生产总值的 13%。这应该引起中国政府的高度重视。

目前，造成中国大气污染损失的主要污染物为 SO_2。在 SO_2 污染损失估算方面，引用较多的是中国环境科学研究院完成的《国家酸雨控制方案》研究结果：1995年酸雨和SO_2排放造成的损失达1100亿元。

(3) 大气污染对健康的影响

大气污染严重的地区，呼吸道疾病总死亡率和发病率都高于轻污染区。慢性支气管炎症状随大气污染程度的增高而加重。1974~1982年，中国有关部门对大气污染中的SO_2粉尘浓度和人群死亡率逐年动态变化的关系进行了调查，发现SO_2浓度每增加$0.100mg/m^3$（基数是$0.40mg/m^3$），呼吸系统疾病死亡人数将递增约5%。在中国11个最大城市中，空气中的烟尘和细颗粒物每年使5万人夭折，40万人感染上慢性支气管炎。

近年来国内不少学者进行了室内不同燃料燃烧后污染物对人体健康的影响研究。王黎华等调查了北京市40~65岁做饭的妇女，结果表明燃煤户妇女呼吸系统疾病出现率50.4%，煤气户为40.0%（$P<0.05$），相对危险度为1.94。中国西南地区是高硫烟煤的重要产区，对地处西南的贵州省某村进行的燃煤危害调查结果表明，敞灶燃煤室内空气中SO_2、砷和氟的浓度超标3.2~64倍，室内存放的大米、玉米和辣椒的砷、氟含量超标1.1~1126倍。目前，在中国大多数农村和中小城镇中，敞灶燃煤型烹调和取暖十分普遍，由此引起的室内空气污染也相当严重。

王金南　中国环境规划研究院　总工程师　研究员　84915105（O）

大力发展节能省地型住宅

汪光焘

中央经济工作会议期间,中央领导明确指出,要大力发展"节能省地型"住宅。我们体会到:这事关促进经济结构调整和经济增长方式转变的大局,是在城乡建设工作中落实科学发展观的具体要求。要实现住宅建设的可持续发展,必须全面审视住宅建设的指导思想,在住宅建设工作中,按照减量化、再利用、资源化的原则,搞好资源综合利用,大力抓好节能、节地、节水、节材工作,建设"节能省地型"住宅。

一、全面审视住宅建设的指导思想

(一)要从经济结构调整和增长方式转变的高度来认识"节能省地型"住宅建设

我国资源、环境的约束要求我们必须改变传统的住宅建设方式。目前,我国住宅建设过程中,耗能达到总能耗的20%多,耗水占城市用水32%,城市用地中有30%用于住宅,耗用的钢材占全国用钢量的20%,水泥用量占全国总用量的17.6%。住宅建设的物耗水平与发达国家相比,钢材消耗高出10%~25%,卫生洁具的耗水量高达30%以上,每拌合1m^3混凝土要多消耗水泥80kg。随着城镇化进程和生活水平的提高,一方面住宅建设的任务还很繁重;另一方面又面临着越来越严峻的资源、环境、生态压力,继续沿用传统的方式进行住宅建设,各个方面都将难以承受。

此外,既有住宅也是造成能源紧张的重要方面。我国既有城乡住宅建筑总量约330亿m^2,而节能型住宅不足2%。这些既有住宅还在无节制地消耗着大量的能源,比发达国家建筑能耗高2~3倍,这势必进一步加剧我国能源紧缺的矛盾。

从根本上讲,要按循环经济的要求指导住宅建设。住宅都有一个近期建设和长远使用过程的资源消耗问题,应按照减量化、再利用、资源化的原则,搞好资源综合利用。

总之,住宅产业是发展循环经济、建设资源节约型社会的重要领域,要通过住宅产业现代化的途径,大力发展"节能省地型"住宅,为调整经济结构和转变增长方式作出贡献。

(二)要实现住宅建设观念的更新

1. 从解决住房短缺的需要向满足住房需求和实现节约能源、保护环境、优化生态并重转变

改革开放以来,住宅建设的主要任务之一就是解决住房的紧缺问题。经过20多年的努力,住宅建设从数量上看,基本解决了有无问题,但付出了资源高消耗、环境高污染的代价,必须切实转变住宅建设方式,发展"节能省地型"住宅,在以人为本、节约能源、保护环境、优化生态的基础上,解决住房需求问题。

2. 从低品质、频拆迁的住宅向高品质、长寿命的住宅转变

由于我国住宅建设品质低等原因，目前，我们的住宅平均使用寿命不足30年，远低于设计寿命50年的标准，而发达国家的住宅寿命一般高达80多年。这种"推倒砖头垒砖头"的低水平建造方式，浪费了大量的人力和资源。住宅建设应从规划、设计、建造、使用、维护等环节，解决好近期和长远利益的关系，达到全寿命周期使用的目标。

3．从重视城镇住宅向城镇和农村住宅并重转变

目前，我们对城镇住宅建设关注比较多，对农村住房建设关注较少。而农村住房建设占地大、耗能高、质量差的问题更为突出。发展"节能省地型"住宅，必须从统筹城乡发展的高度，把工作的着力点放到城市和农村两个方面。

（三）走新型工业化的发展道路，依靠住宅产业化来实施

住宅产业化是发展"节能省地型"住宅的必由之路。要通过技术创新，走新型工业化的发展道路，构建节约型的住宅产业结构，彻底扭转住宅建设高消耗、高污染、低产出的状况，全面转变住宅建设的经济增长方式。建立和完善住宅标准化体系和住宅性能评价体系，开发推广资源节约、环保生态的新型住宅建筑体系和住宅部品体系。运用科学的组织和现代化的管理，将住宅生产全过程中规划、设计、开发、施工、部品生产、管理和服务等环节集成为一个完整的产业系统，实现住宅建设的高效率、高质量、资源综合利用率高、环境负荷低的目的。

二、把握好发展"节能省地型"住宅工作的重心

"节能省地型"住宅是指在保证住宅功能和舒适度的前提下，要坚持开发与节约并举，把节约放到首位。在规划、设计、建造、使用、维护全寿命过程中，尽量减少能源、土地、水和材料等资源的消耗，并尽可能对资源进行循环利用，实现资源节约和循环利用的住宅。

我国的"节能省地型"住宅应该定位在以下几个方面：

1．节能

一是通过科学的规划布局、合理的功能分区以及住区布置；二是通过建筑朝向、体形系数等规划设计手段；三是通过提高建筑围护结构保温隔热性能以及设备和管线的节能，来减少能源消耗。

2．节地

一是合理规划住宅建设用地，少占耕地，尽可能利用荒地、劣地、坡地等；二是合理规划居住区，在保证住宅功能和舒适度的条件下，确定居住区的人口规模和住宅层数，提高单位住宅用地的住宅面积密度；三是通过设计的优化，改进建筑结构形式，增加可使用空间；充分利用地下空间，提高土地利用率；延长住宅寿命，减少重复建设；合理控制住宅体形，实现土地资源的集约有效利用；四是合理配置居住区的环境绿化用地，增加单位绿量；减少停车占地并向立体空间发展，以留出更多居住空间。

3．节水

一是在城乡规划、居住区选址中，充分考虑水资源开采利用与补给的平衡关系，以及城市供水与排水系统对节水的有效性；二是在住宅小区中，通过雨水收集利用、生活废水收集与处理回用等住宅节水措施和设备，解决非优质用水的来源；三是在住宅小区中，通过分质供水、推广应用节水器具等住宅节水措施与设备，节约用水。

4．节材

一是推广可循环利用的新型建筑体系（如钢结构、木结构）；二是推广应用高性能、低材耗的建筑材料（如高强混凝土、高强钢筋等）；三是鼓励各地因地制宜地选用当地的、可再生的材料及产品；四是推行一次装修到位，减少耗材、耗能和环境污染；五是鼓励废弃的建筑垃圾回收与再利用。

三、近期工作重点

（一）制定"节能省地型"住宅的产业政策

明确"节能省地型"住宅的发展目标、发展规划、技术政策、经济政策、组织政策、市场政策，建立必要的工作推进制度和激励机制。根据国家建立资源消耗低、环境污染少、经济效益好的国民经济体系和资源节约型社会的发展战略，研究制定发展"节能省地型"住宅技术发展纲要。

（二）建立"节能省地型"住宅标准体系、控制指标体系

一是从节能、节地、节水、节材等角度重新审视现有的规划和标准体系，建立和完善促进节能、节地、节水、节材的规划和标准体系；二是要把"节能省地型"住宅建设纳入城乡建设用地指标框架体系，并保证"节能省地型"住宅用地指标得到落实；三是要研究建立小区规划和单体建筑设计的指标体系，并进行最严格的控制；四是要研究在农村住宅建设的规划、设计和建造中，采取什么样的指标进行引导和控制；五是尽可能把涉及节能、节地、节水、节材的关键性能或指标列为国家强制性条文，并实行最严格的监督管理。

（三）研究制订推进"节能省地型"住宅的创新机制

综合运用财政、税务、投资、信贷、价格、收费、土地等经济调控手段，逐步构建资源节约型住宅产业结构和住宅消费结构。一方面鼓励开发商建造、人民群众购买"节能省地型"住宅；另一方面，对不执行相关标准的责任人进行处罚，以市场化的方式来推进"节能省地型"住宅的发展。

（四）大力推进"节能省地型"住宅的技术进步，通过先进和适用的技术实现住宅产业的提升

建立评估认证体系，促进"节能省地型"住宅的发展。一是把"节能省地型"住宅的研究工作纳入国家中长期科技发展规划，为研究开发相关的技术及产品提供保障；二是大力抓好"节能省地型"住宅示范工程，以示范效应来带动"节能省地型"住宅的发展；三是建立"节能省地型"住宅的评估认证制度，引导其健康发展。

（五）加强国际合作

继续拓展合作领域，并把合作重点放在战略规划、政策标准的制定、技术及产业合作、能力建设和示范工程等方面，在"节能省地型"住宅开发使用可再生能源、使用新型墙体材料、发展可持续住宅、引进先进施工工艺及技术等方面，缩小我国与世界先进水平的差距，实现我国"节能省地型"住宅的跨越式发展。

（六）认真总结经验，逐步建立和完善规范引导"节能省地型"住宅发展的法规体系

目前，应充分利用现有的行政许可手段，如施工图设计审查、施工许可、竣工验收备案等依法推进"节能省地型"住宅的发展。

汪光焘　建设部部长　邮编：100835

中华人民共和国建设部
关于加强民用建筑工程项目建筑节能审查工作的通知

建科 [2004] 174 号

各省、自治区建设厅，直辖市建委及有关部门，计划单列市建委，新疆生产建设兵团建设局：

建筑节能是贯彻我国可持续发展战略的重要举措。全面推进建筑节能，有利于节约能源、保护环境、改善建筑功能、提高人民群众生活和工作水平，对全面建设小康社会、促进建筑业技术进步和节能事业发展具有十分重要的作用。为认真贯彻国务院领导同志关于政府机构节能和建筑节能的批示及《国务院办公厅关于开展资源节约活动的通知》（国办发 [2004] 30 号）的精神，监督民用建筑工程项目执行建筑节能标准，确保节能建筑的设计施工质量，促进建筑节能工作全面深入健康发展，根据《中华人民共和国节约能源法》和《建设工程质量管理条例》以及《关于固定资产投资工程项目可行性研究报告"节能篇（章）"编制及评估的规定》（计交能 [1997] 2542 号），现就加强民用建筑工程项目建筑节能审查工作通知如下：

一、民用建筑工程项目建筑节能审查是提高新建建筑节能标准执行率的重要保障。各级建设行政主管部门要将建筑节能审查切实作为建筑工程施工图设计文件审查的重要内容，保证节能标准的强制性条文真正落到实处。

二、施工图审查机构要审查受审项目的施工图设计和热工计算书是否满足与本地区气候区域对应的《民用建筑节能设计标准（采暖居住建筑部分）》（JGJ 26—95）、《夏热冬冷地区居住建筑节能设计标准》（JGJ 134—200）、《夏热冬暖地区居住建筑节能设计标准》（JGJ 75—2003）中的强制性条文和当地的强制性标准的规定。审查合格的工程项目，需在项目受管辖的建筑节能办公室进行告知性备案，并由其发给统一格式的《民用建筑节能设计审查备案登记表》（附后）。

三、省、自治区、直辖市人民政府建设行政主管部门负责监督本行政区域内民用建筑工程项目建筑节能审查工作。各级建设行政主管部门要严格依照建设部《实施工程建设强制性标准监督规定》（建设部令第81号），做好民用建筑工程项目施工设计中执行建筑节能标准的管理工作。

四、各级建设行政主管部门要加强对建筑节能重要部位专项检查工作，重点对建筑物的围护结构（含墙体、屋面、门窗等）和供热采暖或制冷系统在主体完工、竣工验收两个阶段及时进行单项检查，以判定工程项目的新型墙体材料使用情况、屋面保温情况、门窗热工性能、供热采暖、制冷系统的热效率和管道保温情况等。

五、对施工图审查合格并在项目受管辖的建筑节能办公室进行备案的工程项目，根据

"关于实施《夏热冬冷地区居住建筑节能设计标准》的通知（建科［2001］239号）"和"关于实施《夏热冬暖地区居住建筑节能设计标准》的通知（建科［2003］237号）"文件规定，建筑节能办公室对其减免新型墙体材料专项基金。各级建设行政主管部门在建筑节能重要部位的专项检查过程中，对不符合墙壁改进与建筑节能要求的工程项目要提出相应的改进意见。对达不到整改要求的工程项目要依照建设部《实施工程建设强制性标准监督规定》（建设部令第81号）的规定予以相应的处罚。

六、为确保节能建筑工程的质量，各类轻质墙板、节能门窗、屋面保温材料等新产品、新技术应由主管部门会同建筑节能办公室组织有关专家进行技术评估或科技成果鉴定。

中华人民共和国建设部
二〇〇四年十月十二日

《国际城市可持续能源发展市长论坛》
关于建筑节能的讨论总结

2004年11月10日至11日在中国昆明由建设部和中国工程院主办的国际市长论坛。论坛的议题是城市可持续能源发展，着重讨论城市快速公交系统和建筑节能发展战略。对建筑节能的讨论归纳总结如下：

（1）城市可持续能源发展的目标是，为了满足城市居民生活和生产日益增长的能源需求，提供清洁的、可靠的和低成本的能源。与此同时，力求能源利用所产生的外部成本最低，避免走高增长高污染的老路。能源的高效利用，尤其是终端的高效利用，以及清洁和可再生能源的开发利用是实现这个目标的具体措施。坚持科学发展观是城市可持续能源发展的根基，使城市成为清洁的、安全的和适合居住的地方。

（2）城市建筑消耗近一半的能源和其他主要资源。建筑节能的目标是以最小的能耗和污染排放，满足舒适的居住要求，达到人与自然的和谐共处。经济增长和房地产业的迅猛发展，使建筑能源消耗急剧增加。各城市应抓住机遇，落实建筑节能各项工作。新建建筑必须达到节能标准。推广建筑物节能标识，政府的鼓励和激励政策应以建筑物节能标准和标识作为依据。

（3）改革建筑物能源消费的政府补贴政策和积极推进供热体制改革。逐步取消政府对消费者的补贴，实行谁消费谁付费的原则。采用新的政策，补贴低收入家庭。使消费者有节能的动力和义务。采用竞争机制，打破垄断，促使能源供应商（热力、燃气、电力等）降低成本以减少政府补贴。

（4）要建立和实施严格的建筑节能标准体系。在规划、审批、设计、施工、竣工验收和物业管理全过程中加强建筑物节能审核和监督。政府的监管尤其重要，要加强监察和执法力度，实施激励政策。也可利用市场机制，提倡企业自查自律，协会等社会团体的督查，以及公民举报、投诉和法律诉讼。政府应增加预算和编制，建立严格的执法队伍，减少和杜绝建筑节能标准实施和督察过程中的腐败现象。

（5）制定强制性家用电器的最低能耗标准以及节能产品的认证制度和标识制度。倡导家电企业积极承担社会责任，积极研发、生产和销售高效节能产品。将电器节能标准、建筑节能标准和电力需求侧管理相结合。提高公众的支持和购买高效节能产品的认识。政府在政策、激励措施和节能信息传播上应起主导作用。

（6）利用科技进步，节约和循环使用各类资源和能源。采用可再生能源，如太阳能电池、热水器、地热、地温等技术，与常规能源相配合，逐步达到零排放的绿色建筑。热电冷三联供是行之有效的重要节能措施之一。

（7）可持续城市能源发展要树立长期的和近期的具体目标，达到环境和资源的可持续性，公共财政和投资的可持续性，社会和经济发展的可持续性，政府部门政策的可持续性和公众参与的可持续性。具体的指导原则可以归纳为：政府主导、公众参与；环境友好、协调发展；立法执法，监管监督；科技创新、市场培育。

（8）政府主导。政府主导主要表现在指导城市长期发展规划，制定和贯彻实施政策，建立市场激励措施，严格执法和市场价格监管，保护公共利益。具体的行动纲领和对策是：

- 建立稳定透明的法律法规体系，指导城市长期发展规划，包括建筑节能的目标在内。将部门的管理职能从政府的政策制定和监管中剥离出来。
- 政府的工作重心要从经济发展优先转向能源、环境和社会平衡发展优先；从投资财政体系转向公共财政体系；从控制型的行政体制转向开放监管型的行政体制。这种转型有利于建筑节能管理。
- 制定与实施各项技术标准，最为急迫的包括城市环境排放标准、空气质量标准、燃料经济性标准、燃料质量标准、建筑物节能标准和家用电器标准，以及标准和标识的认证、宣传和实施。
- 制定基础设施投资标准，鼓励各种产权性质的法人，包括私营和国外投资者，参与建筑节能的投资。
- 制定公共财政政策，确定价格和税收政策，取消所有消费者的能源补贴，重新制定低收入家庭的政府补贴规定，实施价格和税收引导政策。积极的税收政策包括燃油税、能源消费税、碳税和节能税收减免等。
- 深化改革，打破市场垄断，引入竞争，降低成本。引导和疏理建筑市场的无序竞争，使投资者和开发商树立环保和节能建筑的品牌。
- 在建筑领域，确定谁使用谁付费和谁消费谁付费的原则。
- 提高财政投入，支持建立监管机构和充实人员编制，加强建筑市场耗能产品的监管，减少和杜绝腐败行为和现象。
- 政府采购计划应支持节能建筑物和高能效电器的购置。扶持高效节能新产品的产业化，扩大市场份额。
- 配合其他部门的环保和节能措施，如电力市场的需求侧管理和节能服务公司，推动建筑（包括家用电器）节能。
- 加强能力建设，培养各类人才。编制建筑节能的技术规范文件。
- 建立建筑节能示范项目。在此基础上，加速推广普及。
- 充实加强建筑能耗及其环境影响的统计体系和数据发布。

（9）公众参与。充分发挥非政府组织的作用和公众参与的热情，培养公民的节能环保意识，建立资源节约和环境友好型的社会，做到公众参与的可持续性。具体的行动纲领是：

- 非政府组织和公众应积极参与政府政策制定，倡导和推动立法，积极配合执法。
- 推动信息传播范围和深度，积极购买高效家用电器，将市场需求的信息回馈给政策决策者和制造厂商。
- 积极购买绿色电力和清洁燃料。
- 推动政府政策、法规和标准的透明度，便于公众参与听证和批评。
- 建立由社会资助的技术、经济和政策研究的非政府组织，提供独立的公正的建议。

- 支持附加收费，配合政府公共财政资金建立公共利益基金，资助清洁能源的发展。

（10）环境友好。环境友好的可持续性应当减少能源利用对公众身体健康和环境的不利影响，减少自然资源消耗，实施循环经济，实现节约型社会的要求。具体的行动纲领和对策是：
- 应将环境友好的资源节约型社会树立为城市可持续发展的根基。
- 实施城市污染物排放总量的控制及减排目标和时间表。
- 用环境友好的标准衡量评价政府的政策、法规和标准，以及社会民间的活动。不符合环境友好的项目，应重新制定和审查。
- 建筑物能耗价格应考虑全社会成本。
- 随着时间的推移和法律规定的期限，不断强化和提高环境保护和排放的标准与法规。
- 按照城市区域功能的划分，确定污染收费标准。
- 谁污染谁付费的原则。污染收费的一部分应用于城市环境友好的项目，如高效家用电器。
- 推动循环经济的应用和实施。

（11）协调发展。建筑节能应当与城市可持续发展的其他目标和任务协调和结合起来。具体的行动纲领和对策是：
- 在全部资源的总成本限制下，优先发展建筑节能，对经济效益高的项目给予优先权。
- 完善投资和财务管理，促使投资多元化，并使投资者有一定的回报，使投资有稳定性和可持续性。
- 节能建筑应与土地利用和其他资源利用相结合。
- 满足社会各方面的需求，考虑公共利益，尤其是社会低收入和弱势群体的需求。减少社会的负面影响和避免损害公共利益。
- 协调中央与城市管理部门、城市各职能部门之间的工作与合作，确立高层次的政府牵头协调机构，通力发展节能建筑。

（12）强化节能，结构优化。节能是可持续能源城市发展的核心，是最经济的低成本的一种能源供应方式。具体的行动纲领和对策是：
- 在最低能源标准的基础上，制定高效能源标准，并为下一步标准的提高打下基础。在立法或法规中，要对标准加严的时间作出明确的规定。
- 利用税收杠杆，鼓励企业研发和生产新的高能效产品。
- 鼓励为节能作出贡献的企业和个人。对违反法律和节能标准规定的，实施经济、行政、吊销营业执照和法律处罚等制裁措施。
- 鼓励使用清洁燃料和能源消费的低碳化。
- 发展可再生能源燃料替代矿石燃料，推动可再生能源在建筑节能上的应用。
- 建筑物开发商和运营商，应充分考虑与可再生能源的设施衔接，不得阻止或拒绝可再生能源的利用。

（13）立法执法，监管监督。缺乏立法执法体系的建设和强有力的监管监督，节能和环保的政策只能是空话，造成社会资源的巨大浪费。具体的行动纲领和对策是：

- 地方人大行使立法权力，根据本地区的条件和要求，制定更为严格的排放标准和节能标准。推动建筑节能法规的建立。
- 加强执法体制的建立和完善，政府监管和民间自检自律体制相结合。
- 鼓励民间举报。从举报和行政诉讼过渡到民事和法律诉讼。
- 由各个城市设立节能监管机构，在政府的委托下，监察法律和政策执行的情况。公众或团体可向法院对监管不力的节能监管机构提出申诉。
- 逐步完善地方执法体制的能力建设和运行管理。

（14）科技创新，市场培育。科技在长期的发展规划中起着决定性的作用。具体的行动纲领和对策是：
- 在建筑物中使用高效节能材料和门窗、节电设施等，进一步降低能耗。
- 批量化、规模化和商品化发展可再生能源，利用市场机制，降低成本，普及技术含量高的可再生能源利用技术。
- 利用市场培育机制，推动建筑节能领域中的新技术、新材料和新产品的产业化发展。

（15）可持续城市能源发展是世界各城市共同面临的问题和挑战。城市能源合作是应对挑战的重要组成部分。在交流、借鉴、对话、合作的原则下，开展广泛的活动，促进城市的可持续能源发展。

坚持可持续的科学发展观　全面推进建筑节能工作

在昆明国际城市可持续能源发展市长论坛上的讲话（摘要）

许瑞生

广州作为华南地区的中心城市，近年来，随着经济的发展，能源相对紧缺问题已成为广州经济快速发展的瓶颈问题。广州市地处夏热冬暖地区，持续高温的时间长，全年约有6个月时间需要采用空调来降温，然而广州现有建筑的总体热工性能较差，使得空调能耗长时期处于高位。

据统计，近年来，我市的建筑能耗占全市总能耗的比例约30%，特别是在夏季的6~9月，全市建筑空调耗电量占全市总用电量的比例高达40%。我们思考下列问题：
- 如何结合广州城市的地理特点进行建筑节能；
- 实施建筑节能与继承岭南建筑形式，注重气候特征的传统风格；
- 降低建筑能耗，特别是降低建筑空调能耗；
- 政府主导与市场调节的关系。

一、广州市建筑节能工作的现状

广州市的建筑节能工作相对经济的发展起步较晚，基础较弱。近几年来，我市为加快建筑节能工作的步伐，主要做了以下几方面的工作：
(1) 政府重视，各部门共同推动建筑节能工作的开展；
(2) 积极宣传和培训，提高全民建筑节能意识；
(3) 开展科研攻关，解决建筑节能应用技术问题；
(4) 建立示范工程，促进建筑节能的推广应用。

二、广州市下一步开展建筑节能工作的思路

通过几年来对建筑节能工作的不断探索和研究，我们认为广州市建筑节能工作必须从基础抓起，分阶段、分地域、分步骤进行实施。下一步，广州市政府将主要从以下几个方面加强对建筑节能工作的领导和推动。

1. 创建具有广州地方特色的建筑节能体系

全国各地的建筑节能工作存在着不平衡，气候条件、生活习惯、价值取向也存在差异。
- 将建筑节能与全市的城市节能体系融合起来

一是在城市发展规划及建设中体现节约能源的观念，改善城市结构，保护城市自然生态体系，创造良好的微气候环境，从城市结构入手减少能耗；

二是积极考虑地下空间的开发和利用在节能体系的作用，把建设地下空间作为建筑节能有机的一部分，充分利用地下空间，如加快建设地铁、地下交通、地下商业街、停车场等。

● 将建筑节能与创造具有岭南特色的城市环境相结合

一个城市的特色来自于建设行为对自然环境的尊重，对气候环境的适应，来自于对城市的文脉、文化、历史的继承，对城市的特色起最根本的决定性作用。

广州60~70年代的不少建筑对气候条件是非常尊重的，从而涌现出一批独具特色的"岭南建筑"，广州将在今后的建设中，结合广州的城市环境特点，从场地到单体形成有机整体，倡导建设更多具有亚热带和岭南特色的节能建筑。

2．建立完善建筑节能的政策法规体系

政策法规是开展建筑节能工作的基础。我市今后将逐步建立系统的政策法规，主要包括三个方面的内容：

一是要制定并出台本市的建筑节能管理法规。根据实际情况，在国家、省、市已有政策法规的基础上，通过人大立法或政府令的形式，出台建筑节能地方性管理法规和相关的配套政策；

二是要完善建筑节能监督管理机制。在现行管理体系的基础上，明确相关行政管理部门在建筑节能管理方面的职责，以系统工程的方式，强化建筑节能的监督管理；

三是要建立建筑节能的激励约束机制。对严格执行建筑节能标准的单位和个人给予奖励，并根据我市空调用电量大的特点，探讨阶梯电价等约束机制，促使建筑节能工作从政府推动到业主主动实施转变。

3．建立健全建筑节能的科技保障体系

完善的科技保障体系是开展建筑节能工作的重要环节。为此，我市下一步主要从以下四个方面开展工作：

一是要建立和完善建筑节能标准的配套技术规范。根据建设部颁布实施的《夏热冬暖地区居住建筑节能设计标准》，制定本地的实施细则和标准图集，并根据具体情况，逐步制定其他建筑的节能技术措施；

二是要完善建筑节能工程应用的技术基础。通过调研、测试和科研攻关，解决工程应用遇到的技术难题，推出适合本市工程应用的节能产品、技术、建筑构造类型等；

三是要构筑建筑节能的科技活动平台。通过开展各种建筑节能科技活动，充分发挥建筑节能专家及相关技术人才的作用，形成一个高效的沟通平台，为政府相关决策提供参考；

四是要加速科研成果的转化。要把科研成果尽快转化到规划者的规划思路中去，转化到设计人员的设计方案中去，转化到建设单位的建设行为中去。

4．加强对建筑节能的宣传和培训

宣传和培训是开展建筑节能工作的重要内容。在宣传方面，以实施建筑节能的现实意义为重点，通过电视、报纸、网站等媒体以及建筑节能研讨会、展览会等多种形式进行宣传，根据人们不断追求高质量居住环境的趋势，大力宣传和推广高性能的节能建筑，向广大市民阐明建筑节能的经济效益和社会效益，强化全民的建筑节能意识。在培训方面，根据建筑节能技术性较强的特点，采取培训、讲座、研讨等方式，结合建筑应用过程中不同的对象进行有针对性的强化培训，全面普及建筑节能技术。

5．引导和培育有序的建筑节能产品市场

通过政策和有效的市场引导，使建筑节能潜在的需求变为现实的市场需求。政府通过发布推荐或限制、淘汰使用相关建筑技术、产品、设备的目录，并对建筑节能材料、产品进行认证备案等方式，加强对建筑节能市场的宏观调控，正确引导技术研究和产品生产等相关方面的投资方向，实现资源的优化配置，促进建筑节能相关产业和市场健康有序的发展。

6．强化建筑节能工作的政府推动作用

市政府将不断加强对建筑节能工作的领导和推动，把推进建筑节能工作为我市贯彻科学发展观的战略性问题来定位，纳入政府的目标管理，并作为一项长期任务和重要工作。下一步，将充分发挥各有关职能部门的作用，特别是建设行政主管部门在规划、设计、施工、监理、竣工验收等环节中的作用，加强对建筑节能的监督管理。

小结：
- 建筑节能必须融入城市节能总体框架中；
- 建筑形式是建筑节能的基础；
- 创造适应气候特征的节能建筑，有利于显现城市个性和继承传统文化；
- 政府的引导不应该扼杀市场经济运作的规律。

许瑞生　广州市副市长

对建筑节能的几点思考

龙惟定　周　辉

【摘要】　建筑节能应处理好围护结构节能与建筑设备节能、单体设备节能与系统节能、建筑节能与室内环境品质（IEQ）以及节能与节电的关系。同时，应建立科学、合理和简单的建筑节能评价体系。

【关键词】　建筑节能　空调系统　评价体系

1. 概述

发达国家的能源统计，是按产业（Industry）、交通（Transportation）、居民和商业等四个部门统计。因此，很容易得到建筑能耗数据，即居民（Residential）和商业（Commercial）能耗之和。其建筑能耗一般占全国总能耗的1/3左右。如美国，2000年的建筑能耗占全美总能耗的35％。但我国的能源统计模式与发达国家不同，是分工业、农业、建筑业、交通运输及邮电通讯、批发零售、生活消费和其他等多个部门统计。如果将后三个部门的能耗当作建筑使用能耗，则我国的建筑能耗在总能耗中的比例多年来一直在20％左右。2000年为20.4％。而我国建设部公布的2000年建筑能耗比例数字是27.6％。建设部的数字中包括了建材工业的能耗，实际是广义建筑能耗。此外，还有好几个版本的比例数字。

其次，在很多建筑中，也没有区分各部分能耗。比如，通常认为在公共建筑中，空调采暖的能耗在总能耗中占最大比例。其实这一结论在我国并没有实际数据的支持。因为国内建筑物中能耗计量很粗糙，一般只有冷水机组有单独的功率表，而空调的末端装置和输送系统的耗能无法与其他动力设备和照明的耗能区分开来。在工业建筑中，传统上又把空调等建筑设备能耗计入生产能耗。笔者曾经引用过日本建筑环境·省能机构统计得到的办公楼中各部分能耗比例的调查结果，但这一数据在被许多文章多次转引之后，以讹传讹，变成"上海地区办公楼能耗比例"，甚至进入某些正式的研究报告和文件。

在基础数据和能耗现状不清的情况下，难以恰当地确定建筑节能的目标（例如，在某一时间节点基础上的节能率），也难以恰当地分配各部分的节能率（例如，总节能率中围护结构、照明、空调各承担多少）。

图1是上海某高层办公楼全年的总能耗曲线。可以发现，图1的能耗曲线有两个最低点，分别出现在4月和11月。在上海地区，这两个月是气候最宜人的时期，一般来说建筑物既不需要采暖，也不需要供冷。取这两

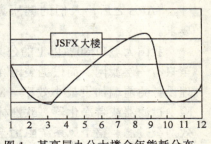

图1　某高层办公大楼全年能耗分布

个月能耗量的平均值,在曲线图上划一道水平线(图1中的虚线)。可以认为,这道水平线以上由曲线所围成的面积就是该大楼采暖空调所消耗的能量;水平线以下的矩形面积则是照明和其他动力设备(如电梯)所消耗的能量。

因此,可以把照明、插座、电梯等设备能耗当作稳定能耗。尽管冬季昼短夜长,夏季则相反,人们使用照明的时间有一些差别,但在现代商用建筑中从全年能耗角度来看,这种差别并不明显。而采暖和空调的能耗是变动的、不稳定的能耗,它不但随气候区变化,而且随建筑类型、形状、结构和使用情况变化,甚至今天和明天都会有所不同。这就给建筑节能工作带来了复杂性和多样性,但同时也是建筑物中节能潜力最大的部分。

在美国,建筑能耗统计是由政府进行的,在日本,则是由专业学会和学术团体完成的。但在中国,还没有像美、日等发达国家那样大规模地进行建筑能耗调查。因此,大多数节能政策制定者和从事建筑节能的研究者都不能像发达国家那样对全国或一个城市的建筑能耗情况了如指掌。而由于缺乏必要的检测计量手段,许多建筑楼宇的物业管理人员对自己所管理的建筑各部分能耗情况也是心中无数。因此,建筑节能必须从计量做起。

2. 围护结构节能与空调系统节能

围护结构采取节能措施,是建筑节能的基础。由于我国建筑节能是从采暖居住建筑起步的,因此,建筑节能首先考虑加强围护结构保温无疑是正确的决策。从管理的角度看,可以对围护结构制订限定性指标,易于评价。但是,建筑节能的关键是空调采暖系统的效率,最终的节能量也要从空调采暖系统来体现。北方地区在墙改之后又发展到热改。如果没有调节阀和热计量,围护结构保温越好,可能浪费的热量越多。

而在间歇运行的密闭空调建筑(例如办公楼)中,夜间在空调关机之后,由于无法开窗通风,使得室温升高,当夜间室外气温低于室温时,通过围护结构的逆向传热可以降低第二天空调的启动负荷。因此,围护结构保温越好,蓄热量越大,空调负荷也越大(图2)。

对公共建筑而言,围护结构形成的负荷在总负荷中所占比例很小,因此,围护结构的节能潜力有限。

从图3中可以看出,墙体传热系数降低40%,所得到的节能率最大8.1%(哈尔滨),最小2.8%(广州)。可见,在公共建筑节能中重要的环节是降低内部负荷、减少内部发热量。例如,在保证照度的前提下降低照明负荷,既降低照明耗电,又降低空调负荷,可谓一举两得。

3. 节能与室内环境品质

SARS之后,人们的健康意识和自我保护意识增强,对室内环境品质提出更高的要求。

我国大城市80%以上的公共建筑中的空调末端(AHU)仅有一级粗效过滤,有的甚至只有一层滤网。而根据美国ASHRAE标准62-2001,应在冷却盘管或其具有湿表面的处理设备的前端加设最小效率(MERV, Minimum Efficiency Reporting Value)不低于6的除尘过滤器或者净化器。欧洲标准也要求AHU过滤器达到F7标准。即需要有粗效和中效两级过滤。整个风系统阻力至少比现在增加200Pa。假定一台3600m^3/h的空调箱,全年运行,要增加耗电量2500kWh。

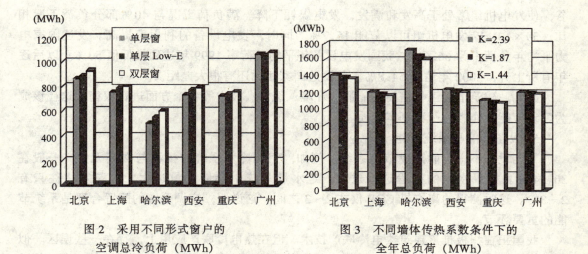

图2 采用不同形式窗户的
空调总冷负荷（MWh）

图3 不同墙体传热系数条件下的
全年总负荷（MWh）

另外，很多大楼的空调新风量也没有达到规范的要求，但是，SARS之后，一些新建大楼的业主对新风量提出了超出规范的要求。新风负荷占空调负荷的20%～30%，加大新风量就意味着能耗的增加。

在公共建筑中，室内环境品质直接影响用户的舒适、健康和工作效率。对大楼管理者来说，这是"开源"。而建筑节能则是降低运营成本，是"节流"。开源和节流应该相辅相成。

因此，建筑节能工作要以室内环境为底线。一方面，建筑节能决不能以牺牲室内环境品质为代价；另一方面，对不合理的环境消费（例如夏季过低和冬季过高的环境温度、过大的新风量、边使用空调边开窗等）行为，即不合理的用能，则应该改变。

解决节能与室内环境品质矛盾还可以采用很多新技术或原有技术的集成。例如，独立新风系统（DOAS）、辐射吊顶+置换送风系统、除湿空调系统等。

4. 节能与节电

2003年夏季高温期间全国19个省市严重缺电和美国加拿大部分地区的大停电事故为我们敲响了警钟，电力空调的应用关系到电网安全，因此，在节能的同时还要关注节电。

某些节能技术可能可以降低全年建筑能耗，但却不节电。例如本文第2节所论述的围护结构保温就是如此。在传统的空调能源结构中，夏季用电供冷、冬季用一次能源供热。对于采暖为主的地区，加强围护结构保温隔热可以降低全年能耗（例如哈尔滨）；而在供冷为主的地区，加强围护结构保温隔热和密闭性的总节能效果有限，反而会增加空调能（电）耗。

某些技术可能能耗稍大，但是可以使用清洁能源，对保护环境有利。例如，燃气直燃机在国内一直被很多人视为"节电不节能"。但是，直燃机不使用CFC和HCFC冷媒、燃用天然气对环境影响极小、温室气体排放极低，从而被世界各国当作一项绿色技术。夏季利用低谷燃气、平整高峰电力负荷，可以使电力和燃气得到"双赢"。

某些技术可能在微观层面上不节能、但在宏观层面上却是节能的。例如蓄冰空调，利用夜间低谷电力制冰时制冷机组的COP值降低。在用户侧，如果没有合理的峰谷差价，则蓄冰空调是既不节能又费钱。但在发电侧，大量蓄冰空调的使用填平了夜间电力负荷低谷，使发电机组常处于高发和满发，发电煤耗下降。满负荷工况与40%部分负荷工况相比，30×10^4kW发电机组可以节能15.7%。同时，发电设备的利用率提高。发达国家电力平均年负荷率为66.6%，我国发电设备年平均负荷率1999年达到最低值50%。以后逐年有所上升，2002年达到54.8%。与发达国家相比还有很大差距。

因此，建筑节能工作需要在能源、环境、经济、技术等各个方面进行权衡，这应该成为建筑节能工作者的一项基本素质。

5. 设备节能和系统节能

节能设备不一定能连成节能系统。例如，空调冷水系统的扬程与楼高无关，一般在30～40m。如果水泵的扬程选择过大，定水量系统中会使流量过大，水温差往往只有2～3℃。这时测得的离心机COP仅在2～3之间。这说明，空调系统的配置合理是系统节能的重要环节。

我国正在积极推广建筑热电冷联产技术。但在热电冷联产应用上，存在一些误区。似乎凡热电冷联产系统就一定是节能系统。笔者认为，热电冷联产技术的关键并不在于其动力装置用微型燃气轮机还是用内燃机，也不在于其理论效率有多高。实际上如果系统配置不当，热电冷联产系统的节能效益便完全不能发挥。热电冷联产的理论效率达到70%或80%的前提是设备满负荷运行。在我国热电联产电力尚不允许上网的条件下，还必须将热电联产所发电力和所产热量全部用掉，才能体现出效益。

热电联产机组的产热和发电之间存在着平衡关系。取得的热量多、得热的品位（温度）高，势必要降低发电效率；反之亦然。无论从热力学第一定律还是从热力学第二定律的观点分析，热电联产系统都应该充分发挥发电效率、充分利用排热，而不应该是相反。

假定某建筑的微型燃气轮机热电冷联产系统的产热和发电完全用来为大楼供冷，分别采用热力制冷和电力制冷。其能流图如图4。在图4的模式下，总一次能效率为1.51。因为在热力制冷部分采用了直燃机，就必须使微燃机排气温度达到500℃以上，而此时发电效率只有13%～15%。

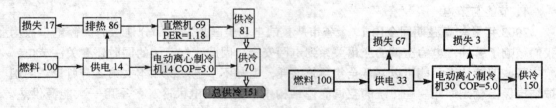

图4 微燃机热电联产系统全供冷模式
（直燃机热力制冷＋离心机电力制冷）

图5 电动离心式制冷机能流图

与传统电制冷相比，用离心机制冷的能流图如图5。

可见其一次能效率（1.5）与热电冷联产基本持平。说明对热电联产机组和直燃机的投资是无效投资。而如果要提高发电效率，则相应的排气温度比较低，只适于采用热力制冷效率比较低的吸收式制冷机。（图6）

图6中的供冷一次能利用率高于传统电制冷。

由此可见，热电冷联产系统的本质是回收发电系统过去被丢弃的排热、废热或余热，以提高综合能效。即在保证发电效率的前提下充分利用余热。如果为了用热而抑电，就是本末倒置了。尤其是楼宇热电冷联产，所用的发电机组功率比较小，效率远远比不上大型电厂的大发电机组。它的优势在于综合效率和就近供能。而发挥其综合效率的关键是系统合理的配置和科学的运行。

在建筑节能中，选择设备不仅要看它在额定工况下的效率，更要看它在部分负荷条件下的效率。对制冷机而言，就是综合部分负荷值（IPLV）。

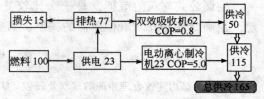

图6 微燃机热电联产系统全供冷模式
（双效吸收机热力制冷＋离心机电力制冷）

制冷机的综合部分负荷值IPLV在空调系统节能中是一个十分重要的参数。我国的制冷机标准中基本沿用了美国空调与制冷学会（ARI）标准。而ARI最初制订IPLV标准时是用美国亚特兰大市的气象参数、通过对一幢假想办公楼的模拟计算得到的。即使对美国的不同气候区，这一IPLV都不能完全适用，ARI用不同纬度的美国29个城市的数据得到新的IPIV（ARI 550.590-1998）。因为没有自己的数据，我国新版的制冷机标准中没有IPLV。

笔者根据我国的气象参数，用实测数据和计算机模拟的方法，得到适应我国气候特点的平均IPLV。

$$IPLV = \frac{1}{\frac{0.005}{A} + \frac{0.28}{B} + \frac{0.262}{C} + \frac{0.45}{D}}$$

对IPLV的研究，还要进一步深入。

6. 建筑节能的评价

开展建筑节能，需要建立一套科学的建筑能效评价体系。我国基本上还在沿用按建筑面积平均的能耗绝对值的评价方法。这种评价方法属于静态评价，对不同档次、不同用途的建筑很难区分在建筑节能方面孰优孰劣。在上海市地方标准《集中式空调系统（中央空调）合理用能技术要求与运行管理》中引用了日本建设省所推行的PAL/CEC方法。

所谓PAL，是Perimeter Annual Load的缩写，即"全年热负荷系数"：

$$PAL = \frac{建筑物周边区全年冷热负荷（MJ/年）}{周边区的建筑面积（m^2）}$$

另外还有设备系统能量消费系数（CEC, Coefficient of Energy Consumption）。分别有空调、换气、照明、电梯和供热水5个能耗系数。以空调能耗系数CEC/AC为例，表达式为：

$$CEC/AC = \frac{全年空调耗能量（MJ/年）}{全年假想空调负荷（MJ/年）}$$

很明显，能量消费系数CEC实际上是建筑设备系统全年能效的倒数。因此，用PAL能够评价建筑物围护结构的保温隔热性能，而用CEC则可以更直接地评价建筑的能量转换效率。PAL和CEC反映了动态节能的思想和转换效率的思想，是一种性能性指标。

7. 结论

空调公共建筑的节能,是一个比较复杂的课题。必须建立动态节能、系统节能的思想,正确处理好几对看似矛盾的关系。有很多中国特有的建筑节能课题等待我们去研究。

参 考 文 献

1 龙惟定.国内建筑合理用能的现状及展望.能源工程,2001,2
2 龙惟定.我国的能源形势和建筑节能.第十一届全国空调技术信息网大会论文集,ISBN 7-112-04658-0.北京:中国建筑工业出版,2001,5
3 H.Zhou, W.Long. The Part Load Performance Study of Water-Cooled Chiller at Chinese Climate Zone, Proceedings of 21st IIR International Congress of Refrigeration, Washington D.C., Aug.2003

龙惟定　同济大学楼宇设备与管理系　教授　邮编:200092

建筑节能检测

全国建筑节能检测验收与计算软件研讨会纪要

由中国建筑业协会建筑节能专业委员会主办，中国建筑科学研究院建筑物理所、北京中建建筑科学技术研究院、北京振利高新技术公司协办的全国建筑节能检测验收与计算软件研讨会于2004年11月11～12日在北京召开。有关国家机关和地方政府，20个省（区）市的科研、设计、施工、高校、检测单位、工程质量管理部门、企事业单位以及宣传媒体等126人参加了研讨，其中有许多长期从事检测和计算软件工作的建筑节能专家和主管官员。张庆风、汪又兰、涂逢祥、方展和、林海燕、方修睦、冯雅、金鸿祥、王庆生、赵士怀、许文发、刘加平、沈天行、辛萍等32人在会上发了言，并印发了有27篇论文的研讨会文集。

建筑节能检测验收与计算软件研讨会的召开在我国还是第一次。研讨会围绕当前建筑节能工作中存在的若干重要技术问题交流了看法，相互介绍了研究应用的成果，展开了热烈认真的讨论，并达成了如下共识：

（1）在当前我国建筑节能工作蓬勃开展的形势下，建筑节能检测与计算软件工作直接影响到建筑节能工作的顺利推进，引起了各方面的高度重视。为此，应从国家、省市、企业等不同层面上大力加强能力建设，积极充实设备，培训人才，开展新的检测技术的研究，为保证和提高建筑节能工程质量创造条件。

（2）对于国家和省市的示范建筑、科学研究重点工程、在建筑节能质量方面有重大争议的工程，应该进行全面系统的检测，检测内容不仅应包括建筑围护结构的传热系数，还应包括建筑物的气密性、采暖及空调设备（系统）的能源效率、耗热耗冷量等等，检测周期应符合相关标准的规定，最后应提出完整的检测报告。通过全面系统的检测，总结经验教训，为建筑节能体系的建立以及建筑技术决策，提供科学依据。

（3）与建筑节能相关的保温隔热材料和部品、门窗和耗能设备，要按规定做好试验室的性能检测工作。节能工程上应用的材料和设备都应具有授权检测单位出具检验合格的报告。

（4）对于一般节能建筑，应强化建造过程管理。为保证工程质量，首先要求设计必须符合节能设计标准要求，同时必须按节能设计施工，在工程建造过程中按施工规范的要求进行质量控制，并加强监理。对影响节能建筑工程质量的主要建筑构件、产品和保温材料（如窗户、聚苯板等），应在现场随机抽样送试验室检验复核。

（5）对于已竣工建筑，为检查其保温缺陷，可在使用条件下，用红外热像仪对建筑进行扫描。为查验外墙保温状况，也可在现场做少量墙体传热系数实测。

（6）对于一些能耗量大的大型公共建筑，在运行中宜进行能耗检测，探寻某些浪费能源严重的薄弱环节，采取改进措施。

（7）建筑节能计算应用软件应符合国家、行业和地方的建筑节能设计标准的规定，符合建筑实际，便于应用。这些软件应该受到更多的关注，在建筑节能设计、运行和监管中，得到更加广泛的应用。

（8）建议政府有关部门尽早完善建筑工程施工质量验收标准和建筑工程质量检测标准，尽快补充建筑节能工程验收内容；并尽早修订已发布的采暖建筑节能检验标准。

参与研讨会的成员普遍认为，此次会议成果十分丰富。希望会议取得的共识与交流的技术成果有利于我国建筑节能工作的顺利推进。

对当前我国节能建筑验收检测的意见

涂逢祥

【摘要】 当前在我国一些建筑节能专家和一些主管建筑节能的官员之间，对于节能建筑的验收检测问题存在着某些不同的见解。本文分析了有关情况，介绍了发达国家对节能建筑检测的基本做法，论述了建筑能耗检测的复杂性，并提出了我国建筑节能检测的思路，供参考。

【关键词】 节能 建筑 验收 检测

一、问题的提出

我国建筑节能工作正在快速发展，现在全国每年有约 1 亿 m^2 的新建节能建筑竣工，并将逐年大幅度增长。这些节能建筑，一般是按照国家和地方建筑节能设计标准的要求建设的。但是，这些建筑是不是认真执行了节能标准，达到了节能标准的要求，是建设行政主管部门、节能专家和广大住户十分关注的问题。

人们的关注是有缘由的，其中确实存在着不少问题，这些问题并且有相当的严重性与普遍性。由于一些单位和个人诚信的缺失，弄虚作假、欺瞒蒙骗的事实屡见不鲜：报请审查的设计图纸是一套，而实际交付施工的图纸又是另外一套；送检的材料、部品是合格的，而送交现场实际使用的则是不合格的；施工时聚苯板厚度减薄，网布改用不耐碱的，门窗周边不认真灌缝……如此等等，不一而足。

为了制止这些问题的出现和蔓延，一些地方主管建筑节能的官员认为，只有检测才是保证节能建筑质量的最后关口，要把住这道关口，就必须对新建成的节能建筑进行检测。经过检测如果发现没有达到节能标准的要求，则视为不合格的工程，不能作为节能建筑验收，应责令整改，并应按法规处罚。显然，如果作出这样的规定，有利于保证节能工程质量，可以对一些不想执行节能标准又心存侥幸心理的开发商起到震慑作用，用意显然是十分积极的。当然，也有人考虑，节能建筑检测是个大市场，一旦作出节能建筑必须检测的规定，检测单位必然业务兴隆，门庭若市，收入丰厚。

从节能建筑必须进行检测考虑，行业标准《采暖居住建筑节能检测标准》(JGJ 132—2001)，北京市标准《民用建筑节能现场检测标准（采暖居住建筑部分）》(DBJ/T 01—44—2000)，上海市《住宅建筑节能检测评估标准》等检测标准相继发布。

有意思的是，过去发布的一些建筑节能检测标准，包括行业标准和地方标准，其中规定了要进行相当规模的检测工作，尽管还下过一些应予执行的文件，但至今为止实际上基本上没有能够执行。这是什么原因造成的呢？是没有认真执行？是标准中的规定不够确切和完善？还是确有一些实际困难和问题？为了切实推进下一步建筑节能工作，值得总结分析一下。

为此，还是先看看发达国家是怎样做的。

二、发达国家对节能建筑检测的基本做法

好多中国建筑节能专家出访一些发达国家，参观过他们的节能试验室和工程现场，询问过他们建筑节能检测的做法；当外国专家来访时，中国同行也多次探问过他们进行建筑节能检验的做法；有些专业人员还在国外有关检验单位工作过。可见我们很多中国人对发达国家如何进行建筑节能检验的基本情况应该是已经弄清楚了。

发达国家开始大规模建造节能建筑比我们早，实际建成的节能建筑数量也比我们多，节能标准的执行十分严格认真，但是，还没有发现有任何一个国家是通过实际能耗检测，来确认新建或改建建筑是否达到节能标准要求，也没有发现哪个国家作出过这样的规定，即要求节能建筑必须进行全面能耗检测。

当然，发达国家对建筑节能检测还是在不断进行，对于一些研究项目，对于少数影响大的示范工程，节能检测工作做得十分认真细致。例如，在对采暖建筑进行能耗检测时，对于围护结构不同部位要检测其传热系数，还要用不同方法做空气渗透性检验，建筑中所用的设备和系统要进行能源效率检测，用热表对整个建筑的耗热量进行测定，同时还测定室内外各种气象参数。要这样检测一整个采暖期，用多种检测仪器仪表自动跟踪。有时还往往是多幢各具特点的建筑同时检测，以便对比研究。最后提出详尽的研究分析报告，得出科学结论。这种检测，对于发展建筑节能技术是十分有益的。

为了使建筑符合节能标准的要求，基本做法都是在建造过程中进行质量控制，从各个环节上层层把关。设计首先要符合节能设计标准要求，并利用计算软件相当确切地算出在一定条件下的建筑能耗数据；节能工程采用的新技术要经本国权威部门认证认可，持有相应证书；所使用的材料、部品须经检测符合有关标准要求；施工工艺也要遵循有关规范标准，还要通过有关监理检查单位认可。在俄国，采用"能源护照"制度，即随着工程进展，经各个环节签字负责，往下一道程序传递的办法，其实也是各负各的责任。

对于保证节能工程质量尤其关键的因素是：如果建筑节能工作做得不好，采暖空调费用必然增高，业主自己要多花很多钱，归根结底，还是自己吃亏，不如在建造过程中把工程实实在在做好。

人们可能要问，这些市场经济国家，为什么不对节能建筑普遍搞节能检测，开辟这个挣钱的大市场呢？看来，一来是没有必要，从工程质量的各个环节把好关就足够了，即使最后查出了问题，也为时已晚；二来是很不合算，从全社会角度考虑，节能检测过多，社会资源消耗太大，并不值得。

对比我国情况，不少人认为，人家市场经济发展已经成熟，诚信度高，我们国人坑蒙拐骗比比皆是，诚信缺乏，如不严格检查，节能质量是无法保证的。

其实，发达国家之所以不要求对一般建筑进行现场能耗检验，和建筑能耗的检测十分复杂有很大的关系。

三、建筑能耗检测的复杂性

这里所说的建筑能耗，主要指建筑内冬天采暖的热耗和夏天空调制冷能耗。如果再加上照明、家电、电梯、办公设备能耗，那检测工作就更加繁杂了。

所谓能耗，就是通过能量流动产生的消耗。热量由高温处向低温处流动。在建筑中，

这种热量流动是时时刻刻都在发生，而且是不断变化的。室外气象条件无时无刻不在发生变化，室内条件（人员活动、设备开关、门窗启闭等）也在不断变化；而建筑物又是千差万别的，其布置、构造、材料、设备各有不同；在能量流动时，建筑围护结构、室内物体也会相应地吸收和释放热能，从而减缓、阻碍这种变化，而不同的建筑与设备系统对于减缓的效果、阻碍的变化的能力并不相同。也就是说，建筑中的能量流动是动态的而不是静止的。

建筑物的热能流动又是通过传导、对流和辐射等不同方式进行的。例如，建筑外表既会吸收太阳直接辐射，以及周围物体的间接辐射，又要向外发出热辐射；建筑外表面通过周围空气流动，吸收或散发热量；通过门窗洞口和缝隙通风换热等等。

节能标准所指的气象条件，只可能是当地多年平均的理想条件，包括太阳辐射、气温、相对湿度、风速风向等等。节能标准规定的建筑能耗就是这种平均条件下的能耗。但检测时不大可能复制出这种典型气象条件，只能进行换算。

由此可见，不要说很精确，就是比较准确地实际测定采暖空调能耗数量，也是一个相当复杂的科学技术课题，而且要求越是准确，越是复杂、困难，越发要耗费更多的人力物力财力。由于建筑物内总是蓄存有较多的热量，即存在热惯性，建筑物的能耗检测时间太短是不合适的。这就是国外往往是用一整个采暖期作为一个周期进行检测的主要原因。检测周期较长，尽管检测期间并不是典型气象条件，但基本上可以做到比较接近节能标准规定的条件。

建筑能耗的数量以多少为合格，各国都有自己的标准。这种标准，基于本国的实际条件，制定出一套指标，其中规定性指标如围护结构传热系数、窗墙比等，性能性指标如采暖空调耗能量等。这些指标实际上也是从节能总体要求出发划定的杠杠。既然作为标准规定下来了，就必须严格遵守。制订建筑节能标准的目的，是通过规定出一系列指标来控制建筑能耗，而是否达到这些指标，检验当然是其中一个办法，计算机模拟也是一个办法。

实际上，利用现代技术编制的一些计算机模拟软件，可以模拟计算出在不同气象条件、不同建筑物、在不同使用工况下的能耗。与实际检测相比，简捷方便。对于一些有理论根据、又经过实践检验的软件，只要输入的资料符合实际，其结果是可信的。

一些地方建设主管部门的同志，往往给当地研究院所或高等院校下达课题，委托他们研究出快速简便而又基本准确可靠的建筑能耗检测办法，希望能用一些不很复杂的仪器设备，用不多的几天时间在现场进行检测，就可得出建筑能耗，以考核其是否达到建筑节能标准的要求，用意很好。已有不少单位为此进行了检测研究工作，取得了不同的成果。也就是说，可以检测出某些局部、某些方面的热工性能，如用红外摄像测出建筑热工缺陷、用热箱测出墙体的传热系数等，这些结果对于了解建筑热工性能是有益的，当然，这还远不是整个建筑的确切能耗。

四、我国建筑节能检测的思路

1. 对于有关国情的认识

我国地域辽阔，各地自然、经济、技术、文化条件差别很大，采暖空调需求各有不同，检测技术基础大不一样，难以强求完全统一，检测要求可在一定共同标准条件下有地方特点；

现在处于建筑高潮年代，各地每年竣工建筑数量巨大，其中将越来越多是节能建筑。

节能检测工作量巨大是必须认真考虑的问题；

各地不同建筑的构造，所用的材料、设备、技术做法千差万别，检测时要规定出相应注意的事项。

2．几条基本原则

（1）检测方法科学，技术成熟可靠，适于操作，原理容易理解，设备便于应用；

（2）在房屋建造的不同阶段采取不同的检测方法，做到以材料、部品、设备在生产时的试验室检测为主、在施工现场少量抽样送试验室检测；

（3）从整个建筑物保证节能工程质量来说，应以建造过程控制为主，少量在现场抽样进行检验。抽样数量要适度控制；

（4）充分利用符合节能标准要求的计算机软件，特别在设计阶段是如此；

（5）要使验收检测起到作用，查出弄虚作假者要动真格，予以处罚，并宣传曝光。

3．对于国家和省市的建筑节能示范工程，作为建筑节能科学研究试验的重点工程，在建筑节能方面存在重大争议的工程，应该进行全面系统的检测，检测时间应较长，最好为整个采暖季、空调季，检测内容包括室外气象参数、全年能耗、围护结构各部位传热系数、门窗气密性、各种设备和系统的能源效率等。

4．对于正在运行中的某些重点大型公共建筑，为了监测并降低其运行能耗，除了测出室外气象参数、对建筑耗热量、耗冷量、用电量等进行实时监控外，宜对各重点用能设备和系统进行检测。

5．一般节能建筑工程采用的保温隔热材料、门窗等部品的热工性能，以及采暖空调设备的能源效率，应由法定检测单位的试验室出具检测报告；在施工过程中，应在现场对某些材料、部品、设备随机进行抽样，送试验室复核；竣工后，可在现场进行少量的抽样检验，如采用红外热像仪探测使用中建筑的热工缺陷，以及复核外墙的传热系数都是一种直观而简便的方法。

6．为保证节能工程质量，重在建造过程中的控制。要对进场材料、成品进行现场检查验收；在施工过程中各个工序均按技术标准控制工程质量，并一一记录签字，各个环节的隐蔽工程应有验收报告。所有资料均应存档备查。

7．进行建筑节能检测的单位应为国家或地方认可的负责任的检验机构，检测验收人员应具备相应资格，检验报告必须完全真实，如发现伪造、篡改、弄虚作假等问题，应该追究有关人员的责任。

8．根据新的认识，有关方面应修订、制订出新的建筑节能检验标准，使建筑节能检验工作进入健康发展的轨道。

涂逢祥　中国建筑业协会建筑节能专业委员会　会长　首席专家　邮编：100076

关于居住建筑的节能检测问题

林海燕

【摘要】 本文认为,为了保证居住建筑的节能效果,应该主要依靠过程控制,同时还应加强建筑节能检测能力建设。在建筑现场进行节能检测的意义着重在于科学研究。

【关键词】 居住建筑　节能　检测

一、居住建筑的节能

能源是一种宝贵的自然资源,无论是人类的生存还是社会的发展都离不开充足的能源供应。当今人类社会消耗的三大主要能源,石油、煤和天然气都是不可再生的矿物性资源。长期以来,人类社会无节制地消耗着大量的能源,全世界很多能源专家预计,到本世纪中叶,全球将出现传统能源资源的短缺。

为了解决可能出现的能源资源短缺的问题,一方面要积极探索革命性的新能源,并加大利用水力能、太阳能、地热能、风能等可再生能源的力度,另一方面也要加强和提倡节约能源。

建筑行业是一个耗能的大户,一方面建筑材料的生产过程需要消耗大量的能源,另一方面,为了在建筑物的内部创造一个适合人们生活、生产和开展各类社会活动的环境,建筑物在使用过程中还将不断地消耗能源。由于建筑物的使用寿命至少50年,所以建筑能耗主要就是它在长期使用过程中的能源消耗。我们通常所说的建筑节能主要是指节约建筑物在使用过程中的能耗,尤其是指采暖和空调能耗。

我国是个幅员辽阔的国家,根据一月份和七月份的平均气温来分析,960万 km^2 的国土绝大部分地区上的居住建筑都需要采取一定的技术措施来保证冬夏两季的室内热舒适环境。北方的严寒地区和寒冷地区主要考虑冬季采暖,南方的夏热冬暖地区主要考虑夏季空调,而地处长江中下游的夏热冬冷地区则要兼顾夏季空调和冬季采暖。因此,我国的建筑节能尤为重要。

建设部从20世纪80年代就开始抓建筑节能工作,建筑节能设计标准是建设部开展建筑节能工作的最重要的工作之一。因为只有抓住了设计这个龙头,把房子造好了,采暖空调系统配置合理了,才有可能降低采暖空调的能耗。

我国的建筑节能设计标准是从民用建筑中的居住建筑开始抓起的。到目前为止,建设部已经颁布实施《民用建筑节能设计标准(采暖居住建筑部分)》(JGJ 26—95)、《夏热冬冷地区居住建筑节能设计标准》(JGJ 134—2001)和《夏热冬暖地区居住建筑节能设计标准》(JGJ 75—2003),我国新建居住建筑的设计工作都有了节能标准。

二、如何保证新建居住建筑的节能效果

如何保证按节能标准建造的居住建筑确实具有节能效果，是当前业内人士关注的一个焦点。

按照建筑节能设计标准设计的居住建筑，如果严格地按照设计要求施工，该建筑的节能效果是有保证的。但是，由于建筑的建造周期比较长，施工环节很多，加之不少施工单位对建筑节能的重要性认识不足，施工过程中可能会发生一些偏离设计的情况，甚至也不能排除有意的偷工减料。因此，工程竣工时就产生了如何检验其节能效果的问题。

保证新建居住建筑节能效果的一种理想模式是：①按节能设计标准设计；②竣工验收时按所设计的指标对围护结构和采暖（空调）系统实施检测。检测结果可以验证施工是否严格按照设计实施的，也可以验证建成的是否真是节能建筑。

这种理想模式从逻辑上讲很完美，抓住了过程的开头和结尾，强调最终的实际结果，但遗憾的是这条技术路线在现实工程中很难行得通。

首先，对建筑围护结构和采暖（空调）系统实施检测工作量非常大，无法对每幢竣工的建筑都开展检测。其次，即使是在竣工的建筑中抽样检测，其检测的难度也非常大，为保证检测的结果可靠，需要比较苛刻的外部条件，而这样的条件在建筑施工现场时很难实现的。

仅就墙体而言，不存在一种快速的、简单易行的、比较准确的检测方法，可以在建筑现场测定热阻。热阻是在稳态的前提下定义的，现场无法控制墙体两侧的条件，无法使墙体内部的温度和热流处于一种稳定的状态，所以也不容易测准。理论上墙体的热阻也可以在两侧空气温度处于周期性变化的条件下准确地测定，但是在现场很难保证这种周期性的外界条件，尤其是室外侧的条件更难呈现出比较理想的周期性。在实际检测中，常常是把室外侧的温度等相关参数的变化视为以 24h 为周期的周期性变化，把室内侧视为不变的稳定状态。在室内外温差比较小的情况小，这种对理想的周期性的偏离，会产生很大的测量误差。

有一种现场检测方法，在被测的外墙面扣上一个保温比较好的箱子，并控制箱子内的空气温度，尽量使之保持稳定，同时用热流传感器和温度传感器测被扣墙体中心部位的两侧温差和热流，进而获得墙体的热阻。这种方法的优点是减小了墙体外侧空气温度的波动，使墙体处于一种比较接近稳定的状态（在内侧温度不变的条件下）。但是这种方法同样也有缺陷。在墙面上突然扣上一个箱子，打破了墙体内部本来存在的一种接近周期性的状态，必须等比较长的一段时间，待墙体内建立起一种新的接近稳定的状态才能测得比较好的数据。因此，这种方法要比不扣箱子直接用热流传感器和温度传感器检测的方法花更长的时间。另外，在箱内空气和室内空气温差比较小的情况小，箱内这种对理想的稳定状态的偏离，也同样会产生很大的测量误差。

其实，即使采用更复杂的技术手段（例如在被测墙面的内外侧都扣上大小两个保温箱，大箱套小箱，小箱内恒温，大箱跟踪小箱的温度，保持数天待墙体内部达到平衡后再检测）能够保证检测的准确度，那也仅仅是测得了整幢建筑中的某个（或某些个）局部的墙体热阻，并不一定能反映整幢建筑墙面的保温性能。何况，在建筑围护结构中，窗户占的比例也很大，窗户的热阻又远小于墙体，流过窗户的总热流可能不小于墙体，而已经安装在墙面上的窗户是无法在现场准确地测定其传热系数的。

屋面的情况大致与墙面相同，而地面的热阻甚至连定义都不很完备，更不用说直接测定了。

采暖（空调）系统性能的现场检测也存在着很多不确定的因素（例如采暖（空调）系统是否已经正常运行，建筑和系统是否都已经处于一种平衡的状态等等）同样很难获得准确的检测结果。

事实上，为了在现场检验建筑的实际节能效果，必须要在冬季（夏季）对室内外条件（温度、太阳辐射、风速、风向等参数）、建筑围护结构的保温隔热性能、采暖（空调）系统的运行情况等等同时进行长时间的监测，分析检测数据才能得到结果。在欧洲和北美一些建筑节能开展得比较好的国家，曾经组织过这类现场检测，例如德国就曾经实施过历时几个采暖季涉及散布在各地的数十幢居住建筑的能耗检测，但其目的是从整体上检验建筑节能工作的效果，而非为了检验单幢建筑的施工质量。

综上所述，依靠竣工验收时的实际检测来判定居住建筑的节能是否达标是不现实的，因此必须从另外一个角度考虑来解决问题。

有一条比较切实可行的技术路线：①对施工图纸进行严格的节能设计审查；②保温材料、窗户等进入施工现场后抽样送检；③加强保温施工过程的监理；④建筑竣工后，有条件的情况下实施红外热像保温缺陷检查或其他检查。

对施工图纸进行节能设计审查的必要性是不言而喻的，如果连设计审查都通不过，最终的节能效果就无从谈起。保温材料和窗户等与节能密切相关的产品进场后的抽样送检是至关重要的，可以帮助保证实际使用的确实是合格的材料和产品。通常保温施工都是"隐蔽工程"，所以需要加强施工过程的监理，防止发生偷工减料的现象。竣工后的检查更多的是一种对有意偷工减料者的威慑。

与理想技术路线强调最终结果的检验不同，这条技术路线的特点是强调过程控制。如果设计的节能效果是科学的、可靠的（这一点应该由大量的科学研究和标准编制的科学性来保证），只要过程控制做得好，结果是不应该受到怀疑的。

事实上，建筑的结构安全性也是靠设计审查和施工过程控制（如钢筋混凝土浇注过程的监理）来保证的。竣工之后，同样也没有一种简单的方法可以准确的检测每幢建筑的结构安全性能。

三、加强建筑节能基本检测能力的建设

为了加强建筑节能监督检验工作，加强检测能力建设是非常重要的，即使是采用前述的强调过程控制的技术路线，具有较高检测能力同样也是非常重要的一个前提条件。

在建筑行业中，相对而言建筑节能工作还是一件比较新的工作，基础比较薄弱。例如各地的建筑科研和质检部门开展结构安全、建材质量等检测工作都已经驾轻就熟，有比较完备的程序和足够的技术手段，但开展建筑节能方面的检测工作则往往显得捉襟见肘。因此，需要加强建筑节能检测基本能力的建设。

基本检测能力建设应该从设备和人员两个方面着手。

一个开展建筑节能科研和检测工作的机构，至少要配备检测各种材料导热系数的设备，检测墙体等构件热阻的设备，检测窗（门）传热系数的标定热箱或保护热箱，检测窗（门）气密性的设备。还应该有太阳辐射仪、风速仪、温度和热流采集系统。有条件的机构还应该配置红外热像仪、超声波流量计、室内热环境监测系统等高档设备。除了检测设

备之外，检测机构还应该配备一些计算机软件，如二维、三维的温度场分析软件、建筑热过程模拟软件、节能标准达标审查软件等等。

配备各种设备和计算软件只是能力建设的一个方面，另一个重要方面是人员的能力培训和开展检测工作的完备的程序。

人员的能力和经验对最终获取准确的检测结果是极为重要的。现代的仪器设备和计算程序一般都具有智能化的特点。对检测工作而言，仪器设备和计算软件的智能化减轻了工作的困难程度，但同时也可能产生另外一个意外的问题——即使是错误的操作，设备也会给出一个测试结果；即使是错误的数据输入，软件也可能给出一个计算结果。在这种情况下，如果检测人员没有足够的能力和经验对结果进行检查和判断，就可能会导致一个错误的结论。

为了保证检测和计算工作的质量，相关人员必须具有足够的专业知识、基本技能和经验，人员培训是非常必要的。除此而外，建立一整套完备的程序（包括操作和管理两个方面），使检测工作能够有序地开展，对保证检测质量同样也是至关重要的。

四、结语

新建居住建筑的节能效果很难依靠竣工后的现场检测来检查，应该主要依靠加强过程控制来保证，即依靠节能设计审查、保温材料和产品现场抽检、保温施工过程的监理来保证。

有条件时可以对已竣工的建筑用红外热像仪进行保温缺陷检查，用适当的设备对窗（门）气密性实施检测等等。

加强建筑节能检测能力的建设是非常重要的。能力建设主要包括配置仪器设备和计算软件，建立开展检测工作的程序和管理制度，加强人员的知识和技能培训。

在建筑现场开展节能检测也是必要的，但这种检测的意义主要在于科研，其目的是要验证实际的节能效果是否与理论计算（即节能设计标准中的计算）相符合，而不是检验施工的质量。为了获得可靠的结果，现场节能检测必须在适当的天气条件下进行，是一种全面的检测，是一个复杂的、要维持较长时间的过程。这种检测不能用一种简单的手段和简短的过程来实现。

林海燕　中国建研院建筑物理研究所　所长　研究员　邮编：100044

墙体保温工程验收与检测宜采取综合评定方法

王庆生

【摘要】 加强建筑节能墙体保温工程的验收与检测标准的制定势在必行。墙体保温工程验收应包括设计审查验收，施工验收包括材料、半成品、配件的验收；涉及安全、功能关键材料复验；工序的检验；必要的隐检；子分部、分项工程的验收等。文章推荐了几个主要保温体系的验收内容。墙体保温工程的检测，主要是指材料性能和体系性能的检测，而保温工程墙体传热系数的检测应属必要的抽查，其检测技术仍应待进一步提高。墙体保温工程验收与检测宜采用综合评定方法。

【关键词】 节能 子分部 验收 检测 综合评定

居住建筑节能墙体保温工程的验收与检测关系到建筑节能的成效，由于各种原因，墙体保温工程的验收与检测标准仍不规范，再加之墙体保温工程的市场水平良莠不齐，从一定程度上制约保温技术的发展，因此，应该加强建筑节能墙体保温工程的验收与检测标准的研究和制定。

随着国家对建筑节能要求的规范化，建设部陆续修订了《民用建筑节能设计标准（采暖居住部分）》（JGJ 26—95）及《民用建筑热工设计规范》，编制了《夏热冬冷地区居住建筑节能设计标准》（JGJ 134—2001）《夏热冬暖地区居住建筑节能设计标准》（JGJ 75—2003）。但是评价新建成的建筑是否符合节能标准，仅以设计方案对其热工性能进行理论计算评定是不够的，它不能全面反映建筑物实际状况和施工过程的偏差，更不能满足建筑质量强制性验收的要求，因此统一并加强建筑节能工程现场验收与检测标准势在必行。

一、目前墙体保温工程验收与检测标准的现状

《建筑工程施工质量验收统一标准》（GB 50300—2001）实施已有三年多了，但验收标准并没有规范建筑节能的验收方法。从概念上说，建筑围护结构的保温工程应划分到"装饰装修"分部工程，而制热、制冷工程应划分到"建筑给水、排水及采暖"分部工程，但在这两个相关分部工程中对相关建筑节能工程的验收缺少明确规定。从墙体保温工程施工看，国家建筑安装统一验收标准中也未列入相应的内容，缺少专项的墙体保温工程质量验收规范并需要进一步补充完善。如：建筑墙体保温工程属于哪一个分部、分项，其验收标准是什么，如何对墙体保温进行现场热工性能检测等。各地方的技术标准或施工验收标准中虽然有一些规定，但并不全面和统一，因此应该加强墙体保温工程验收标准的研究和制定。

墙体保温节能检测应该大体包括三方面的内容，一是构成保温墙体材料性能的检测，这绝大多数应由保温材料厂家提供，少量涉及到安全和功能方面的材料按规定应在施工现场复测；二是构成保温墙体系统性能的检测，这也应由生产厂负责检测，并向施工单位提供相关检测报告；三是建筑物竣工后，现场检测建筑物耗热量或建筑物的热工性能，这主要是业主委托法定检测单位进行检测。三类检测中一、二类应为强制检测，第三类检测应以抽查为主。

从国外建筑节能检测方法看，国外在建筑节能领域注重建筑节能设计规范、标准的制定适应社会的发展需要；注重建筑严格的节能设计审查和建筑施工过程中建筑质量的保证和验收；而对建成后的建筑除个别研究需要外，才做工程节能检测的工作。

在当前的建筑节能检测中，建筑物现场实体节能检测由于技术上的原因，缺少能够快速准确的测定建筑主外围护结构的热工性能，即得出外围护结构的传热系数值的快速、适用的方法。而外围护结构的其他部位，如门窗，因为结构和材料较清晰明确，而且可以拆卸，可以在实验室中直接检测，然后根据外围护结构各部位的传热系数计算得出建筑的能耗指标来确定建筑耗能状况，以此评价建筑的节能效果。目前按照《采暖居住建筑节能检验标准》（JGJ 132—2001）所规定的检测方法广泛开展建筑物的热工性能检测仍有一定困难。

二、对目前墙体保温工程验收与检测标准制定的认识

从目前施工质量验收标准的现状看，墙体保温工程的验收方法仍应服从《建筑工程施工质量验收统一标准》（GB 50300—2001）的规定。但应尽快编制全国统一的"建筑围护结构保温隔热工程施工质量验收规程"及相应的材料、系统、现场墙体传热系数检测方法和抽查办法。（目前仅有《膨胀聚苯板薄抹灰外墙外保温系统》（JG 149—2003）一项系统标准）。从建筑施工角度看，墙体保温工程应作为装饰装修分部工程的一个子分部工程，因其主要专业内容更接近装饰装修分部，如：抹灰、粘贴、表面装饰等。结合目前的几种保温的主要做法该子分部大体上又可分为保温层施工、防护层施工、装饰层施工等分项（混凝土现浇内置聚苯板做法有所例外），每个分项又可按若干验收批，建议检验批的划分应采用计量检验方法。分部、分项工程以及检验批的验收应遵循《建筑工程施工质量验收统一标准》，但不宜再划成一个分部。

对于建筑墙体保温节能的检测应以组成材料的物理力学性能、保温系统性能为主，检测的要求和方法，按照相应的材料标准、技术标准以及系统标准执行（由于地区的差异，地方标准可能有所不同）。现场检测建筑整体是否达到节能要求，目前按照《采暖居住建筑节能检验标准》的检测方法和手段还存在诸多限制。实体检测建筑节能是否达标，一般采用两种方法。一种方法是在热源（冷）处直接测取采暖耗煤量指标（耗电量指标），然后求出建筑物的耗热量指标（耗冷量指标），此法称为热（冷）源法。另一种方法是在建筑物处，直接测取建筑物的耗热量指标（耗冷量指标），然后求出采暖耗煤量指标（耗电量指标），此法称为建筑热工法。前一方法由于设备效率（如锅炉年平均运行效率、管网输送效率等）难以确定，因而实践中较少采用。目前大多采用建筑热工法现场测量。其中最关键的一项指标是建筑保温隔热墙体的传热系数。热流计或热箱法的测点应选在有代表性的部位，如结构复杂，应在不同部位设置测点，需按不同部位求加权平均值，但由于实际的房间中有横竖暖气管道，有门、窗、圈梁等，各部分材料、构造及位置和热环境不同，在实际的测量中，须将外墙划分成若干个热状况相近的区域，分别测量该区域内的表

面特征温度，求出该区域的外墙热流值后再加权平均，求出整个外墙的耗热量。在现场测量中，除门窗外，对于已粉刷的保温隔热建筑墙体（如墙体、屋顶等），测试人员无法直观判断保温隔热建筑墙体传热异常部位，利用热流计和热电偶测试也难以迅速和全面地确定墙体或屋面的表面温度分布。因此，建筑热工法现场测量急需研制测温速度快、灵敏度高、形象直观的测试方法，以提高现场测试水平。

建筑热工法检测评价方法，在现阶段也只能分析出建筑外围护结构的热工性能，但是在对建筑整体进行节能评价，由于其结果主要来源于检测值和数据的计算分析，缺乏对检测建筑本身相关因素的分析，如建筑外围护结构的气密性、外围护结构构造的不均匀性等，以及单纯以耗热指标确定建筑节能效果的评定标准，使其最终的评价难以直观、完整地反映出检测建筑的真实能耗状况。

基于以上对于建筑节能验收与检测评价中的不足，笔者建议应该立足于当前的验收方法、检测技术为主，综合评定节能建筑的状况，从而较为公正地评价节能建筑设计、施工水平。

三、墙体保温节能工程质量验收内容的组成

当前在我国建筑市场很不规范的情况下，设计、施工也很不规范。虽然在热工计算书中的数据是节能的，施工图纸也是节能的，但实际测试结果并不一定符合节能标准，因此，很有必要加强节能工程质量的验收及抽查检测，以规范节能建筑的施工，保证节能建筑节能效果。

墙体保温节能工程质量验收应该包括设计验收、保温系统验收、施工验收三方面。

（1）首先是建筑节能设计审查。这就要求居住建筑必须进行节能设计。建筑节能的优劣与建筑设计关系非常密切，充分遵循和利用当地的气候条件，适当确定建筑环境和位置，合理进行建筑内外空间设计，围护结构的节能设计，合理地进行冷、热源供应系统设计等，就能达到极佳的建筑节能效果。所以建筑节能的验收首先在于对节能设计审查验收，墙体保温工程的验收首先是墙体保温节能设计的验收。因此，强制建筑师必须进行建筑节能设计，制定合适的建筑节能设计评审制度，将是一条可行的途径。

在建筑设计中墙体保温隔热的水平，不仅是节能材料和节能设备的选择，而且应该认识到建筑设计必须全方位地满足节能标准。所以，我们建筑节能的设计审查首先应该认真审查建筑节能设计是否满足所在地区节能设计标准的规定。

（2）墙体保温节能系统的检测验收。这应该由负责提供保温系统的生产厂家负责检测，并向施工单位提供相关检测报告。按照即将实行的《外墙外保温技术规程》规定的检测的主要内容如表1。

表1

项 目	单 位	指 标	
		首层	二层以上
抗冲击强度	J	10	3
耐磨性（500L铁砂）	—	无损坏	
人工老化性（2000）	h	合格	
耐冻融性（30）	次	无开裂	

续表

项　目		单　位	指　标	
			首层	二层以上
抗风压	负压 4500	Pa	无裂纹	
	正压 5000			
表面憎水率		%	≥99	
水蒸气透过湿流密度		g/(m²·h)	≥1.0	
耐候性		—	经过 80 次高温（70℃）－降雨（20℃）循环及 20 次热（50℃）－冷（－20℃）循环后无裂纹、无起鼓、无脱落	
保温隔热性能	传热系数 K	W/(m²·K)	满足设计要求	
	蓄热系数 S（24h）	W/(m²·K)		

内保温系统可参照此检测的内容执行，但耐久性、耐候性要求应降低并应加强对墙体裂缝的控制。

（3）墙体保温工程施工质量验收。从保温工程施工质量控制看，保温材料体系的进场质量检验非常重要。首先应对进场保温体系的系统性能进行验收，外墙外保温验收报告应符合上表所列内容，一般不再另行复测。其次是对进入施工现场的相关材料、半成品及零部件的质量进行验收，生产厂家应提供相应的产品合格证明和检测报告。对部分涉及到安全和功能保证的材料和半成品应进行现场抽查复试，但检测方法应力求快速、实用，取样应有代表性。施工过程应按照检验批、分项工程、子分部工程分别进行检查验收，保温层及不同材料连接层应做隐蔽工程验收。保温子分部工程完成后，质量验收应要求：一是所含检验批和分项工程的质量均应合格；二是质量控制资料完整；三是观感质量验收符合要求。

（4）对于系统节能效果的抽查检测，应以工程竣工保温系统验收为主要内容出发，在检测组成材料的材性和检测保温系统的性能的基础上，根据需要验收实体热工性能，采取抽测墙体的传热系数和蓄热系数的方法。如果现场条件不具备，也可以采用按施工现场实物制作一定比例的试件，在试验室测定传热系数和蓄热系数，判断墙体的主体传热系数。

四、几个主要墙体保温系统的质量验收内容

1．几个主要墙体保温系统
（1）EPS 板薄抹面保温系统；
（2）EPS 保温灰浆外保温系统；
（3）现浇混凝土复合 EPS 板外保温系统；
（4）聚氨酯保温系统；
（5）岩棉板保温系统；
（6）预制复合保温板保温系统；
（7）粉刷石膏罩面内保温系统等。

2．建议外保温工程子分部工程和分项工程按表 2 进行划分

外保温工程子分部工程和分项工程划分　　　　　　　　　　　　表 2

子 分 部 工 程	分 项 工 程
粘贴 EPS 板系统	基层处理，粘贴 EPS 板，抹面层，变形缝，饰面层
EPS 保温浆料系统	基层处理，抹胶粉 EPS 颗粒保温浆料，抹面层，变形缝，饰面层
现浇混凝土复合 EPS 板无网现浇系统	固定 EPS 板，现浇混凝土，EPS 局部找平，抹面层，变形缝，饰面层
现浇混凝土复合 EPS 板有网现浇系统	固定 EPS 钢丝网架板，现浇混凝土，抹面层，变形缝，饰面层

各分项工程的检验批建议按下列规定划分：

(1) 相同材料、工艺和施工条件的外保温工程每 500～1000m^2 应划分为一个检验批，不足 500m^2 也应划分为一个检验批。

(2) 相同材料、工艺和施工条件的内保温工程每 50 个自然间（大面积房间和走廊按保温面积 30m^2 为一间）应划分为一个检验批，不足 50 间也应划分为一个检验批。

检查数量应符合下列规定：

(1) 室内每个检验批应至少抽查 10%，并不得少于 3 间；不足 3 间时应全数检查。

(2) 室外每个检验批每 100m^2 应至少抽查一处，每处不得小于 10m^2。

3．墙体保温工程验收的基本规定

(1) 建筑墙体保温隔热工程必须进行设计，并出具完整的施工图及设计文件。

(2) 提供墙体保温材料系统的单位，应配套供应材料并出具保温系统的检测合格证明。

(3) 保温工程验收时应检查下列文件和记录：

a 保温工程的施工图、设计说明及其他设计文件。

b 材料的产品合格证书、性能检测报告、进场验收记录和复验报告。

c 隐蔽工程验收记录。

d 施工记录。

(4) 保温工程应对表 3 项目进行复验。

外保温系统主要组成材料复检项目　　　　　　　　　　　　表 3

组 成 材 料	复 检 项 目
EPS 板	密度，干燥状态抗拉强度，尺寸稳定性。用于无网现浇系统时，加验界面砂浆喷涂质量
EPS 颗粒保温浆料	湿容重，干容重，压缩性能
EPS 钢丝网架板	EPS 板密度，EPS 钢丝网架板外观质量
胶粘剂、抹面胶浆、抗裂砂浆、界面砂浆	干燥状态和浸水 48h 拉伸粘结强度
玻纤网	耐碱拉伸断裂强力，耐碱拉伸断裂强力保留率
腹丝	镀锌层厚度

(5) 保温工程应在保温层等不同材料基体交接处及加强措施处对隐蔽工程项目进行验收。

(6) 外墙保温工程施工前应先安装门窗框、护栏等，并应将墙上的施工孔洞堵塞密实。

(7) 墙面和门洞口的阴阳角做法应符合设计要求。设计无要求时，应采用护角加强措施，其高度不应低于2m。

(8) 各种保温层、防护层在验收前应防止水冲、撞击、振动和受冻，应采取措施防止玷污和损坏。聚合物砂浆防护层应在湿润条件下养护。

(9) 保温层与基层之间及各构造层之间必须粘结牢固。

4．允许偏差的规定及检验方法

(1) 饰面层允许偏差的规定

涂料饰面允许偏差及检验方法见表4。

允许偏差及检验方法（mm） 表4

项次	项　目	允许偏差		检 查 方 法
		保温层	抗裂层	
1	立面垂直	4	4	用2m托线板检查
2	表面平整	4	4	用2m靠尺及塞尺检查
3	阴阳角垂直	4	4	用2m托线板检查
4	阴阳角方正	4	4	用20cm方尺和塞尺检查
5	分格条（缝）平直	3		拉5m小线和尺量检查
6	立面总高度垂直度	H/1000且不大于20		用经纬仪、吊线检查
7	上下窗口左右偏移	不大于20		用经纬仪、吊线检查
8	同层窗口上、下	不大于20		用经纬仪、拉通线检查
9	保温层厚度	不允许有负偏差		用探针、钢尺检查

(2) 面砖粘贴的允许偏差和检验方法见表5。

允许偏差和检验方法 表5

项　目	允许偏差	检 验 方 法
立面垂直度	3	用2m托线板检查
表面平整度	4	用2m靠尺及塞尺检查
阴阳角方正	3	用200mm方尺及塞尺检查
接缝直线度	3	钢尺检查
接缝高低差	1	钢尺和塞尺检查
接缝宽度	1	钢尺检查

5．几个主要墙体外保温系统的"主控项目和一般项目"要求

(一) EPS板薄抹面保温系统保温工程验收

主控项目

(1) 所用材料品种、质量、性能应符合设计和本规程规定要求。

(2) 保温层厚度均匀，构造做法应符合建筑节能设计要求。

(3) 保温层与墙体以及各构造层之间必须粘结牢固，无脱层、空鼓、裂缝，面层无粉化、起皮、爆灰等现象。

(4) 工程竣工后，热工性能应符合设计要求。

一般项目

(1) 表面平整、洁净，接茬平整、无明显抹纹，线角、分格条顺直、清晰。

(2) 墙面所有门窗口、孔洞、槽、盒位置和尺寸正确，表面整齐洁净，管道后面抹灰平整。

(3) 分格条（缝）宽度、深度均匀一致，条（缝）平整光滑，棱角整齐，横平竖直，通顺。滴水线（槽）流水坡向正确，线（槽）顺直。

（二）EPS保温灰浆外保温系统保温工程验收

主控项目

(1) 所用材料品种、配比、规格、性能应符合设计要求和本规程规定（附有CMA标志的材料检测报告和出厂合格证）。

(2) 保温层厚度及构造做法应符合建筑节能设计要求。

(3) 保温层与墙体以及各构造层之间必须粘结牢固，无脱层、无裂缝，面层无粉化、起皮、爆灰。

一般项目

(1) 基层表面平整、洁净，接茬平整、线角顺直、清晰，毛面纹路均匀一致。

(2) 墙面所有门窗口、孔洞、槽、盒位置和尺寸正确，表面整齐洁净，管道后面抹灰平整。

(3) 有分格缝时，分格缝宽度、深度均匀一致，分格缝平整光滑、棱角整齐，横平竖直、通顺。滴水线（槽）流水坡向正确，线（槽）顺直。

(4) 胶粉聚苯颗粒找平层要求粘结牢固，不得有起鼓现象。

(5) 抗裂砂浆复合耐碱网格布层要求平整无皱褶、翘边。网格布不能有外露之处。

（三）现浇混凝土复合EPS板外保温系统保温工程验收

主控项目

(1) 外保温系统及主要组成材料性能应符合要求。

(2) 保温层厚度应符合设计要求。

(3) 现浇系统抗拉强度应符合规定要求。

一般项目

(1) 抹面层和饰面层分项工程施工质量应符合《建筑装饰装修工程质量验收规范》（GB 50210—2001）规定。

(2) 现浇混凝土分项工程施工质量应符合《混凝土结构工程施工质量验收规范》（GB 50204—2002）规定。墙体混凝土须振捣密实均匀，墙面及接槎处应光滑、平整，墙面不得有孔洞、露筋及灰渣等缺陷。

(3) 系统抗冲击性应符合系统要求。

（四）带饰面砖的外保温工程验收

主控项目

(1) 面砖的品种、规格、颜色、性能应符合设计要求。

(2) 面砖粘贴工程的找平、防水、粘结和勾缝及施工方法应符合设计要求及国家现行技术和产品标准的规定。

(3) 面砖粘贴必须牢固，粘贴面砖勾缝完工 2 个月后做拉拔试验，粘结强度应符合《建筑工程饰面砖粘结强度检验标准》(JGJ 110—1997) 标准要求。

(4) 面砖粘贴应无开裂、无脱落。

一般项目

(1) 面砖表面应平整、洁净，勾缝材料色泽一致，无裂痕和缺损。

(2) 阴阳角处搭接方式、非整砖使用部位应符合设计要求。

(3) 墙面突出物周围的面砖应套割吻合，边缘应整齐。墙裙、贴脸突出墙面的厚度一致。

(4) 面砖接缝应平整、光滑，填嵌应连续、密实；宽度和深度应符合设计要求。

(5) 有排水要求的部位应做滴水线（槽）。滴水线（槽）应顺直，流水坡向应正确，坡度应符合设计要求。

五、墙体保温热工性能、热工缺陷的检测的水平决定应采用综合评定方法

对于适合我国建筑节能需要的建筑墙体热工性能、热工缺陷的检测技术方法的研究尚应完善；如何根据建筑保温隔热建筑墙体传热异常部位表面温度场的状态特征及其变化规律，来判别建筑墙体内部材料及构造缺陷的原因和对其严重的程度进行定量化研究，是建筑节能检测技术的发展趋势。现场测试热工性能及热工缺陷的主要方法有热流计法、热箱法以及红外热像技术，但目前仍未形成统一的检测方法。

上述几种方法各有其优缺点：

(1) 热流计法现场测量的内容包括热流密度，室内、外气温，保温隔热建筑墙体的内、外表面温度以及热流计的两表面温度。所用的仪表主要是热流计和热电偶，比较简单易行。

(2) 热箱法测试误差小。在相同温度条件下，对同一构件进行热箱法与热流计法测试数据进行对比，当室内外空气温差达到 10℃ 以上，热箱法测试误差小于热流计法测试误差。

(3) 热流计法必须在冬季，室内外空气温差大于 20℃ 的条件下才能测试，而热箱法在室外平均气温在 25℃ 以下，室内外最小温差为 10℃ 条件下即可测试。

(4) 红外热像技术更适宜热工缺陷的检测，是集红外探测器技术和红外图像处理技术于一身的高科技产品。红外热像技术在建筑节能检测中的运用，主要是红外热像技术通过摄像仪可远距离测定建筑物围护结构的热工缺陷，它还具有直观地显示物体表面的温度场，温度分辨率高，可进行计算机数据存储和处理，操作简单，携带方便等优点。建筑节能现场检测标准《采暖居住建筑节能检验标准》(JGJ 132—2001) 规定建筑物围护结构热工缺陷采用红外热像法进行检测。红外热像仪用于建筑节能研究和检测在我国尚处于起步阶段，它将会极大地推进建筑节能现场检测技术的提高，具有广阔的应用前景。

(5) 仿真模拟试件的试验或计算机软件模拟方法。建筑热环境的分析和模拟建筑节能的检测和评价要求能够快速、准确、全面地反映建筑的能耗状况，并能够科学、公正地做出评价。所以检测技术和方法不可能通过长期跟踪建筑的使用过程能耗进行分析评价。因此可以通过仿真模拟试件的试验或计算机软件模拟建筑的真实环境等方法来对建筑热工性能进行分析。

综上所说，在工程质量控制中，设计是龙头、材料是基础、施工是保证。因此墙体保温节能的效果应从设计、材料、施工质量等环节去保证。也应从这几方面综合评定，要求设计满足标准要求，材料、系统合格，施工质量应有过程控制、分部、分项工程验收合格，如此保温工程的质量就有保证。

墙体保温节能检测要求对保温材料及产品体系应进行认真的检测，在此基础上，根据其离散程度，用数理统计的方法，综合评定保温材料系统的质量。在有争议的情况下或必要时应进行热工性能的抽测，抽测的结果应列入系统评定的范畴。保温工程的验收还应形成完整的保温施工方案，质量验收记录和质量控制资料，通过规范保温工程的验收办法，判断工程是否合格并综合评定建筑节能墙体保温工程的质量水平。围护结构的其他部分如：门窗、屋顶、楼面、隔墙等的验收可参照上述方法制定标准，保证居住建筑节能工作更加有效地开展。

王庆生　北京市建筑工程研究院　教授级高工　邮编：100039

关于节能保温工程施工质量的过程控制和现场检测

金鸿祥

为实现北京市建筑节能65%的新目标，确保居住建筑节能保温工程的施工质量，根据北京市建委下达的任务，我们编制了《居住建筑节能保温工程施工质量验收规程》（以下简称《规程》），其中某些问题还在继续研讨之中。

国标《建筑工程施工质量验收统一标准》（GB 50300—2001，以下简称《统一标准》）是建筑工程各部分施工质量验收的母规。虽然建筑节能保温工程从整体上尚未作为分部工程列入《统一标准》，但在《规程》编制过程中，我们仍严格遵循《统一标准》指导原则和具体规定，努力把《规程》编制成先进适用、可操作性强的建筑节能保温施工质量专项验收标准。

个人认为：经过10余年的努力，建筑节能的设计、施工技术以及相关材料、产品不断发展和成熟，建筑节能保温工程应该独立划为建筑工程的一个分部工程，以利于施工质量管理和验收，推动建筑节能科技进步。

一、加强施工过程质量控制

过程控制是现代质量管理的核心。《规程》认真贯彻《统一标准》关于过程控制的指导原则和强化验收的具体规定。

新出台的北京市《居住建筑节能设计标准》（DBJ 01—602—2004，以下简称《节能设计标准》），把建筑物的节能与供热系统节能分离开来，把进一步提高建筑物围护结构各部分的保温性能作为节能65%的主要措施，这为搞好节能保温工程施工质量管理和验收创造了便利条件。因此，我们根据《节能设计标准》，在《规程》中把居住建筑节能保温工程划分为：外墙保温、外窗/阳台门玻璃窗、阳台门下部门芯板、屋顶保温、接触室外空气地板/不采暖空间上部楼板保温、不采暖楼梯间内墙保温等6个分项工程。各分项工程按规定划分为若干检验批。每个检验批包含的施工工序又划分为主控项目和一般项目。检验批的主控项目和一般项目的质量检验合格，且具有完整的施工操作依据和质量验收记录，则确认检验批质量合格；分项工程所含的检验批质量均合格，且质量验收资料完整，则确认分项工程质量合格；各分项工程质量验收合格后，方可进行节能保温工程整体质量验收。检验批是施工质量验收的基础，每道工序都要按施工工艺和质量标准精心施工，并把自检、交接检与按批量抽检结合起来，进行过程质量控制。倘若发现质量问题，应及时查找原因，采取整改措施，把质量问题消灭在萌芽状态，并总结经验，防止同类质量问题再发生，使施工过程始终处于受控状态，使施工质量保持稳定且不断提高。

施工工艺的先进性和工程材料的可靠性是确保节能保温工程施工质量的关键。我们在《规程》中强调："居住建筑节能保温工程应选用经国家和北京市主管部门组织技术鉴定并推广应用的建筑节能技术和产品，以及其他性能可靠的建筑材料和产品；严禁采用国家和北京市主管部门明令淘汰的建筑材料和产品"。外墙外保温和外窗是施工质量验收的重点。编入《规程》的6种外墙外保温系统是在北京市已应用多年的成熟技术和新开发的正在推广应用的适用技术，对每个系统都单独列出了施工质量检验的主控项目和一般项目，尽管文字上有重复，但使用起来比较方便。关于外窗，北京市已发布《住宅建筑门窗应用技术规范》，对其产品质量和施工验收作出了严格规定，应遵照执行。为减少外墙局部热桥，提高外墙与外窗交接处的气密性，《规程》规定：外墙出挑构件及附墙部件，如阳台、雨罩、靠外墙阳台栏板、空调室外机搁板、附墙柱、凸窗、装饰线和外墙阳台分户隔墙等，均应按设计要求采取隔断热桥和保温措施；对窗口外侧四周墙面应按设计要求进行保温处理。我们还将把好材料质量关，视为节能保温工程施工质量过程控制的起点，列为检验批主控项目的首项，以引起充分重视。《统一标准》中规定："凡涉及安全、功能的有关产品，应按各专业工程质量验收规范规定进行复验"。我们在《规程》中也作出相应规定，工程所用材料进场后，除检验产品合格证和出厂检测报告外，还必须对主要材料（如：聚苯板、聚氨酯、胶粘剂、抹面抗裂砂浆……）的主要性能（如：保温材料表观密度、导热系数，胶粘剂、抹面抗裂砂浆的拉伸粘结强度……）进行现场抽样复验，复验合格后方可在施工中使用。

按照《规程》的规定，全面加强施工过程质量控制，把整体施工质量细化到每道工序质量，落实到每个施工管理者和操作者，形成以人的工作质量为中心的健全完善的质量管理和验收体系，必将确保节能保温工程的整体施工质量。

二、慎重对待工程实体检测

《统一标准》中规定："对涉及结构安全和使用功能的重要分部工程应进行抽样检测"，并列出了具体检测项目，其中节能保温工程占两项：一是外窗气密性、水密性和耐风压检测；二是节能保温测试，但未规定测试内容。《统一标准》中规定的这类现场抽样检测是在已完成的工程实体上进行的，通常称之为实体检测。譬如：混凝土结构工程是涉及建筑物安全的重要工程，在国标《混凝土结构工程施工质量验收规范》（GB 50204—2002）中，规定要进行混凝土结构现场抽样检测，简称为"结构实体检验"。节能保温工程则是涉及建筑物使用功能的重要工程，这一点现在已为越来越多的人们所认识，建筑物外窗的空气渗透热损失和外墙的传热热损失约占全部热损失的50%，这两项显然是节能保温工程的重要部位。因此，在我们编制的《规程》中，单独列出一章"节能保温实体检测"，检测内容明确为两项：一是检测建筑外窗的气密性；二是检测外墙传热系数。我们在《规程》编制之初，就十分重视节能保温实体检测，特别关注实体检测方法的可靠性，最为担心的是："倘若设计和施工都没有问题，由于《规程》规定的检测方法不可靠，造成实体检测结果有问题"。这就容易形成"冤假错案"，给北京市乃至更大范围的节能保温工程质量验收带来麻烦，也影响《规程》的科学性和权威性。

关于外窗气密性的实体检测，在北京市《住宅建筑门窗应用技术规范》中已规定了现场抽样检测方法，正在贯彻执行。近半年来，我们重点围绕外墙节能保温实体检测，以积极谨慎的态度，广泛开展调查研究，多次组织专家研讨，归结起来，进行了以下工作：

1. 确保节能保温工程可靠度

我们会同北京市《居住建筑节能设计标准》编制组、《外墙保温（节能65%）图集》

编制组，一起研究了各种外墙外保温系统采用的保温材料导热系数设计取值，以热工规范及相关标准为基础，确定了保温材料导热系数在不同使用情况下的修正系数，统一了保温材料导热系数在不同使用情况下的标准值和计算值，为搞好节能保温工程的设计、施工和确保工程实体节能保温的可靠度打下了基础。

2．分析现有检测标准和检测手段

建设部2001年发布的行标《采暖居住建筑节能检验标准》（JGJ 132—2001）规定了试点小区、试点建筑和非试点小区、非试点建筑的节能检验项目，这些项目的检测都是在冬期采暖系统正常运行的条件下进行的，不能满足节能保温工程质量验收一年四季都能检测的要求。该标准对围护结构传热系数的检测规定宜采用热流计法，这种检测方法可以用于冬期完工且通暖的节能保温工程实体检测。北京市2000年发布的《民用建筑节能现场检验标准（采暖居住建筑部分）（试行）》（DBJ/T 01—44—2000），规定了北京地区节能保温工程现场检测标准和评定方法。但由于多方面的原因，这个检验标准并未得到贯彻执行。该标准对围护结构传热系数的检测，除采用热流计外，还采用热箱法。热箱法的检测时间基本不受采暖期限制，只要室外平均空气温度在20℃以下，相对湿度在60%以下，室内外平均温差控制在10℃以上，热箱内温度大于室外最高温度8℃以上，就可用以检测。由此可见，热箱法是适应范围较大的节能保温工程实体检测方法，但基本上不适合在夏天进行检测。为了考证热箱法的可靠性，我们对北京市和外地实体检测的上百项数据进行分析，将实测值与设计值对比，其中50%的实测值高于设计值，就外墙传热系数检测而言，实测值大于设计值意味着外墙保温性能未达到设计要求。为慎重起见，今年4月，我们对已完工的潘家园高层住宅外保温墙体采用热箱法进行检测，实测值略高于设计值，偏差4.4%。专家分析认为：热箱法检测误差与气候条件、完工后的时间和操作水平等多种因素有关。振利公司希望在胶粉聚苯颗粒保温浆料外墙外保温体系完工一年后进行实体检测，这是有道理的，但又是与节能保温工程施工质量验收的时间相矛盾的。最近北京中建建筑科学技术研究院检测中心提出：外墙传热系数实体检测，应根据保温墙体完工季节的不同来确定合理的检测时间，在1季度和4季度完工的，宜在完工60天后进行检测；在2季度和3季度完工的，宜在完工40天后进行检测，但霉雨季不宜检测；如果保温墙体确实潮湿，应采用加热器在室内连续烘烤15天后检测；热箱法实测值与设计值的允许偏差为15%。个人认为：无论是热流计法还是热箱法，都要求一定的检测条件，操作比较复杂，检测时间较长、费用较高。这两种检测方法可以在适宜的条件下采用，但检测误差难以避免，允许偏差定为15%是否合理，是否可行，还需要认真研讨。

3．探索新的保温外墙传热系数实体检测方法。我国建筑节能保温工程施工质量验收标准的编制和实施尚处于起步阶段，工程实体检测还是一个新的领域，我们不能停留在现有的检测方法，应该积极探索新的适应节能保温工程施工质量验收实际需要的实体检测方法。个人认为：新的实体检测方法应满足以下要求：①检测数据可靠；②任何时候都能检测；③检测时间短，操作简单；④检测费用低。混凝土工程是涉及结构安全的重要分部工程，混凝土工程实体检测理论和方法给予我们很大启发。《混凝土结构工程施工质量验收规范》（GB 50204—2002）规定结构实体检测应做两项：一是检测同条件混凝土试块强度。即在现场制作同条件混凝土试块，按规定的时间送试验室测定混凝土试块强度，作为判定混凝土结构实体强度的依据；二是检测混凝土保护层厚度。这项检测是在现场采用非破损方法（钢筋位置超声波测定仪）或局部破损方法进行的。有了这两项实测数据，就能判定混凝土结构承载力是否满足设计要求。其实，任何工程实体都是由材料构成的，工程实体的外在特性取决于内在材料的性能和构造做法。保温外墙工程实体的传热系数则取决于内在保温材料的导热系数和厚度。据此，我们会同有关检测单位的专家，研究出一种新的检测方法，其要点是：①在已完成施工的外墙保温层上随机见证取样，抽取同条件保温层试样，实测外墙保温层厚度；②将试样送检测单位试验室，在标准条件下实测保温材料的导热系数；③将保温层实测厚度和保温材料实测值代入标准公式，算出保温外墙工程实体传热系数。我们准备对这种新的检测方法进行细化和试验，在得到各方面专家和有关领导部门认可后，正式编入《规程》。

三、正确处理过程控制和实体检测的关系

工程实体检测是在节能保温工程施工质量过程控制的基础上，对重要功能项目进行的验证性检查，是强化施工质量验收的重要措施，也是业主和用户最为关心的内容。在当前建筑市场和建材市场不够规范、竞争激烈、鱼龙混杂的情况下，进行节能保温实体检测会产生一定的震慑作用，具有现实意义。但无论从现代质量管理理论，还是从《统一标准》的指导原则和具体规定来看，立足点还应放在过程质量控制上，并通过实体检测促进和完善过程质量控制。我们相信，在各方面的共同努力下，把施工过程质量控制与强化施工质量验收密切结合起来，一定能将建筑节能保温工程的施工质量提高到一个新的水平。

金鸿祥　北京住总集团有限责任公司　教授级高工　邮编：100020

关于采暖居住建筑节能评价问题

方修睦 王洋洋

【摘要】 本文根据 JGJ 26—95 的规定，对目前采用的建筑物能耗评价方法（JGJ 132—2001）的测定条件，以及建筑物的检验问题进行探讨。提出对于建筑体系成熟、施工工艺确定的节能建筑，没有必要进行检测；建议有关部门尽早修订目前执行的建筑节能检验标准，强化建筑物设计过程管理和施工质量监督，解决节能建筑的方便、快速的检测问题。对运行能耗的评价可与热计量收费的改革相配套，利用价格的杠杆，促进运行节能。

【关键词】 居住建筑 节能 检验 评价

在采暖居住建筑的节能评价时执行的《采暖居住建筑节能检验标准》JGJ 132—2001，在《城乡规划、城镇建设、房屋建筑工程技术标准体系》，将其归为建筑热工专用标准中。该标准是一个将热源、热网和热用户包括在内的，对一个供热区域的综合节能效果进行检验的标准。它不但涉及到建筑物的设计和施工问题、热力管网的设计施工问题、热源的设计和施工问题，还涉及到建筑物、热网和热源的使用及运行管理问题，检测设备投入多，检测难度大，检测耗时长。尽管该标准在可操作性方面下了很大的功夫，但由于检测的系统的庞杂，运行管理单位以及热用户的配合等问题，实际的节能建筑的检测仍是困难重重；实行节能建筑检测的地区，实际上大都将节能小区的检验变成了个别建筑物的检验，检验结果可信度低。本文试图根据《民用建筑节能设计标准（采暖居住建筑部分）》(JGJ 26—95)的规定，对目前采用的建筑物能耗评价方法的测定条件，以及在现存的建筑设计和施工管理体系下，是否有必要进行建筑物的实测检验问题进行探讨。

1. 对两个标准中规定的耗热量指标的理解

在 JGJ 26—95 中所规定建筑物耗热量指标 q_H，是指在采暖期室外平均温度条件下，为保持室内计算温度，单位建筑面积在单位时间内消耗的、需由采暖设备供给的热量（W/m^2）。在 JGJ 26—95 中，规定的各地的 q_H 是按照下述公式计算的：

$$q_H = q_{HT} + q_{INF} - q_{IH} \tag{1}$$

式中 q_H——建筑物耗热量指标，W/m^2；

q_{HT}——单位建筑面积通过围护结构的传热耗热量，W/m^2；

q_{INF}——单位建筑面积的空气渗透耗热量，W/m^2；

q_{IH}——单位建筑面积的建筑物内部得热量，住宅建筑取 $3.8W/m^2$。

$$q_{HT}=(t_i-t_e)(\sum_{i=1}^{m}\varepsilon_i K_i F_i)/A_0 \tag{2}$$

$$q_{INF}=(t_i-t_e)(C_p\rho NV)/A_0 \tag{3}$$

式中 ε_i——围护结构传热系数的修正系数；

K_i——围护结构传热系数，W/(m²·K)；

F_i——围护结构的面积，m²；

C_p——空气比热容，取 0.28W·h/(kg·K)；

t_i、t_e——分别为全部房间平均室内计算温度和采暖期室外平均温度，℃；

ρ——空气密度，kg/m³；

N——换气次数，住宅建筑取 0.5 1/h；

V——换气体积，m³；

A_0——建筑面积，m²。

在 JGJ 132—2001 中规定，检测的建筑物单位采暖耗热量，按照式（4）计算，无人居住时按照式（5）计算。

$$q_{hm}=\frac{Q_{hm}}{A_0}\frac{t_i-t_e}{t_{in}-t_{en}}\frac{278}{H_r}+\left(\frac{t_i-t_e}{t_{in}-t_{en}}-1\right)q_{IH} \tag{4}$$

$$q_{hm}=\frac{Q_{hm}}{A_0}\frac{t_i-t_e}{t_{in}-t_{en}}\frac{278}{H_r}-q_{IH} \tag{5}$$

式中 q_{hm}——建筑物单位采暖耗热量，W/m²；

Q_{hm}——检测持续时间内在建筑物热力入口测得的总供热量，MJ；

t_{in}、t_{en}——分别为检测持续时间内建筑物室内平均温度和室外平均温度，℃；

H_r——检测持续时间，h。

在 JGJ 132—2001 中规定，建筑节能合格的判据是：建筑物单位耗热量不应大于 JGJ 26 附录 A 的附表 A 中相关指标值，即：

$$q_{hm}\leqslant q_H \tag{6}$$

对上述公式的理解是：

(1) 在设计中，q_H 是判断建筑物节能设计是否合格的依据。在 q_H 计算中有两个重要的条件，一个是 $q_{IH}=3.8W/m^2$，另一个是 $N=0.5$ 1/h。

(2) 由于 q_H 是分析建筑物寿命周期内能耗的依据，因此 K_i 应是建筑物在稳定条件下的传热系数。

(3) 在 q_{hm} 的计算中，考虑了实际测定时的室内外温差与标准规定的室内外温差的差别；

(4) 在 q_{hm} 的计算中，无论建筑物内用户得热多少，都要取 $q_{IH}=3.8W/m^2$；

(5) 公式（6）是判断建筑物是否合格的判据。公式（6）成立的前提是：

● Q_{hm} 的检测应在建筑物稳定条件下进行；

● 建筑物的 N 为 0.5 1/h；

● q_{IH} 为 3.8W/m²。

2. 影响测定结果的因素

(1) K_i 的问题

Q_{hm} 测定往往是在建筑物竣工的当年进行,而建筑物的传热系数在建筑物竣工时与建筑物稳定后的数值是不同的。我校曾经在建筑围护结构动态热工性能测试装置上,对建筑材料中含湿量对导热系数及能耗的影响,进行过连续四年的跟踪测定。测定结果表明,红砖墙体导热系数从砌筑到稳定要经过自然干燥期、过渡期、比较稳定期和稳定期四个阶段。比较稳定期的导热系数比过渡期降低 16.3%,稳定期的导热系数比过渡期降低 22.2%(图1)。虽然现在的建筑很少采用红砖,多采用砌块,且砌块导热系数随时间的变化没有见到研究报告,但根据红砖砌体的变化规律,可以猜测出砌块砌体的变化规律。因此,在建筑物竣工后测得的数据 Q_{hm},并不是建筑物稳定后的实际耗热量,因此公式(4)或者公式(5)只能用来计算实际的 q_{hm},而不能用公式(6)来判断建筑物是否达标。

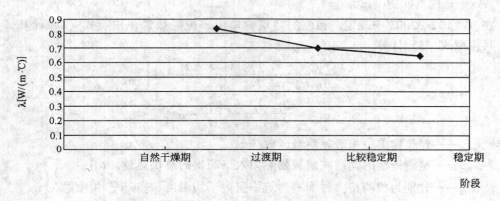

图1 含湿量对导热系数的影响

(2) q_{IH} 的问题

如果 Q_{hm} 是在建筑物无人时测定的,利用公式(5)计算 q_{hm} 是可以的。建筑物内有人居住,在进行节能设计分析时,取 $q_{ci}=3.8W/m^2$ 是可以的;但在评价建成的建筑物的耗热量指标时,如果人均居住面积、家电及炊事得热均与 JGJ 26—95 制定时有较大的差别,则按照公式(4)计算则是欠妥的。应利用实际测出的建筑得热量 Q_{IH} 对 Q_{hm} 进行修正,利用修正后的数据计算出的 q_{hm}(见式7),才可根据式(6)进行建筑节能评价。

$$q_{hm} = \frac{Q_{hm} - Q_{IH}}{A_0} \frac{t_i - t_e}{t_{in} - t_{en}} \frac{278}{H_r} - q_{IH} \tag{7}$$

(3) N 的问题

在 JGJ 26—95 中,将 N 取为 0.5 1/h,是根据人体的卫生要求出发确定的。在实际建筑物的 Q_{hm} 测定中,建筑物的换气次数要受测定条件限制。测定时可能遇到 4 种情况:①建筑物内无人居住,也无用户装修;②建筑物内无人居住,但有用户装修;③建筑物内有部分人居住;④建筑物内用户全部或基本入住。

1)建筑物内无人居住,也无用户装修

此时建筑物的渗风主要为建筑门窗的自身的渗风,换气次数来自于建筑物门窗的基本渗风。如果由此渗风量导致的换气次数恰好为 0.5 1/h，则测出的 Q_{hm} 为符合 JGJ 26—95 中规定条件下的数据，可以利用公式（5）计算 q_{hm}，并利用公式（6）判断建筑物是否达标。实际情况是现在建成的节能建筑，由于采用塑钢窗，其渗风量要小于 0.5 1/h。

作者曾在大庆和北京做过试验，试验建筑均采用塑钢窗。大庆的试验建筑为 6 层砖混结构。试验选在既具有山墙用户又具有普通用户的 1 单元进行，1 单元为一梯两户建筑。北京的试验为 16 层（第 16 层为跃层），试验选在既具有山墙用户又具有一般用户的 A 单元。

这两幢建筑物试验期间无人居住、无人装修，采取用每户热量表测量的供热量减去围护结构传热量的方法确定渗风量（传热系数是采用热流计测定的）。大庆的试验结果如图 2，图中 01 用户和 02 用户分别为无山墙用户和有山墙用户。由图 2 可见，所分析的有山墙用户的渗风量与无山墙用户的渗风量曲线重合，这表明此方法得到的渗风量的数据是可信的。

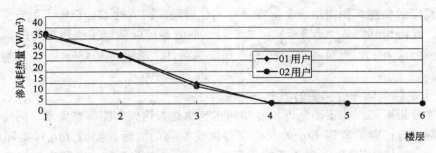

图 2 大庆试验建筑的渗风耗热量曲线

表 1 是根据得到的渗风量计算出来的建筑物的换气次数。由表 1 可见，大庆住宅楼 q_{hm} = 41.33 W/m²，实测换气次数为 0.16 1/h。如果按照 JGJ 26—95 规定的 0.5 1/h 数据计算，q_{hm} 应为 51.61 W/m²。北京住宅楼，q_{hm} = 19.91W/m²，小于 JGJ 26—95 规定的节能指标 20.6 W/m²。按照目前的做法，是可以判定该建筑物为节能建筑。但由于实测换气次数为 0.19 1/h，如果按照 JGJ 26—95 规定的 0.5 1/h 数据计算，可知该数据是将渗风少计算了 6.33 W/m²，实际的 q_{hm} 应为 26.24 W/m²，根据公式（6），判定该建筑物为不节能建筑。

换 气 次 数 分 析   表1

试验建筑	面积	耗热量指标 q_{hm} W/m²	实测换气次数 N 1/h	实测风耗热量 W/m²	折算到标准规定的条件下渗风耗热量 W/m²	折算到标准规定的条件下渗风时耗热量指标 W/m²
大庆住宅楼	5218.76	41.33	0.16	4.89	15.17	51.61
北京住宅楼	8516.8	19.91	0.19	3.86	10.19	26.24

同一幢建筑得出不同的结论，是由于测定条件与 JGJ 26—95 规定的条件不一致。要使依据测得的 Q_{hm} 用公式（5）得出的 q_{hm} 与 JGJ 26—95 规定的 q_H 进行比较，必须使计算 q_{hm} 的条件与 q_H 的条件相同，否则要得出不恰当的结论。根据 q_H = 19.91 W/m²，得

出的满足节能要求的结论,实际上是掩盖了围护结构不合格的现实,承认牺牲室内卫生标准的方式的合法性,这是与JGJ 26—95的初衷相违背的。

2) 建筑物内无人居住,但有用户装修

如果测定选在用户装修期间,测得的 Q_{hm} 虽然包含了由于用户装修导致门窗开启变化而增加的渗风量,但由于渗风规律的不确定性,很难确定实际的换气次数,因此难于将测定结果折算到 JGJ 26—95 规定的条件,此时得到的 q_{hm} 是实际发生的数据,但无法利用公式(6)判断建筑物是否达标。

3) 建筑物内有部分人居住

如果测定选在建筑物内有部分人居住期间,测得的 Q_{hm} 只包含部分用户使用中的渗风量,此时得到的 q_{hm} 是实际发生的数据。此时由于难于确定整幢建筑物的实际的换气次数,因此无法利用公式(6)判断建筑物是否达标。

4) 建筑物内用户全部或基本入住

如果测定选在建筑物内用户全部或基本入住期间,测得的 Q_{hm} 包含了用户实际使用中的渗风量,此时得到的 q_{hm} 是实际发生的数据。此时是可以确定整幢建筑物的实际的换气次数的,因此应将 Q_{hm} 折算到 JGJ 26—95 规定的条件,然后再利用公式(6)判断建筑物是否达标。

3. 关于建筑节能评价问题的思考

由上述分析可知,要正确地评价建造的建筑物是否达到节能标准要求,测定应在建筑物的稳定期进行;除了测定 Q_{hm} 外,还应确定建筑物的实际得热量 Q_{IH} 和实际的换气次数,利用式(8)进行分析。对于新的建筑体系、新的施工工艺、新型建筑材料等建筑或研究类的项目,上述测定是必要的、可行的。但对于建筑体系成熟、施工工艺确定的大面积应用的建筑来说,由于这种评价方法难度大,人力物力消耗大,因此其可操作性及必要性值得商榷。

$$q_{hm} = \frac{Q_{hm} + Q_{INF} - Q_{inf} - Q_{IH}}{A_0} \frac{t_i - t_e}{t_{in} - t_{en}} \frac{278}{H_r} - q_{IH} \tag{8}$$

式中 Q_{inf}——实测的渗风耗热量,MJ;

Q_{INF}——折算到标准规定的条件下渗风耗热量,MJ。

工程建设项目的质量评价,依据过程可分为设计过程质量评价、建造过程质量评价及建筑产品的质量评价。设计过程质量评价是由设计主管部门依据国家的建筑设计有关标准对建筑设计质量进行评定;建造过程质量评价由施工监理部门和质检部门,为保证施工部门正确的执行国家的有关施工规范和工程设计的图纸等技术文件,对施工过程的质量进行的控制和监督;建筑产品的质量评价由建筑产品的主管部门,依据国家的有关施工验收规范和工程设计的图纸等技术文件,对建成的建筑产品进行检验,给出合理的评价。因此建筑体系成熟、施工工艺确定节能建筑,如果经过了设计质量评价,使用确定的材料,按照规定的工艺施工,建造出来的建筑物是能达到要求的,没有必要再浪费人力、物力和财力,进行检测。欧美等发达国家也是采用控制设计和施工质量来保证建筑节能效果的,对建筑物和供暖系统的能耗并不进行强制性检验,只有出现质量事故,需要提供仲裁时,才进行能耗检验。因此民用建筑节能评价是工程建设项目的质量评价体系中的一部分,是对民用建筑能耗水平的专项评定。民用建筑节能评价工作的开展,无需建立新的评价机构,只是对各级质量监督部门的业务重新调整。

从这一技术路线出发,建议有关部门尽早修订目前执行的建筑节能检验标准。对建筑工程,强化设计过程管理和施工质量监督,完善建筑工程施工质量验收专用标准和建筑工程质量检测专用标准,研究新的检测技术,解决节能建筑的方便、快速的检测问题。对运行能耗的评价可与热计量收费的改革相配套,利用价格和热费的杠杆,促进运行节能。

参 考 文 献

1 方修睦. 现场检测的建筑节能指标的折算方法研究. 哈尔滨建筑大学学报. 2001(3)
2 方修睦. 供暖居住建筑节能指标现场评价方法探讨. 暖通空调. 2001(6)
3 哈尔滨市墙改办、哈尔滨建筑工程学院. 嵩山节能小区综合节能措施及建筑能耗测定鉴定文件,1993.10

方修睦　哈尔滨工业大学　教授　邮编:150090

上海住宅建筑节能检测评估标准介绍

刘明明　李德荣　王吉霖　邢大庆

【摘要】 本文介绍上海市住宅建筑节能检测的方法及评估节能达标的思路。主张采用对各围护传热系数的检测，以及通过对窗的太阳辐射计算（不采用测量），最后计算理论上可比较的耗热量耗冷量。研究"比较法"判定住宅建筑节能是否达到《夏热冬冷地区居住建筑节能设计标准》（JGJ 134—2001）要求。本文同时分析各种测量构件传热系数方法，研究夏季内表面最高温度的测量与判定规则。

【关键词】 住宅建筑　建筑节能检测　评估节能达标　构件　节能设计标准

一、概述

编制本标准目的是降低能耗尤其是尖峰负荷。

上海市属夏热冬冷的地区，随着热环境改善，建筑能耗日趋增大，近10年来夏季用电最高负荷反映了这一不断增长的趋势，见表1。

夏季最高用电负荷　　表1

年份	最高用电负荷（$\times 10^4$kW）
1993	530
1994	580
1995	690
1996	643
1997	860
1998	901
1999	903
2000	1048
2001	1111
2002	1235
2003	1362
2004	1501

二、热工节能检测方法一般规定

1. 规定热流计法适用范围

包括屋顶、外墙、分户墙、楼板的传热系数现场和实验室测量。

2．规定热箱法适用范围

包括屋顶、外墙、分户墙、楼板、门、窗的传热系数实验室测量，热箱法不宜用于现场检测，而门、窗传热系数检测只能用热箱法。

3．规定了热流计法的要求

（1）热流计的要求，参照了《建筑用热流计》（JG/T 3016）规定。仪器仪表的附加误差可参照 GB/T 13475 的规定。规定主要是为减小测量误差，缩短现场检测时间。测量误差和以下因素有关：

1）热流计和温度传感器的标定误差。标定得好的误差约为 5%。

2）数据记录系统的误差由制造商作出产品保证，计量认证。

3）由热流计和温度传感器与被测构件表面接触是否良好引起差异的随机误差。仔细粘贴热流计和温度传感器，这种误差平均值 5%，并且可以通过多个热流计和温度传感器减小这种误差。

4）构件受到太阳辐射而引起的热影响，可通过采用日落后 1h 至日出的数天数据来减小这种误差。

5）对于厚重的构件，需要通过一定时间来达到热稳定，采取加热数天后再开始取数据的办法来减小这种影响。

6）采用自动化可与电脑连接的巡回控测仪器，在目前，实际上已没有什么困难，国内同行基本上都采取了此类仪器。手工记录的仪器基本上也已不再用了。

（2）为了测量的精度，同时使检测的工作量不要太大，对测点数作了规定。

（3）对测点位置作了规定。

（4）对热流计的安装和位置作了规定。

（5）对温度传感器的安装和位置作了规定。

（6）现场检测季节的规定，有利于测量的正确。其他季节检测宜放在实验室进行。

（7）现场检测对构件及气候的要求。

（8）热流计法测量的时间要求，这是考虑了构件的蓄热和放热过程。重质材料一般需要更长的时间。

（9）规定记录间隔的最大时间，应记录的参数。

（10）热流计法的热阻及传热系数的计算公式。

4．标准贯彻了《节能设计标准》中有关内表面最高计算温度而设定的条款要求

因为内表面最高计算温度是对夏季室内自然通风条件而言的。天气不晴朗数据无意义。故测量的气候条件规定是必须的，因为同样的气温，太阳辐射不同，会引起外围护结构外表面的温度差异，以至内表面温度也会不同。

（1）上海自然通风条件下夏季屋顶、外墙内表面的最高计算温度为 36.1℃，但是在实际测量时，室外空气最高温度不可能正巧为 36.1℃，总有些偏差，但是偏差太大，理论上计算值也会变化，为了减小这种变化影响，又兼顾可操作性，本标准在此提出 ±2℃ 范围的检测条件，这样有利于判断的可靠与正确。

（2）温度传感器采用铜-康铜热电偶，其热性能稳定，焊接情况正常，相互间误差很小，完全能符合 0.5℃ 要求。另外，其操作方便，价格便宜，可反复使用，数十年用下

来，性能可靠。采集数据用仪器同前面所述，应该是自动采集可与电脑连接进行数据处理的仪器，这一点完全可以做到。此类仪器很多，如澳大利亚 DATATAKER，美国的 AGELIENT，上海大华的 DR 系列等。

(3) 规定了测量的参数。

(4) 规定了较小测量时间间隔，由于仪器都采用自动化电脑控制，故在短时间间隔采集数据已无困难，这样就能更准确地进行温度对比。

(5) 测点的布置，现场条件限制，不能规定得很精确，但是中间一点应保证，同时对点数作了规定。

(6) 较为客观是取各点的平均值来评估，因为各点的温度不可避免地有差异。

(7) 传感器安装也是应该注意的，接触不好会影响测量精度。

(8) 外表面不应有遮挡，否则影响内表面温度测量。

(9) 室外空气温度为评价参考值，故必须按规定测量。

5. 保温缺陷检测

采用摄像仪检查已建住宅的围护结构保温节能缺陷，英国做得较早、较好。他们节能检测的主要内容有：①摄热像调研热损失情况；②鼓风门压力试验检测建筑的气密性；③窗玻璃系统检测，检测双玻、单玻及厚度，空气层厚度等；④窥探检测内部构造情况；⑤围护结构现场传热系数检测，确定围护结构传热性能。英国现场检测评估见《上海建筑节能与材料》2002.1 期（P27）《英国已建住宅建筑节能现场检测》。

6. 能耗检测

本标准不主张对住宅进行耗热量耗冷量检测，主张通过对构件的传热系数检测，计算确定。计算可采用有关软件和简化公式。从可操作性角度讲，主张用简化的方法。

三、评估方法

1. 评估方法含义

一是如何评估单独构件中的热工节能性能，参数包括热阻，传热系数，热惰性指标和内表面最高温度等；二是如何评估住宅建筑是否达到节能住宅建筑要求，即现阶段综合性指标达到节能设计标准。

英国建筑节能设计标准，第一个方法就是构件法，明确规定建筑外围护的屋顶、外墙、外窗等应达到传热系数指标。第二个方法叫做目标传热系数法，把外围护结构的平均传热系数与目标传热系数比较，小于目标传热系数的就符合节能设计。第三个方法是碳指数法，把燃料的排碳量折算成指数，达到"8"以上就符合节能设计，这样把燃料因素也考虑进节能设计标准中去，又进了一步。

美国的住宅建筑节能设计标准，第一个方法也是规定了各部分构件的传热系数，但是称作规定性指标；第二个方法是比较法，拿设计建筑同节能标准建筑进行比较，耗能量小于标准建筑的就是合格的。第三个方法是采用 DOE-2 软件进行计算，给出了一个性能性能耗指标。设计建筑物小于该性能指标，即为合格。我国夏热冬冷地区基本上同国际上的发达国家一致。第一也是给出构件的规定性指标，全部合格，不必再作繁复的计算，即为节能设计达标。第二是性能性指标，需要计算才能确立其设计建筑是否达标。本标准根据执行标准的实际情况，从可操作性和易于推广角度讲，提出 2 种方法来评估住宅建筑节能。

2. 构件指标法

参照节能设计标准，规定窗墙比符合标准时，各单独构件的传热系数等性能达到标准要求即为建筑节能达标。

3. 比较法

本标准提出的比较法，其理由是为了标准可操作性，同时跟上国外发达国家标准。比较法理由在前说明里已有阐述。此条规定在窗墙比 0.25（东、南、西、北），本标准评估住宅节能时各构件的传热系数：窗为 4.7W/（m²·K），屋顶传热系数为 1.0W/（m²·K），外墙平均传热系数 K_m 为 1.5 W/（m²·K）等，计算参考标准建筑的耗能量。各传热系数是不随建筑变化的，但耗能量是一个随建筑及不同简化计算公式、软件变化的数据。然后把设计、检测数据代入同样的计算公式软件进行计算。只要设计、检测的建筑能耗指标小于标准建筑的数据，该住宅即为达标节能住宅建筑。我们主张用比较法评估建筑节能综合指标达标问题，并已付之实践。

不主张在上海地区采用直接检测夏季空调和冬季采暖节能百分比来判定节能达标。

刘明明　上海市建筑科学研究院　高级工程师　邮编：200032

建筑围护结构的热工性能检测分析

王云新　黄夏东　赵士怀

【摘要】 本文介绍在福州建造的一幢4层试验楼内对外墙、屋顶和门窗进行热工性能检测分析的情况与结果。

【关键词】 建筑围护结构　热工性能　检测

为了解建筑围护结构对建筑能耗的影响，我们在福州建有一幢4层试验楼，对不同的围护构造进行检测分析，这里介绍我们试验过程中的体验。

一、外墙

外墙在外围护结构表面积中占的比例最大，它传热造成的负荷占整幢建筑热负荷的比例也很大，因此外墙的保温隔热性能是建筑节能的一个重要部分。从全国的角度来看，各地方使用的外墙材料多种多样，但相当数量的墙体材料本身热工性能无法满足节能要求。以福建省为例：我们近两年调查全省八个主要城市，黏土制品的材料占绝大多数（90%以上），其他仅是少量使用，如：加气混凝土、钢筋混凝土、粉煤灰砌块、灰砂砖等。原因是多方面的：如价格、施工工艺、材料本身缺陷或本地资源等特点。较有代表性的是：福建省地形号称"八山一水一分田"，大部分是丘陵地貌，特别是内陆地区，黄土资源极为丰富，在不破坏良田资源的前提下，生产黏土制品的原料是很有保证的，并且成本极低，短时间内找出替代墙材，是不太现实的。因此，目前根据各地方的特点，在这些热工性能较差的墙材上，构造如何改善使之达到节能目标，就变得迫切起来。

通过测试福建省常见的墙体材料：黏土多孔砖、粉煤灰砌块、灰砂砖以及钢筋混凝土的传热系数，观察与节能要求的差距，再通过改变墙体的构造，增加保温层，使墙体的传热系数达到节能标准的要求，控制不同保温层的厚度来达到改善热工性能的目的。表1为这四种材料的不同构造传热系数测试情况。

从表1可以看出，理论计算值和实测值大部分相差较小，但个别相差较大，这主要因为理论计算所采用的各种材料的热工参数与实际材料的热工参数差异引起，毕竟我们所能查阅的资料有限，而建筑材料又日新月异。因此，设计过程中应尽可能采用经实际测试的围护构造热工参数，退而求次，也可先了解墙体基材和保温材料的大致热工性能，通过理论计算，选用合适的墙体构造，进行下一步的节能。实际工程中，再对选定的材料进行抽样送检，到法定检查部门复核、确认，作为节能验收资料的一部分。

表1

序号	墙体构造简图	各层构造厚度及名称	砌块或基材表观密度（kg/m³）	传热系数 W/(m²·K) 实测值	理论值
1	室外 室内	220mm 灰砂砖	2011	3.25	2.95
	室外 室内	10mm 水泥砂浆 + 220mm 灰砂砖 + 25mmZL 胶粉聚苯颗粒 + 5mm 抗裂砂浆		1.26	1.34
2	室外 室内	10mm 水泥砂浆 + 190mm 空心砖 + 10mm 水泥砂浆	847（13孔承重）	1.82	1.96
	室外 室内	10mm 水泥砂浆 + 190mm 空心砖 + 10mm 水泥砂浆 + 10mmZL 胶粉聚苯颗粒		1.21	1.42
3	室外 室内	10mm 水泥砂浆 + 190mm 粉煤灰空心砌块 + 10mm 水泥砂浆	1030	2.45	2.23
	室外 室内	10mm 水泥砂浆 + 190mm 粉煤灰空心砌块 + 10mm 水泥砂浆 + 20mmZL 胶粉聚苯颗粒		1.24	1.33

续表

序号	墙体构造简图	各层构造厚度及名称	砌块或基材表观密度（kg/m³）	传热系数 W/(m²·K) 实测值	理论值
4	室外　室内	200mm 钢筋混凝土（C25，双层双向 φ10@200）	2400	4.43	3.77
	室外　室内	10mm 水泥砂浆 + 200mm 钢筋混凝土 + 30mmZL 胶粉聚苯颗粒		1.46	1.37

注：上述构造仅用来比较试验和理论计算传热系数结果，实际工程构造还应满足相关外墙标准要求。

二、屋顶

屋顶在外围护结构中占的比例虽然不是很大，但它传热造成的热负荷对于顶层房间却占有重要的地位。2003年7月份福建省遭遇罕见的持续高温天气，我们在一个试验楼屋顶（如图2阴影部分）使用四种屋面结构，对屋面进行隔热处理。分别用普通水泥板架空、60mm憎水珍珠岩、20mm厚聚氨酯板、25mm厚XPS挤塑板作为保温隔热层（详细构造详见表3）。这里我们选取较有代表性的一整天数据进行分析，环境温度是在试验楼所在地避开太阳直射的树荫下测得，试验结果如下：

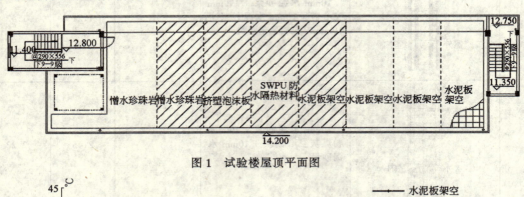

图1 试验楼屋顶平面图

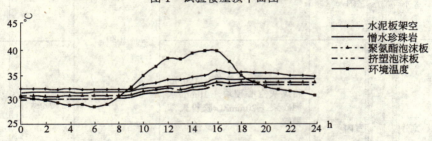

图2 顶层屋顶使用不同保温结构后各自室内温度曲线

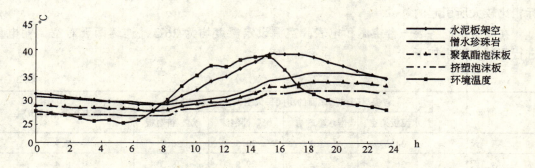

图3 顶层屋顶使用不同保温结构后各自屋顶内表面温度曲线

表2

屋面构造简图	各层构造厚度及名称	室内温度℃		内表面温度℃	
		平均值	最高值	平均值	最高值
	6.预制30mm厚混凝土隔热板 5.架空层（200mm通风层） 4.10mm厚1:3水泥砂浆找平 3.防水卷材或涂料 2.100mm厚钢筋混凝土结构层 1.25mm厚板底抹灰	33.7	36.0	35.7	40.4
	6.20mm厚钢筋网细石混凝土 5.防水卷材 4.60mm高强憎水珍珠岩 3.20mm厚1:3水泥砂浆找平 2.100mm厚钢筋混凝土结构层 1.25mm厚板底抹灰	32.8	34.3	34.1	37.3
	5.20 mm厚钢筋网细石混凝土 4.细砂层 3.20mm氨酯泡沫 2.100mm厚钢筋混凝土结构层 1.25mm厚板底抹灰	32.1	33.6	33.0	35.8
	6.40厚钢筋网细石混凝土 5.25mm厚挤塑型聚苯乙烯板 4.10mm厚1:3水泥砂浆找平 3.防水卷材 2.100mm厚钢筋混凝土结构层 1.25mm厚板底抹灰	31.6	33.1	31.9	34.3

从图2、3以及表2可以看出，用不同的保温隔热材料与水泥架空板相比，隔热效果有明显提高，使用25mm挤塑板的房间室内温度日平均比水泥板房间低2.1℃，峰值也低2.9℃；房间屋顶内表面温度日平均低3.8℃，峰值低6.1℃。

图2、3可以看出，各房间的屋顶内表面温度及室内温度的最大值出现的时间均滞后于环境温度（约1~4h），而憎水珍珠岩房间延迟较多，这主要由该保温材料的热惰性指

标相比较大所引起的。

在四个房间各装一台空调和电表,空调设定温度均为26℃,连续两天对空调耗电量进行测试,结果如下:

表3

时间	各保温隔热层屋面的房间每天空调耗电(kWh)				最大相差(kWh)
	水泥板架空	憎水珍珠岩	聚氨酯泡沫	XPS挤塑板	
第一天	34.6	30.3	28.5	26.7	7.9
第二天	36.7	32.2	29.9	28.3	8.4

表3可以看出,这四种屋面构造挤塑板比常规水泥板架空屋面的设备耗能足足少了约23%的电量。可见屋面构造对顶层房间能耗的影响是很大的。

因此设计人员设计过程中应多考虑将新型的、热惰性指标较大保温隔热材料的用于屋面隔热。在实际工程中不断总结经验,逐步完善屋面保温隔热体系,对于建筑物的节能,尤其是顶层房间可以发挥很好的节能作用。

三、外窗

窗户作为房间内外交流的重要外围护构件,它肩负自然通风、采光以及夏季部分阻挡太阳辐射热进入室内。窗户的隔热性能主要是指在夏季窗阻挡太阳辐射热射入室内的能力。采用各种特殊的热反射玻璃或贴热反射薄膜有很好的效果,特别是选用对太阳光中红外线反射能力强的热反射材料更理想,如低辐射玻璃。但在选用这些材料时要考虑到窗的采光问题,不能以过多损失窗的透光性来提高隔热性能,否则,它的节能效果会适得其反。

在试验楼三层 $B\sim H$ 房间南向窗分别安装 PVC 塑料单玻窗、铝合金热反射玻璃窗、断热铝合金 Low-E 中空玻璃窗、断热铝合金中空玻璃窗、铝合金中空玻璃窗、铝合金白色单层玻璃窗、铝合金蓝色单层玻璃窗 7 种窗型,如图4。

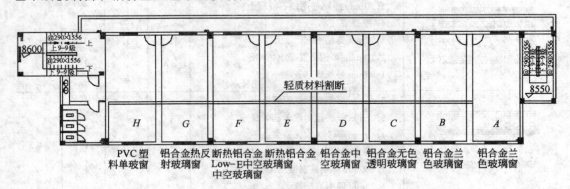

图4 三层测试房平面

为更有效地进行对比分析,我们在三层 $B\sim H$ 测试房中,用5cm的聚苯乙烯泡沫板隔断,每间测试房面积为 $4.1m\times 3.3m$,便于试验结果的比较,这里我们选取较有代表性的一整天数据进行分析,由于 H 房间已经装修,与其他房间条件不一致,PVC 塑料单玻窗、铝合金白色单层玻璃窗不参与比较。

各窗型房间室内温度特征值（℃）　　　　　　　　表4

	铝合金蓝色玻璃窗（B）	铝合金热反射玻璃窗（G）	铝合金中空玻璃窗（D）	断热铝合金中空玻璃窗（E）	断热铝合金 Low-E 玻璃窗（F）
平均值	32.9	31.9	31.4	31.3	30.7
最大值	33.9	33.1	32.3	32.4	32.0
最小值	32.0	31.0	30.7	30.5	29.3

通过图5、表4分析可以得到以下几点：

（1）5个房间室内温度有显著的差别，图5上5条房间温度曲线高低间隔大，房间结构相同，因此这些温度差别可以认为是不同类型外窗引起的。

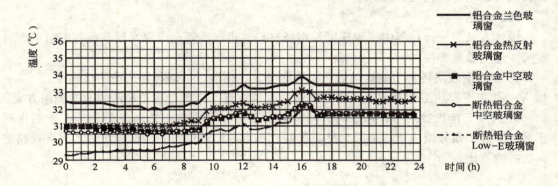

图5　各窗型房间室内温度变化曲线

（2）本试验中，按隔热效果排列如下：

第一位——断热铝合金 low-E 中空玻璃窗

第二位——断热铝合金中空玻璃窗

第三位——铝合金中空玻璃窗

第四位——热反射单层铝合金窗

第五位——铝合金单层蓝色玻璃窗

（3）断热铝合金中空玻璃窗和铝合金中空玻璃窗所对应的房间温度曲线几乎重合，这主要由于福州地区夏季太阳辐射角较高，南向窗户受太阳的直接照射时间较短，通过外窗进入室内的热量，主要是太阳的散射量和室内外温差传热，在无空调的房间，室内外温差不大的情况下，通过外窗进入的热量则主要是太阳的散射热。因此，外窗框的影响极小，起主导作用的是窗玻璃。表明型材的隔热和保温性能对炎热地区的节能作用不明显，炎热地区可不必过于强调型材的作用。

（4）low-E 玻璃窗始终处于最低的温度状态，尤其是白天隔热性能非常明显，与普通铝合金窗相比，室内温度平均温度相差2.2℃，而与其他的中空玻璃窗相比室内温度平均值最大相差也在1.2℃，说明 low-E 玻璃窗起到隔热遮阳作用了。而到了晚上保温性能则与其他中空玻璃窗基本一致，曲线基本重合，说明 low-E 玻璃窗到了晚上在无太阳的情况下，其保温作用与其他中空玻璃窗性能基本一致。

(5) 单层铝合金窗的两种玻璃相比,兰色玻璃窗的性能略差一些,其隔热和散热均不如热反射玻璃;在本试验中,热反射玻璃窗节能效果未能充分体现出来,分析主要原因:南窗没受到太阳的直接照射,反射材料的反射能力没有发挥出来,如果将热反射玻璃窗放在东、西朝向的外窗,其优越性将能得到充分发挥。因此在夏热冬暖地区南向外窗可不考虑采用热反射玻璃,而直接选用白色玻璃。

(6) 由于测试时,是在关窗状态下进行,因此到了夜间5种窗型的室内温度还存在差别,从曲线图看,其室内温度白天最大相差约为2.5℃,夜间最大相差也在1.5℃。如果仅分析隔热性能,可在白天关窗,晚上太阳下山后开窗进行自然通风,这样夜间的室内温度通过自然通风后,可以基本一致,更有利于减少建筑负荷。

因此设计人员应根据建筑所处气候分区、不同朝向,结合不同产品的特点,进行方案比较,使之达到最佳性价比。

四、总结

设计人员在设计过程中,除应紧跟市场材料的走向,顺应国家发展节能住宅总的方针政策,还应着重关注以下三点内容:

1. 多方面收集各种节能材料的热工性能参数、构造,了解各种构造的优缺点。
2. 初步了解热工计算方法,根据建筑的本身特点,使自己有更灵活的节能调整方案。
3. 合理安排投放到围护构造的有限资金,顶层房间应重点考虑屋面构造;东西房间应重点考虑东西外墙构造;中间标准层房间应重点考虑外窗窗型。这样可最大限度提高建筑物的性价比。

王云新 福建省建筑科学研究院 高级工程师 邮编:350025

RX-Ⅱ型传热系数检测仪在工程检测中的应用

赵文海 段 恺 王志勇 费慧慧

【摘要】 本文介绍了以热箱法检测围护结构传热系数的原理应用于现场实测的 RX-Ⅱ型传热系数测仪，包括仪器组成、测试条件、测试步骤、检测仪特点在工程中的应用，其中对比了传热系数的实测值与设计值、计算值、比较了采用此种检测方法与热流计方法的结果，并研究了太阳辐射对墙体传热系数测试结果的影响，室内外温差对测试结果的影响。从分析中可以看出，此种传热系数检测仪的测试结果接近实际，可在一年的大部分时间内进行检测。

【关键词】 传热系数 检测 设备 热箱法

RX-Ⅱ型传热系数检测仪是由北京中建建筑科学技术研究院研制开发的，于 2001 年 1 月通过了北京市科委组织的专家鉴定，并获得国家实用新型专利。

近来，我们又对 RX-Ⅱ型传热系数检测仪进行改进，改型产品为 RX-ⅡB 型传热系数检测仪，与原仪器相比，一次可测试两个部位，增加了一个室外用冷箱，该设备在一年大部分时间均可测试，基本不受季节限制。

RX-Ⅱ型传热系数检测仪首次将热箱法检测围护结构传热系数的原理应用于现场实测，其测试面积大，达到稳定工作的时间短，操作方便，并且采用最先进的数字信号处理技术及专用 PID 温控系统，是一种先进的智能测试技术。它的使用突破了以往现场围护结构节能检测只能在采暖期进行的限制，使检测部门能够及时、快捷、准确地了解和控制节能建筑围护结构的传热系数，为我国建筑节能事业提供了一种科学的检测设备。

一、测试的仪器组成

该仪器的测试原理是人工制造一个一维传热环境，被测部位的内侧用热箱模拟采暖建筑室内条件，另一侧为室外自然条件（或扣冷箱）。定时测试热箱的发热量及热箱内和室外空气温差，经控制仪运算，直接得到被测部位的传热系数值。

RX-ⅡB 型传热系数检测仪是由控制仪、热箱、传感器、电暖器和冷箱等组成。

温度传感器准确度不大于 $0.3°C$；电功率准确度不大于 $1\%FS$。

热箱：箱内控温准确度不大于 $±0.5°C$；箱壁热阻不小于 $1.0m^2·K/W$；有效测试面积不小于 $1.2m^2$。

冷箱：有效面积不小于 $2.8m^2$，功率不小于 $500W$。

二、测试条件

(1) 测试时，室外平均空气温度不大于 $20°C$，相对湿度不大于 $60\%RH$，室内外平均温差控制在10℃以上，传热系数检测仪的热箱内温度应控制在大于室外最高温度8℃以上；如果室外平均空气温度大于20℃，应使用冷箱降低被测墙室外温度。

（2）宜在保温工程完工60d后进行测试；同时应在被测房间连续加热至少7d后进行测试，应连续测试3d，测试时室内门窗关闭。

（3）围护结构被测区域的外表面应避免阳光直射，否则需临时遮挡。

三、测试步骤

（1）测试前，应在被测墙面上用红外温度计测温，选取温差波动有规律的部位进行测试。

（2）宜选取房间的北墙进行测试；当选取其他朝向的墙测试时，应避免阳光直射。

（3）测试位置不应靠近热桥、裂缝和有空气渗透的部位，测试位置应距热桥500mm以上。

（4）安置热箱使之与被测表面充分接触；若室外平均空气温度大于20℃，应在室外扣上冷箱降低被测墙室外空气温度。

（5）根据室外空气温度设定室内空气温度和热箱内温度，控制室内空气温度和热箱内温度相同；室内外平均温差控制在10℃以上，热箱内温度应大于室外最高温度8℃以上。

（6）测试室内、外空气温度，被测部位内、外表面温度，热箱内温度、被测部位的传热量等。

（7）采集数据，每30min记录一次；用传热基本稳定后的数据进行计算，所测数据采用算术平均法进行分析。

四、RX-IIB型传热系数检测仪的特点

（1）测试时间不受采暖期限制，一年的大部分时间都可检测，采用冷热箱控制，只要将室内外平均温差控制在10℃以上，热箱内温度大于室外最高温度8℃以上就可以测试。

（2）对检测现场的环境要求不高。检测时仅要求有封闭的房间及该房间中有足够大的墙体；在检测周期中提供连续的电源；检测过程中可以有人员进入检测现场检查检测仪器的工作状态，对检测数据不会造成明显的影响。

（3）检测周期短，同时可测试2个测试面。正常检测需要3d（2组）；比传统方法的检测时间至少缩短5d。

（4）采用高分辨率的A/D转化装置作为电能功率采集模块，采用单片机控制各检测点，使检测数据的显示、控制、计算一体化，所有采集数据均可转化为Excel格式，方便检测人员对被测数据进行分析。

五、传热系数检测仪在工程中的应用

20世纪90年代中期，我们开始使用传热系数检测仪对工程现场进行围护结构检测，我们和其他省市的检测单位先后对河北、山东等近十个省市的工程进行了测试，检测量约有260组，检测结果有符合设计（标准）值的，也有不符合设计（标准）值的。节能工程现场检测对保证节能工程质量起到了积极的作用。

（一）传热系数检测仪测试的可行性

1．实测传热系数值与设计传热系数值比较

表的数据是1993~1997年的测试值。

实测传热系数值与设计传热系数值比较　　　　　　　　　　　表1

类别	序号	构造（mm）	设计传热系数[W/(m²·K)]	实测传热系数[W/(m²·K)]	误差（%）
外墙	1	240砖墙+20空气层+45水泥聚苯+20饰面层	0.81	0.82 0.82	+1.2 +1.2
外墙	2	240砖墙+20空气层+45石膏聚苯+20饰面层	0.86	0.86 0.82	0.0 -4.7
屋面	3	35混凝土+120钢筋混凝土+70EPS+5水泥石棉板+2腻子	0.62	0.70	+12.9
屋面	4	120钢筋混凝土+70EPS+30水泥焦渣	0.60	0.58	-3.3
屋面	5	130圆孔板+80找坡层+100水泥聚苯+20水泥找平层+防水层	0.81	0.91	+12.3
楼梯间隔墙	6	140混凝土墙+50EPS+10饰面层	0.76	0.82	+7.9
外窗	7	空腹单框双玻钢窗	3.34	3.20	-4.2
外窗	8	空腹单框双玻钢窗	3.34	3.31	-0.9
外窗	9	空腹单框双玻钢窗	3.34	3.09	-7.5

表1是对不同部位围护结构的测试结果。热箱法测试结果与设计值比较，最小绝对误差为0%，最大绝对误差为12.9%，平均误差为5.1%（热箱法不适测孔洞贯穿的围护结构，误差较大）。从测试的数据看，外墙的测试较外窗和屋面的数据准确。

2．实测传热系数值与计算传热系数值比较

表2的数据是1998～2000年的部分测试数据。

实测传热系数值与计算传热系数值比较　　　　　　　　　　　表2

序号	构造（mm）	计算传热系数[W/(m²·K)]	实测传热系数[W/(m²·K)]	误差（%）
1	370砖墙+20水泥砂浆	1.59	1.52	-4.5
2	250钢筋混凝土	3.41	3.44	+0.9
3	240砖墙+20混合砂浆	2.12	2.03	-4.2
4	370粉煤灰砖墙+4水泥砂浆	1.20	1.25	+4.2
5	200钢筋混凝土+7水泥砂浆+32.8保温浆料	0.95	0.98	+3.2
6	240砖墙+25.2保温浆料	0.96	0.98	+2.1
7	240砖墙+20混合砂浆+10水泥砂浆	2.08	1.99 1.96	-4.3 -5.8
8	370砖墙+50EPS+20水泥砂浆	0.61	0.66	+8.2
9	370砖墙+40水泥砂浆	1.54	1.48	-3.9
10	370砖墙+50EPS+10混合砂浆+10水泥砂浆	0.59	0.58	-1.7
11	370多孔砖墙+3水泥砂浆+10混合砂浆	1.26	1.24	1.59
12	240多孔砖墙+3水泥砂浆+10混合砂浆	1.72	1.66	3.49

表 2 是几种不同材质的墙体测试结果。实测传热系数测试结果与计算值比较,最小误差为 0.9%,最大误差为 8.2%,平均误差为 4.3%。

从表 1 和表 2 可以看出,用传热系数检测仪测试的数据与设计值和计算值比较,数据误差小,说明此方法在实际工程检测中是可行的。

3. 传热系数检测仪与热流计测定的传热系数分析比较

表 3 的数据是 2000 年以后的测试值。

以下将传热系数检测仪测定法简称热箱法;热流计测定法简称热流计法。

热箱法与热流计法测定的传热系数比较　　　　表 3

序号	热箱法 [W/(m²·K)]	热流计法 [W/(m²·K)]	热箱法 标准差	热流计法 标准差
1	0.83	0.85	0.047	0.064
2	1.46	1.49	0.053	0.095
3	0.90	0.93	0.014	0.049
4	1.10	1.11	0.047	0.056
5	0.90	0.92	0.059	0.074
6	0.82	0.85	0.124	0.136
7	0.96	0.95	0.029	0.035
8	0.39	0.40	0.035	0.042
9	0.78	0.80	0.033	0.058
10	0.54	0.52	0.031	0.045
11	1.22	1.24	0.088	0.096
12	1.02	1.04	0.009	0.045
13	0.80	0.83	0.014	0.041
14	1.01	1.05	0.029	0.047
15	1.01	1.03	0.059	0.082
16	0.94	0.95	0.018	0.052
17	0.88	0.89	0.029	0.039
18	0.94	0.96	0.022	0.045
19	0.94	0.95	0.026	0.041
20	1.24	1.25	0.026	0.027
21	1.63	1.66	0.051	0.063
22	1.06	1.21	0.128	0.138
23	0.89	0.96	0.049	0.070
24	1.00	1.08	0.033	0.038
25	0.89	0.92	0.048	0.055
26	0.78	0.85	0.056	0.065
27	2.42	2.56	0.088	0.225
28	0.84	0.93	0.106	0.123
29	0.66	0.66	0.056	0.055
30	1.23	1.26	0.019	0.050
平均值	------	--------	0.048	0.068

从表3可以看出,热箱法测试的系统平均误差为0.048,热流计法测试的系统平均误差为0.068,热箱法优于热流计法;热流计法测试的是一个点,热箱法测试的是一个面,这个面基本能反映主体墙的传热系数。

表4是对同一墙体用热流计法和热箱法同时测试的结果。

热箱法与热流计法检测墙体传热系数数据比较　　　　表4

序号	测试时间	热箱法传热系数 [W/(m²·K)]	热流计法传热系数 [W/(m²·K)]	室内外温差(℃)	墙 体 构 造
1	08/13-15	0.58	0.60	30	30水泥砂浆+50挤塑聚苯板
2	05/26-28	0.59	0.60	30	10纸面石膏板+40挤塑聚苯板
3	05/28-30	1.10	1.11	30	240黏土空心砖+30聚苯保温浆料
4	08/15-19	1.07	1.14,	30	200钢筋混凝土+50聚苯颗粒保温浆料
5	06/19-21	0.89	1.02,0.96	12	240黏土砖+60聚苯保温浆料
6	06/15-18	1.16	1.27,1.19	12	240黏土砖+40有机硅保温浆料
7	01/05-07	0.95	0.91	30	240黏土砖+40聚苯颗粒保温浆料
8	02/02-05	1.16	1.13	11	200钢筋混凝土+50聚苯颗粒保温浆料
9	02/07-09	0.85	0.83,0.85	10	240黏土砖+30聚苯板
10		1.93	2.02,2.10	11	240黏土砖
11	05/20-22	1.07	1.06	12	240黏土砖+40聚苯保温浆料
12	02/28-03/01	0.81	0.77	17	200钢筋混凝土+40聚苯板
13	03/08-10	0.87	0.94	12	200钢筋混凝土+60保温浆料
14	05/23-25	0.89	0.98	17	200钢筋混凝土+60聚苯保温浆料
15	02/18-20	1.26	1.29	10	240黏土砖+30聚苯保温浆料
16		2.37	2.12	11	240黏土砖
17	03/18-20	0.85	0.88,0.95	24	200钢筋混凝土+40聚苯板
18	03/20-21	0.88	0.95	10	200钢筋混凝土+40聚苯板
19	12/16-19	1.05	1.08	23	240黏土空心砖+30保温浆料
20	04/04-06	0.96	0.96,1.04	10	200钢筋混凝土+30聚苯板
21	04/04-60	1.37	1.27	15	120混凝土楼板+30聚苯板+50陶粒混凝土(屋面)
22		1.04	0.83,1.18	15	200钢筋混凝土+40插丝聚苯板
23	10/16-18	2.21	2.02,1.93	12	240黏土砖
24	11/30-12/2	0.83	0.68 0.79	17	240黏土砖+25挤塑聚苯板
25		0.70	0.68,0.71	17	240黏土砖+25挤塑聚苯板+绝热反射膜
26	03/23-26	1.00	0.96,0.94	15	200墙+40聚苯板
		0.49	0.54,048.	15	180现浇混凝土屋面+70聚苯板
27	03/13-15	1.68	1.81,1.77	17	200钢筋混凝土+30有机硅保温浆料

以上测试数据是近几年热箱法与热流计法的对比数据,二者的测试结果基本是一致的。

总的看,热箱法的测试值要小于热流计法的测试值;由于热流计测试的是一个点,因此,当被测面不均时,每一测试点的测试值就不相同,热流计法须测试多个测点才能代表这个测试面。而热箱法只测试一个面就基本能代表这个墙的主体。

一般来说热箱法的测试值与计算值比较,误差小于10%,而影响热流计法的测试因素较多,因此,热箱法测试围护结构传热系数是目前技术合理、测试周期短、适宜建筑物节能竣工测试的一种有效方法。

(二)影响节能建筑检测结果的外界因素

影响节能建筑检测结果的外界因素很多,本文着重分析室内外温度和太阳辐射等对测试结果的影响。

1. 太阳辐射对墙体传热系数测试结果的影响

表5是用热箱法对一建筑物东向墙的测试结果,该墙外周无遮挡,测试时天气为晴天;表5为用热箱法对一建筑物北向墙的测试结果,该墙外周有遮挡,测试时天气为阴天。

太阳辐射对墙体传热系数测试结果的影响　　　　表5

时间	平均温度（℃）						传热系数 [W/(m²·K)]	
	热箱	σ_{n-1}	室外	σ_{n-1}	$\triangle t$	σ_{n-1}	K 值	σ_{n-1}
21/09 20:00～22/09 07:00	33.04	0.003	15.10	1.229	17.94	1.227	1.615	0.095
22/09 08:00～22/09 19:00	33.05	0.015	18.52	1.759	14.45	1.744	1.822	0.115
22/09 20:00～23/09 07:00	33.04	0.010	18.72	0.819	4.38	0.829	1.576	0.090
21/09 20:00～23/09 07:00	33.04	0.011	17.48	2.121	15.59	2.154	1.669	0.145

从表5可以看出,由于太阳辐射的影响,整个测试期间,室外空气温度的标准差为2.121,使得测试结果 K 值的标准差为0.145。即使在晚间,仍受延迟影响,21/09 20:00～22/09 7:00期间,测得的室外空气温度的标准差为1.229;而热箱内的温度变化很小。

对 K 值影响的最大因素是受太阳辐射,因而,对墙体传热系数测试要控制太阳辐射的影响。

从表6可以看出,由于阴天,影响测试结果的主要因素是室外空气温度,在29/09 08:00～29/09 19:00期间,室外空气温度的标准差为1.222,室内外温差的标准差为1.220,二者的标准差比前后两个时间段均大,因而影响整个(28/09 20:00～30/09 07:00)测试时段,这主要是由于室外温度变化影响引起的;由于外墙是有遮挡的,因而 K 值的标准差(0.048)与前后两个时间段无明显差异,说明室外空气温度影响对测试结果影响较小,因而,K 值的标准差较小(0.046),对墙体传热系数 K 值的影响也较小,

使得测试的 K 值比较准确。

太阳辐射对墙体传热系数测试结果的影响 表6

时间	平均温度（℃）						传热系数 [W/(m²·K)]	
	热箱	σ_{n-1}	室外	σ_{n-1}	Δt	σ_{n-1}	K 值	σ_{n-1}
28/09 20:00~29/09 07:00	36.10	0.014	23.59	0.343	12.50	0.338	3.43	0.034
29/09 08:00~29/09 19:00	36.05	0.013	25.39	1.222	10.66	1.220	3.44	0.048
29/09 20:00~30/09 07:00	36.05	0.017	22.81	0.408	13.24	0.102	3.44	0.052
28/09 20:00~30/09 07:00	36.06	0.027	23.90	1.323	12.16	1.325	3.44	0.046

从表5和表6的比较可以看出，受太阳辐射时（22/09 20:00~23/09 07:00）测试 K 值的标准差是不受太阳辐射时（29/09 20:00~30/09 07:00）测试 K 值标准差的2.4倍；受太阳辐射一组测试 K 值的标准差是不受太阳辐射一组测试 K 值的标准差的3.2倍。可见，太阳辐射直接影响到测试结果的准确性，因此在测试时应采取遮挡措施，以减少或消除太阳辐射的直接影响。

2．室内外温差对热箱法测试结果的影响

表7是对同一测试对象（墙），在不同温差条件下，对测试结果 K 值的影响。该墙的构造为240mm砖墙+40mmEPS+27mm水泥砂浆。

室内外温差对测试结果的影响 表7

序号	平均温度（℃）			室内外差（℃）	计算传热数 [W/(m²·K)]	测试传热系数 [W/(m²·K)]	误差（%）	标准差 σ_{n-1}
	室内	热箱	室外					
1	20.9	21.0	17.4	3.5		1.02	29.4	0.053
2	20.9	21.0	17.3	3.6		0.85	7.85	
3	25.4	25.0	16.7	8.7		0.86	9.12	0.012
4	25.4	25.0	16.7	8.7		0.85	7.85	
5	26.4	26.0	16.7	9.7		0.83	5.31	
6	26.4	26.0	16.7	9.7	0.788	0.82	4.04	
7	27.4	27.0	16.7	10.9		0.83	5.31	
8	27.3	27.0	16.5	10.8		0.84	6.58	
9	28.3	28.0	16.7	11.6		0.83	5.31	0.006
10	29.3	29.0	17.0	12.3		0.83	5.31	
11	30.1	30.0	16.3	13.4		0.82	4.04	
12	31.0	31.0	17.1	13.9		0.83	5.31	
13	36.2	36.0	18.4	17.8		0.83	5.31	

注：标准差0.053、0.012和0.006分别是从1-13、3-13和5-13的标准差。

从表 7 可以看出，室内外温差小于 3.6℃时，误差较大，为 29.40% 和 7.85%，其标准差分别是温差为 8.7℃和大于 9.7℃时的 4.4 倍和 8.8 倍；室内外温差等于 8.7℃时，误差为 9.12% 和 7.85%，其标准差是温差大于 9.7℃时的 2.0 倍；室内外温差大于 9.7℃时误差较小，在 6.58% 和 4.04% 之间，其标准差小，为 0.006。从原理上讲，温差越小，热箱周边热损失相对增大，K 值误差就越大，反之，K 值误差越小。

从以上结果分析看，我们认为，用热箱法测试围护结构传热系数时室内外温差控制在 10℃以上，最小温差大于 8℃；只要测试人员严格按照测试方法测试，是可以将外界影响因素降到最低，保证测试结果接近实际的。这种测试方法的最大特点是主体结构完工后秋、冬和春季均可测试；为适用于节能工程的质量控制和节能工程竣工验收的一种快测方法。

赵文海　北京中建建筑科学技术研究院　院长　高级工程师　邮编：100076

用气压法检测房屋气密性

刘凤香

【摘要】 气压法是检测房屋气密性的一种重要方法。本文分析了其特点、用途、测试原理、理论依据,介绍了测量仪表系统、实验前的准备工作与实验步骤,最后提供了空气渗透的计算与数值分析方法。

【关键词】 气压法 检测 建筑 气密性

一、概述

众所周知,房间的空气渗透会引起不舒服的冷风感,而且在北京这样风沙比较大的地方空气渗透越严重、室内灰尘也越多。更主要的是我们已经发现空气渗透造成的能耗损失约占整个建筑物能耗的 1/3~1/4,而密封空气的缝隙是最简单、消耗最少的建筑节能手段之一。用廉价的密封条进行几小时的密封工作,就能大约减少空气渗透的 1/3,也就是说可节约 1/3×1/3 大约为 10% 房间总供暖量。但是每个房间都有不同的渗透量和渗透形式,所以应花时间用最有效的技术来密封渗透最严重的房屋。因此,我们需要有一种测量房间渗透的方法,这种方法可检测房间的渗透性能是否符合建筑节能标准,同时又可以指出房间渗透的部位以便改进。

目前测量房屋气密性的方法主要有两种,一种是示踪气体法,这种方法是通过在要测房屋内均匀地释放一种气体(通常用 SF_6),通过电子仪器对这种气体在室内空气中的浓度跟踪分析,并经过计算得出所测房屋的渗透量。这种方法能够较精确地测量出房屋在当时自然状况下的空气的绝对渗透量,但是空气渗透量的大小是受许多环境因素的影响的,如风速、风向、室内外温差等,而这些因素时时刻刻都在变化,每天不同,所以这种方法在短期内测出的结果并不能完全说明建筑物本身的特有性能,而长期测试运行费用昂贵,所以这种方法一般用于科研。另一种方法就是我们要讨论的气压法,这种方法是利用一台风机使室内室外人为地产生一定的压差,空气在压差的作用下进行渗透,再通过仪表测出其在一定压差下的空气流量,从而描绘出房屋在一定的条件下特有的渗透性能。这种方法操作简便、省时、且费用低,适合与现场检测,但其结果并不是房屋在自然状况下的实际渗透量,而是在特定条件下的渗透量。

二、气压法的基本用途

气压法有 4 个基本用途:
(1) 比较一些建筑的相对空气渗透情况;
(2) 鉴定在相同外围结构不同组成部分的空气渗透量;
(3) 鉴定采用了降低渗透措施的效果(如对风道进行密封、对窗缝进行密封等);

(4) 评价一幢建筑在满足卫生标准并为燃烧用具燃烧留有足够的空气渗透外,是否还有降低空气渗透的潜力。

三、测试原理及理论依据

1. 通过房间的空气渗透是如何进行的？

通过房间的空气渗透一部分是由于热空气比冷空气轻,当天气寒冷时,房间如同一个烟囱,冷空气通过下半部的缝隙渗透进来,然后室内较热的空气由房间的上部通过缝隙渗透出去。另一部分是由于风的原因引起的,建筑物迎风的一面受外界风力的作用,室内压力小于室外压力,空气从室外通过缝隙渗透到室内,而在背风的一面室内压力大于室外,空气则由室内渗透到室外。

2. 测试原理

建筑物的空气渗透是靠室内外产生的压差来进行的。为了使建筑物室内外产生稳定的压差,利用风机进行模拟,通过对建筑在一定流量下的鼓风和排风来达到使其室内外产生一定的正负压差的目的。同时用专用仪表测出一系列对应的空气流量和压差值,以这些数值为依据,可以对建筑物外围结构空气渗透特性进行评价。如图1所示。

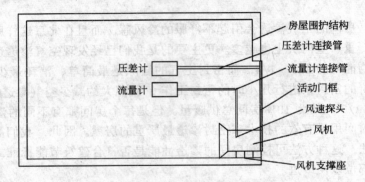

图1 气压法检测房屋气密性装置示意图

3. 理论依据

在压力法的实验中,可以假设流动的空气是不可压缩的。这样,根据伯努利方程有：

$$P = \rho v^2/2 \tag{3-1}$$

$$Q = Av \tag{3-2}$$

由上式解得：

$$Q = A(2P/\rho)^{1/2} \tag{3-3}$$

式中 P——通过开口的压差；

ρ——空气密度；

v——通过开口的空气速度；

Q——流量,也就是空气的渗透量；

A——通过流体的横断面。

从上述公式可以看出压差和流速的关系,然而,由于实际的空气在流动过程中被压缩导致流速降低,这样流速可以通过引入一流量常数 k 来计算：

$$v = k(2p/\rho)^{1/2} \tag{3-4}$$

实验也证明建筑物的空气渗透量与压差有如下关系：
$$Q = cP^n \tag{3-5}$$
式中　c——建筑物的流量常数，与建筑物本身有关；
　　　n——建筑物的流量指数，与建筑物本身有关。

这样，建筑物的气密性可以借助于测量一系列压力下的流量值的实验来决定，并将这些数值拟合成一流量公式。一旦 c 和 n 通过最小二乘法（log - linearized least - squares）的曲线拟合得到，那么就可以求出在任何其他的压力下的流量值。

四、测量系统的装置及仪表

气压法测量房屋气密性系统的装置及仪表主要包括：

(1) 空气动力装置：如可调速风机。这些装置的启动可使建筑物内外产生压差，当空气通过风机流入室内，则室内压力大于室外大气压，可进行加压实验。当空气通过风机流出室外，室内压力小于室外大气压，可进行减压实验。为了安全起见，这些设备必须有保护装置，如保险丝或漏电保护器等。

(2) 压差测量装置：压差计或其他电子、机械的压差指示仪。这些仪器用来测量建筑物内外的压差，量程范围在 0～55Pa 之间，并具有 ±2Pa 的精度。

(3) 空气流量测量仪器：要能测量风机出口的流量的仪表，并且其误差范围要在整套设备满负荷运行范围内的平均值的 ±5% 以内。这种测量仪表是否可以用于气密性的测量，主要看其精度能力，并且该仪表的使用不应改变风机的工况性能。

(4) 空气流量调节系统：该系统或装置可对风机的流量进行控制，比如控制其转速。它将调节并维持空气流速以保证围护结构的压差可稳定在 55Pa 以内的任何数值。

(5) 门或窗的安装框：该安装框要求能容易迅速地安装，并能很好地与要测房间敞开的门或窗密封。同时也能使连接压力表的导管与它很好地连接上，即密封连接。上述要求既要符合加压测试又要符合减压实验，如使用可调节的活动门框。

(6) 温度测量仪表：用来测量室内和室外的温度，其精度为 ±0.5℃ 即可。如温度计或温度测量仪。

五、实验前的准备工作及注意事项

(1) 在实验当天，通过风对地面物体的反应，估计风的强度，如果平均风速大于 3 级，实验最好不要进行。这是因为风速大于 3 级所进行的实验结果将会产生较大的误差。室外风速的测定可参见下面的风力等级表。

风 力 等 级 表　　　　　　　表1

风　级	风　名	对应风速（m/s）	地面上物体的象征
0	无风	0.0～0.2	炊烟直上，树叶不动
1	软风	0.3～1.5	风信不动，烟能表示风向
2	轻风	1.6～3.3	脸有微风感，树叶微响，风信开始转动
3	微风	3.4～5.4	树叶及微枝摇动不息，旌旗飘展
4	和风	5.5～7.9	地面上尘土飞扬，小树枝摇动
5	清风	8.0～10.7	大树枝摇动，水面起波
6	强风	10.8～13.8	大树枝摇动，电线呼呼作响，举伞困难

(2) 在实验前，核实被测试住宅的居住者的准备情况，要求他们在实验当天室内严禁生火。

(3) 为了更好地描绘建筑的结构、类型及位置等，在测试前最好将所观察到的情况记录在一张表格上，以便将来查实或研究用，或者进一步画出草图。

(4) 在实验进行之前一定要测定建筑物的外围尺寸及内部体积。其目的是为了测试后计算住宅的空气渗透率，但一定要注意这一围护结构包含直接采暖住宅的内部体积，它不包括地下室、阳台、车库、走廊或非采暖的附属结构。同时还要注意测量住宅的内部体积时，不应减去任何内墙、橱柜及家具的体积。

(5) 在进行压力实验（除特殊用途外）时，在外围上的所有可调节的通风装置要全部关闭，这些装置在实验中如有可能被吹开的，要预先密闭，如带百叶的通风机、排烟机等。固定的通风道可使其敞开或进行密封，这主要取决于实验的目的。

(6) 实验前检查所有的通道，如水池、地漏、烟道等。通常也要将其密封起来，以保证烟垢、污物不被吹进室内。还要关闭燃气开关。

(7) 选择仪器所要安装的外门，该门一定要直通室外。在实验期间确保住宅围护结构上的外门和外窗正常关闭，打开所有内门（除壁柜门），以便使空气自由流动。

(8) 在设备安装过程中，所有开关，尤其是电源开关一定要关闭。当风机转动起来后，风机会产生震动，特别是在功率比较大的情况下更是如此，因此一定要将风机固定好。

六、主要实验步骤

在做好上述准备工作后，便可以正式进行房屋气密性的测试工作。其主要实验步骤如下（以美国生产的 E-3 BOOLER DOOR 为例）：

(1) 选择外门并将可调节的门框安装在敞开的外门上。任何外门只要直接对外就可以被利用。气压法测建筑的空气渗透是测量由建筑物缝隙所造成的空气流动的阻力值。如果装上风机的鼓风门不是直接对外，那么它不得不通过另一种阻力吹出（像屏障门或长窄的过道），则这个房间测量出来的结果将比实际的更严密。所以出于同样的原因，在进行实验的时候我们必须打开所有房间内的内门，因为我们仅想测房间外围护的阻力而不是房间之间的阻力。

安装尼龙门盖到活动框上，该尼龙门盖上有一为连接压差管的螺母和为安装风机而留的大洞，然而将加上盖的活动框紧密地装在外门上。

活动门框是为了更好地安装在外门上，所以该门要能在宽和高两个方向同时进行调节以便适应不同大小的外门，并且框的外边缘最好有软边相连（如尼龙边）。

(2) 在门框上安装风机：为了使安装的风机稳固，先装风机支撑座，然后穿过尼龙罩将风机放在支撑座上使其平稳。注意风机出口方向，当加压实验时，风机出口朝室内，反之，减压实验时，风机出口朝室外。

(3) 安装测量室内外压差的压差表和测量风机出口流量的流量表。这些表可以安装在房间门上或其他方便操作的地方，但其高度最好大约与眼睛高度平齐，以尽量减少读数的误差。还必须确保压强和流量表是水平，同时为了使表头预热，调零之前运行几次压力升高或降低，对测试结果也有好处。对于 E-3 鼓风门，两块流量表和一块压差表是组装在一块表盘上的。

(4) 连接压差表、空气流量表及电源。将橡胶压力管的一端与压差表相连，另一端（有螺钉的）与尼龙罩上部中心处的螺母相连，这一压力管最好具有风阻尼毛细管，它可以更迅速、稳定地将压力的变化反应到表头。将橡胶流量管的一端与流量表相连，另一端与风机上的管嘴连接。将这些表调零调正。将风机与速度控制器相连，并将速度控制器连接到电源插座上（为了避免风机突然启动，连接前检查速度控制器上的开关到关闭的位置）。

(5) 启动风机：当风机允许在高和低速度间运转时，在高速范围内风机具有较大的功率，而在低速范围内风机发热量较小。所以一般情况下尽可能使风机在低速运行，只有在确实需要的情况下才能使用高速挡。这是因为风机发热较大，有可能产生过热致使电机损坏，虽然有的电机备有热切断开关，电机过热也不会造成危害。

(6) 调节风机速度以得到希望的室外压差，并读在该压差下的流量值：将风机开关打开，慢慢地将风机加速，使室内外产生压差，当压差达到 55 或 60Pa（要看实验的目的来定）时，开始从流量表上读数（读数最好从高到低读，以便由高压引起的任何变化在低压下同样可以测出），然后将风机减速，读出压差在 50，40，30，20，10 等不同帕斯卡下的空气流量。

(7) 计算实验结果，填写实验报告：对实验结果如何进行计算及如何填写实验报告要看实验的目的，计算可参见下面的空气渗透的计算一节。实验报告一般应该包括以下内容：

a. 实验日期及报告日期；
b. 实验条件：室内、室外温度，风力和风向；
c. 建筑物的描述：包括它的位置、结构、建造日期、内部体积等；
d. 住宅每层平面图；
e. 结果表格；
f. 结果图示；
g. 50Pa 下的空气渗透换气次数的平均值；
h. 其他：根据实验目的可以给出进一步的资料。

七、空气渗透的计算

最基本的计算有 50Pa 下的空气渗透换气次数和空气渗透降低率，其计算公式如下：

$$ACH50Pa = 换气次数（50Pa 下）= \frac{风机流量（m^3/hr）}{房间体积（m^3）} \tag{7-1}$$

$$空气渗透降低率 = \frac{ACH（密封前）- ACH（密封后）}{ACH（密封前）} \times 100\% \tag{7-2}$$

其他渗透计算还有：

通过使用下面的公式，可以用一个等价的渗透面积（ELA）来描绘建筑物的气密性：

$$ELA = q/v = \frac{CP^n}{K(2p/\rho)^{1/2}} \tag{7-3}$$

一旦常数 c、n、k 得到就可计算出建筑物在一定压力下的渗透面积。渗透面积并不是实际建筑物所有缝隙的横断面积，而是一个具有相同的空气渗透的薄墙上的一个锐边孔洞的面积（渗透面积可以这样定义：在 50Pa 的压差作用下，在一个薄板上一个孔的面积与在50Pa下产生建筑物所有渗透相同的渗透量,则这一孔洞的面积称为建筑物的渗透面积)。计算渗透面积要给出在什么压差下的渗透面积,比如加拿大的标准定义是在10Pa的压差下,而美国劳伦斯·伯克利实验室是在4Pa下进行评估的。

用渗透面积除以所测房屋采暖房间的外表面积还可以得出空气渗透率,空气渗透率也是用来描绘建筑物的气密性的。

$$空气渗透率\ LBL = \frac{房屋渗透面积}{采暖房间的外表面积} \tag{7-4}$$

八、数值分析

1. 标准温度的校准

如果测试时空气的温度与测试仪表被标定时的环境条件不符,那么应该对其所测流量进行校正。严格地说应该对空气的密度进行校正,但一般来说其密度受温度的影响要比受大气压的影响大（除非是高原地区）,所以这里仅讨论对温度的校正。

$$Q_k = Q_r \left(\frac{T_d + 273}{T_c + 273} \right)^{0.5} \tag{8-1}$$

式中　Q_k——校正流量,m³/h;

　　　Q_r——读出的流量,m³/h;

　　　T_d——通过设备流动空气的温度,℃;

　　　T_c——设备被标定时的环境温度,℃。

2. 室内/室外温度的校正

如果室内室外温度差大于2.5℃,那么就必须进行空气温度的校正。校正温度的公式随实验的方法而定。

A. 室内正压——加压实验

在这种情况下室外空气通过设备进到室内,当这些空气与室内空气进行混合时,它的温度和体积都在变化,如果室内温度较高,其体积增加,那么通过外围结构流出的空气的体积流量要大于所测的流量,因此必须进行如下校正:

$$Q_{out} = Q_k \left(\frac{T_i + 273}{T_o + 273} \right) \tag{8-2}$$

式中　Q_{out}——外围结构渗出的空气流量,m³/h;

　　　Q_k——校正流量,m³/h;

　　　T_i——平均室内温度,℃;

　　　T_o——平均室外温度,℃。

B. 室内负压——减压实验

在这种情况下,通过设备室内空气流出,而室外的空气通过围护结构以一定的温差流入室内,在这种情况下,空气流量被校正如下:

$$Q_{in} = Q_k \left(\frac{T_o + 273}{T_i + 273} \right) \tag{8-3}$$

式中　Q_{in}——渗进建筑物的空气流量,m³/h。

3. 曲线的拟合及结果的外推

在进行实验时,当建筑物内外所能达到的最大压差小于50Pa的情况下,可利用曲线的拟合进行外推来得到 50Pa 下的结果。但要分别处理正压和负压结果，并用校正的数据执行最小二乘法曲线拟合公式（$q = cp^n$），将渗透流量（q）作为变量，而压差 P 作为主要变量，求出相关常数 c。外推的结果必须在报告中清楚地表明。

4. 空气渗透到邻室的校正

如果实验是在一个半独立的房间内进行的，其结果是全部室内空气渗透到室外或全部渗入到室内，然而在半独立或单元房中所测空气渗透的一部分将是从邻室或楼道进入或流出的，这种称之为横跨渗透的影响必须予以考虑。

刘凤香　北京中建建筑科学技术研究院　高级工程师　邮编：100076

示踪气体法检测房间气密性

赵文海 段恺 徐春梅

【摘要】 本文介绍了用示踪气体检测房间气密性的三种方法，主要介绍了其中的衰减性，包括检测的原理，使用的仪器和气体，检测的步骤与结果的分析，并用检测实例论证。

【关键词】 气密性 示踪气体法 检测

房间气密性表征空气通过房间缝隙渗透的能力，用换气次数表示。建筑物单位时间内通过缝隙渗入室内的空气量与换气体积的比值，单位为1/h。换气次数大，空气渗透耗热量就要增多，采暖和空调能耗会增多；反之，换气次数太小，就达不到卫生要求。因此，近年编制的国家和地方标准均要求居住房间应采取可调节的换气装置或措施达到卫生和节能要求。房间气密性的检测方法，通常有示踪气体法和气压法，本文介绍示踪气体法。

示踪气体法检测房间气密性有三种方法：衰减法、持续流量法和浓度不变法，后两种方法测试周期长，需要的示踪气体量大，但测试数据的准确度高，一般在实验室内使用。现场通常使用衰减法，该方法测试周期短，示踪气体浓度按指数递减，气体浓度曲线是自然对数曲线，容易分析计算。

一、示踪气体

在研究空气运动中，一种气体能与空气混合，而且本身不发生任何改变，并在很低的浓度时就能够被测出的气体总称为示踪气体。

示踪气体的选择应符合如下要求：该气体不易燃易爆；由于在建筑物中，不应是有气味或对身体有害的气体；不能被墙体、设备和家具吸收；不能在测试过程中发生分解；不与建筑物和室内空气发生反应；同时被测环境的本底低，易采集，易分析；该种气体易于与空气混合。如果测试环境含有该种气体，则在结果计算时将本底减去。

通常采用的示踪气体有：一氧化氮（NO）、二氧化碳（CO_2）、六氟化硫、八氟环丁烷和三氟溴甲烷，使用前两种气体时应扣除本底，后三种气体的本底低于检出限，不用扣除。

二、衰减法检测房间换气次数

我们选用的示踪气体是六氟化硫。

1. 测量的定理

在被测房间内通入适量的示踪气体，示踪气体与室内的空气充分混合，由于室内外示踪气体浓度不同，室内外空气交换，在测量周期内，不再向室内释放示踪气体，示踪气体的浓度呈指数衰减，根据浓度随时间的变化值计算出换气次数。

示踪气体浓度按 $C(t) = C_0 e^{-Nt}$ 公式变化，其中 $C(t)$ 为任一时刻示踪气体的浓度，C_0 为初始示踪气体浓度；N 是换气次数，单位为 1/h，t 为时间，单位为 h。

2．使用的仪器和材料
（1）红外气体分析仪或便携式气体分析仪。
（2）摇头电风扇。
（3）示踪气体：六氟化硫（SF_6）。

3．检测步骤
（1）测试时外风力低于 3 级。
（2）关闭被测房间的外窗和户门，内门窗打开。
（3）调整采集仪，安装采集管，采集点呈对角线或梅花状分布。
（4）安放电风扇，使示踪气体与空气混合均匀。
（5）向室内释放 SF_6 气体，约 2min，移走气源，待分析仪读数稳定后记录 SF_6 的浓度，每分钟记录一次，获得不少于 50 组的数据后，关闭分析仪。

4．结果分析
将 $C(t) = C_0 e^{-Nt}$ 公式取对数，得 $N = (\ln C_0 - \ln C_t)/t$

（1）平均法：当浓度均匀时，将开始时的和最终得到示踪气体的浓度代入上式即得该房间的换气次数；
（2）回归方程法：当浓度均匀时，以浓度的自然对数对应的时间作图，用最小二乘法进行回归计算，回归方程中的斜率即为换气次数。

$$\ln C_t = \ln C_0 - Nt$$

（3）如果测试结果不能获得近似直线，测试结果无效，应重新测试。
（4）用回归方程法计算的结果比较科学。

三、进行样品房的数据分析

1．测试数据曲线
图 1、图 2 是测试的两个房间浓度与时间曲线和回归方程，从图中可以看出，回归方程法计算的结果比较科学。

注：图中 y 轴为 $\ln C_t$，常数为 $\ln C_0$，X 轴为 t。

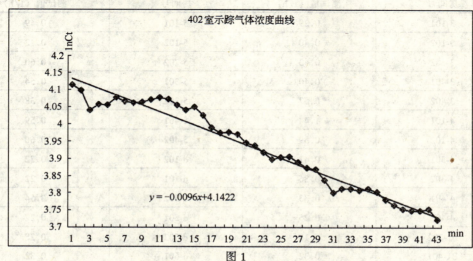

图 1

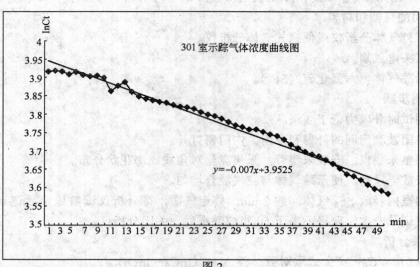

图 2

2. 测试房间的气密性情况

表 1 是近年用示踪法测试的房间气密性数据

表 1

房间号	测试值（1/h）	房间号	测试值（1/h）
1-101	0.16	2-102	0.49
1-102	0.78	2-201	0.65
1-202	0.88	2-201	0.59
1-301	0.19	2-301	0.58
1-302	0.36	2-302	0.48
1-401	0.20	2-401	0.31
2-101	0.24	2-402	0.33

房间号	测试值（1/h）	房间号	测试值（1/h）
3-101	0.29	5-101	0.49
3-102	0.40	5-102	0.42
3-302	0.43	5-202	0.60
3-401	0.40	5-301	0.54
3-402	0.57	5-302	0.38
4-101	1.44	5-401	0.59
4-102	0.39	5-402	0.66
4-301	0.41	d-102	0.32
4-302	0.36	d-101	0.22
4-401	0.33	d-302	0.54
4-402	0.26	d-501	0.22
b1-202	0.19	d-502	0.28
B1-401	0.32	d-601	0.32

该测试是在北京进行的,从测试结果看,有符合北京市标准,换气次数 0.5 1/h 的,也有大于和小于要求值的。

应该说 2000 年前建设的居住建筑,外窗达不到标准要求 0.51 1/h 的较多,2000 年后建设的达不标准要求 0.5 1/h 的很少,多数为小于标准要求 0.5 1/h 的。因此,建议建设单位和设计单位从卫生角度和人体健康考虑,加设换气装置。

赵文海　北京中建建筑科学技术研究院　院长　高级工程师　邮编:100076

利用导热仪和热流计方法对墙体和外门窗检测系统测量准确性的验证

陈　炼　卜增文　李雨桐　鄢　涛

【摘要】 本文介绍了外门窗保温性能检测系统、建筑构件稳态热传递检测系统、导热系数检测仪和热流计方法的基本原理，并以同种挤塑紧密板进行检测，结果误差都在4%以内。

【关键词】 导热仪　热流计　墙体　外门窗　检测系统　准确性

一、前言

为了检验导热系数、传热系数检测仪器测量结果的准确性，大部分实验室是通过不同实验室之间比对来进行能力验证。为了更好地执行能力控制计划，确保设备和人员的检测能力，我们设计了多种方法来相互验证仪器测量结果的可靠。利用导热仪对墙体和外门窗检测系统和现场热流计检测方法的测量准确性互相验证是其中一种方法。

二、检测仪器名称、原理、方法概述

1. 外门窗保温性能检测系统

本系统基于稳定传热原理，采用标定热箱法检测外门窗保温性能，试件一侧为热箱，模拟采暖建筑冬季室内气候条件，另一侧为冷箱，模拟冬季室外气候条件，如图1。试件缝隙进行密封处理，试件两侧各自保持稳定的空气温度、气流速度和热辐射条件下，测量热箱中电暖气的发热量，减去通过热箱外壁和试件框的热损失（两者传热系数均由标定实验确定），除以试件面积与两侧空气温差的乘积，计算出试件的传热系数 K 值。

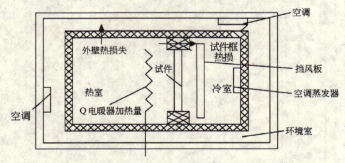

图1　外门窗检测系统原理示意图

2. 建筑构件稳态热传递检测系统

墙体检测系统基于一维稳定传热原理，在试件两侧的冷箱和热箱内，分别建立所需的温度、风速和辐射条件，达到稳定状态后，测量空气温度、试件和箱体内壁的表面温度及输入到计量箱的功率，就可以算出试件的传热系数 K 值。

本检测系统基于防护热箱法和标定热箱法，装置采用高比热阻的箱壁使得流过箱壁的热流量尽量小，输入总功率应根据箱壁热流量和侧面迂回热损进行修正，流过箱壁的热流量和侧面迂回热损失用已知比热阻的试件进行标定，标定试件的厚度、比热阻范围和被测试件的范围相同，其温度范围亦与被测试件试验的温度范围相同，如图2。

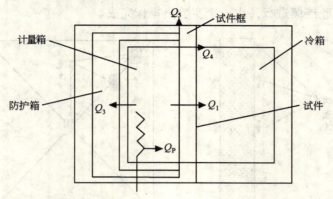

图2　建筑构件稳态热传递检测原理示意图

3. 导热系数检测仪

仪器采用单试样双热流计对称布置，被测试样放置在两个相互平行且具有恒定温度的平板中，在稳定状态下，热流计和试样中心测量部分类似于无限大平壁中存在的单向一维恒定热流，如图3，此时测量热、冷板热流计输出的热电势 $mv1$，$mv2$ 和表面温度 T_1、T_2、T_3、T_4 值，就可计算任一温度下的热阻 R，根据试件的厚度 d，可计算出试样的导热系数 λ 值，利用 $K = \lambda/d$，也可计算出材料导热系数 K 值。

4. 热流计方法

在墙壁内、外表面对应位置各布置 3 个铜—康铜热电偶，6 个热流计片压住铜—康铜

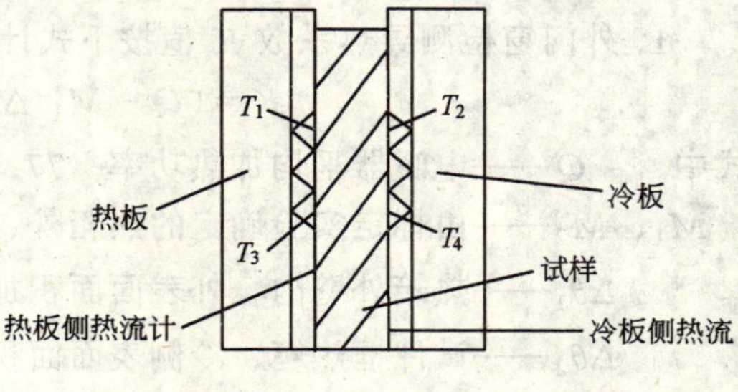

图3　导热系数检测示意图

热电偶固定在墙壁上，贴放热流计时要使内处表面的热流计对正（如图4）。只要测量出试件两表面的平均温度 t_1、t_2 以及通过试件的平均热流值 q，就可以计算出试件的热阻 R，利用 $K = 1/d$，也可计算出材料导热系数 K 值。该方法与墙体检测系统同时检测，在墙体测试系统达到稳定状态下同时采集数据。

5. 实验依据、方法

依据《建筑外窗保温性能分级及检测方法》（GB/T 8484—2002）、《建筑构件稳态热传递性质和防护热箱法》（GB/T 13475—92）、《绝热材料稳态热阻及有关特性的测定防护热板法和热流计法》（GB/T 10294～10295—88）。

比对实验样品由南京欧文斯科宁公司提供的 50mm 厚挤塑板，先在外门窗检测系统检

测,热、冷室温度分别设定为25℃和-10℃,稳定后每半小时采一次数据,连续3h采完6组数据。

把外门窗检测系统上样品材料,装在墙体检测系统上测,热、冷室温度分别设定为32.5℃和-12.5℃,稳定后每半小时采一次数据,连续3h采完6组数据。

把挤塑板放在导热系数仪上检测,热、冷室温度分别设定为37℃和12℃,稳定后每15min采一次数据,连续1.5h采完6组数据。

3个实验室实验连续进行,由一个实验员操作完成。

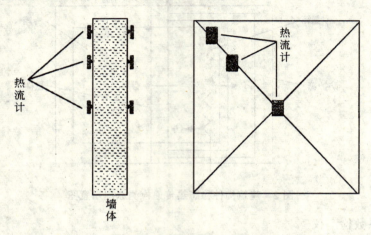

图4 导热系数检测原理图

三、试验数据处理

1. 外门窗检测导热系数 K 值按下式计算:

$$K = (Q - M_1 \cdot \Delta\theta_1 - M_2 \cdot \Delta\theta_2)/A \cdot \Delta t$$

式中 Q——电暖器平均加热功率,77.17W;

M_1、M_2——由标定实验确定的热箱外、内壁热流系数,13.234W/K、0.531W/K;

$\Delta\theta_1$——热箱外壁内、外表面面积加权平均温度之差,1.26K;

$\Delta\theta_2$——试件框热箱、冷侧表面面积加权平均温度之差,34.33K;

A——试件面积2.31m²;

Δt——热箱空气平均温度与冷箱空气平均温度之差,35K。

代入公式计算结果 $K_1 = 0.539$ W/(m²·K)

2. 墙体检测传热系数 U 值按下式计算:

$$U = Q_1/A \cdot (T_{ni} - T_{ne})$$
$$Q_1 = Q_p - Q_3 - Q_4 - Q_5$$
$$Q_3 = M_1 \cdot (T_{rnb} - T_{rwb})$$
$$Q_4 = M_2 \cdot (T_{src} - T_{slc})$$

式中 Q_5——通过热箱和试件框结合处的热流量,由实验标定得知,4.92W;

Q_p——电暖器平均加热功率,83.75W;

Q_3、Q_4——通过计量壁的热流量、绕过试件侧面的迂回热损失;

M_1、M_2——计量壁热流系数、试件侧面迂回热损失系数，1.854W/K、1.101W/K。

表1

<table>
<tr><td colspan="4" align="center">测 试 原 始 数 据</td></tr>
<tr><td>热室内表面温度 T_{rnb}</td><td>305.50（K）</td><td>热室外表面温度 T_{rwb}</td><td>305.50（K）</td></tr>
<tr><td>试件热侧面温度 T_{src}</td><td>301.51（K）</td><td>试件冷侧面温度 T_{slc}</td><td>261.79（K）</td></tr>
<tr><td>热室空气温度 T_{ni}</td><td>305.52（K）</td><td>冷室空气温度 T_{ne}</td><td>260.28（K）</td></tr>
</table>

代入公式计算结果 $U = 0.523\text{W}/(\text{m}^2 \cdot \text{K})$

3. 导热系数 λ 值按下式计算：

$$r = \Delta T / f \cdot e$$
$$\lambda = 1/r = f \cdot e \cdot d / \Delta T = (f_1 \cdot e_1 + f_2 \cdot e_2) \cdot d / 2\Delta T$$

式中 f_1、f_2——热流传感器的标定系数，$8.6436 \times 10^3 \text{W}/(\text{m}^2 \cdot \text{V})$、$9.5714 \times 10^3 \text{W}/(\text{m}^2 \cdot \text{V})$

e_1、e_2——热流传感器的输出电势，$1.52 \times 10^3 \text{V}$、$1.63 \times 10^{-3} \text{V}$。

d——试件的平均厚度，0.05m。

r——试件热阻。

ΔT——热、冷板的平均温差，26.34K。

代入公式计算结果 $\lambda = 0.0263\text{W}/(\text{m} \cdot \text{K})$

4. 热流计检测传热系数 K 值按下式方法计算

$$K = 1/R$$
$$R = \overline{\Delta T} / \overline{q}$$

式中 i 时刻墙体内、外表面的温差值为：$\Delta T_i = T_{i1} + T_{i2}$

整个测试时间内的温差平均值为：$\overline{\Delta T} = \dfrac{\sum\limits_{i=1}^{k} \Delta T_i}{k}$，42.853K。

i 时刻通过墙体的热流为：$q_i = \dfrac{1}{2}(q_{i1} + q_{i2})$

整个测试时间内通过墙体的热流平均值为：$\overline{q} = \dfrac{\sum\limits_{i=1}^{k} q_i}{k}$，23.308W/m²。

式中 T_{i1}——i 时刻墙体外表面的温度值，K；

T_{i2}——i 时刻墙体内表面的温度值，K；

q_{i1}——i 时刻墙体外表面的温度值，W/m²；

q_{i2}——i 时刻墙体内表面的温度值，W/m²。

k——整个测试时间内的时间跨度，$k = n \times 24 \times 60$

代入公式计算结果 $K_3 = 0.544\text{W}/(\text{m}^2 \cdot \text{K})$

四、结果比对

表2

检测设备名称	样品规格（mm）	测试结果 [W/(m²·K)]	冷、热室温度
外门窗检测系统	1500×1500×50（厚）	$K_1 = 0.539$	热室：25℃ 冷室：-10℃
墙体检测系统	1200×1200×50（厚）	$U = 0.523$	热室：32.5℃ 冷室：-12.5℃
导热系数仪	300×300×50（厚）	$K_2 = 0.526$	热室：37℃ 冷室：12℃
现场热流仪	1200×1200×50（厚）	$K_3 = 0.544$	热室：32.5℃ 冷室：-12.5℃

热流计和墙体测试误差：$(K_3 - U)/U = (0.544 - 0.523)/0.523 = 4.0\%$

导热仪和墙体测试误差：$(K_2 - U)/K_2 = (0.526 - 0.523)/0.526 = 0.6\%$

导热仪和外门窗测试误差：$(K_1 - K_2)/K_2 = (0.539 - 0.526)/0.526 = 2.5\%$

按照国家标准《绝热材料稳态热阻及有关特性的测定——热流计法》（GB 10295—88）规定，两个实验室间测量的不确定度小于5%。以上实验结果符合国家标准规定。

陈　炼　深圳市建筑科学研究院建筑节能研究中心　工程师　邮编：518058

通道式玻璃幕墙遮阳性能测试

李雨桐

一、引言

在第一阶段的实验中,我们发现目前的设备条件下很难在保温箱内建立稳定的平衡状态,具体表现在以下两个方面:

(1) 空调供冷量不足,不能保持室内恒温;在有太阳直射的情况下,室内温度持续上升,无法达到平衡状态。当室内温度大幅度波动时,围护结构及室内空气吸放热,负荷与得热量出现数值及时间上的不一致,无法通过测量空调耗电量计算玻璃幕墙的得热量。因此在第三阶段的实验中,关闭了空调,采用自然状态。

(2) 整个检测系统的响应时间需要标定,标定过程比较复杂,在目前条件下难于实现。

因此我们重新设计实验,在关闭空调的情况下直接检测幕墙的太阳辐射得热量。

二、试验设计思想

1. 玻璃幕墙在太阳辐射下的得热过程

(1) 透过单层玻璃幕墙的得热过程:

单层玻璃的得热过程如图1所示:

透过单位面积玻璃直接进入室内的太阳辐射为:

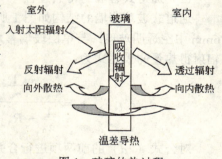

图 1 玻璃的热过程

$$q_\tau = \tau_{Di} I_{DV} + \tau_d I_d \tag{1}$$

式中 q_τ——透过单位面积进入室内的太阳辐射量,W/m^2;

τ_{Di}——入射角为 i 时玻璃的直射透过率;

I_{DV}——太阳辐射直射强度在玻璃表面法线方向的分量,W/m^2;

τ_d——玻璃的散射辐射透过率;

I_d——玻璃表面接受到的太阳辐射散射强度,W/m^2。

在太阳辐射的作用下,单位面积玻璃吸收的热量为:

$$q_\alpha = \alpha_{Di} I_{DV} + \alpha_d I_d \tag{2}$$

式中 q_α——单位面积玻璃吸收的太阳辐射热量,W/m^2;

α_{Di}——入射角为 i 时的直射透过率;

α_d——玻璃的散射吸收率。

玻璃吸收了太阳辐射后,自身温度升高,向室内外散热,在一个瞬间认为此过程是稳态传热过程,则可以写出玻璃层的热平衡方程:

$$q_\alpha = \alpha_n(t_b - t_n) + \alpha_w(t_b - t_w) \tag{3}$$

式中 α_n、α_w——内外表面放热系数，W/m^2K；

t_n、t_w——内外空气温度，℃；

t_b——玻璃壁面温度，℃。

公式（3）可以改写为：

$$t_b - t_n = \frac{q_\alpha + \alpha_w(t_w - t_n)}{\alpha_n + \alpha_w} \tag{4}$$

玻璃内表面在太阳辐射和室内外温差共同作用下向室内的散热量为：

$$q_n = \frac{\theta_n[q_\alpha + \alpha_w(t_w - t_n)]}{\alpha_n + \alpha_w} = \frac{1}{\frac{1}{\alpha_n} + \frac{1}{\alpha_w}}\left[\frac{1}{\alpha_w}q_\alpha + (t_w - t_n)\right] \tag{5}$$

玻璃自身的热阻很小，忽略玻璃本身的热阻，则太阳辐射得热量可以表达为：

$$q = \frac{\frac{1}{\alpha_w}}{\frac{1}{\alpha_n} + \frac{1}{\alpha_w}}q_\alpha + q_\tau = Nq_\alpha + q_\tau \tag{6}$$

（2）通道式幕墙的得热过程

通道式玻璃幕墙的结构如图1所示，最外层为10mm普通透明玻璃，内层为6+12+6mm中空透明玻璃，与单层玻璃幕墙相同，通过建立各层的热平衡方程，可以得到太阳辐射得热量的表达式为：

$$q = \frac{\frac{1}{\alpha_w}}{\frac{1}{\alpha_n} + R_s + \frac{1}{\alpha_w}}q_{\alpha 1} + \frac{\frac{1}{\alpha_w} + R_s}{\frac{1}{\alpha_n} + R_s + \frac{1}{\alpha_w}}q_{\alpha 2} + q_\tau \tag{7a}$$

对公式（7a）的前两项进行合并，同样可以得到与公式（6）相似的表达式：

$$q = N^* q_\alpha^* + q_\tau \tag{7b}$$

其中

$$N^* = \left\{\frac{\frac{1}{\alpha_w}}{\frac{1}{\alpha_n} + R_s + \frac{1}{\alpha_w}}q_{\alpha 1} + \frac{\frac{1}{\alpha_w} + R_s}{\frac{1}{\alpha_n} + R_s + \frac{1}{\alpha_w}}q_{\alpha 2}\right\}/(q_{\alpha 1} + q_{\alpha 2}) \tag{8}$$

$$q_\alpha^* = q_{\alpha 1} + q_{\alpha 2}$$

公式（6）（7b）中 N、N^* 的物理意义明确，都表示玻璃吸收的太阳辐射量最终进入室内的热量占总吸收量的百分数。对于多层的玻璃系统，合成后的 N^* 不仅与玻璃内外壁面的放热系数相关，还决定于各层玻璃对太阳辐射的吸收量。

通过对公式（7a）的改写后，使其与单层玻璃幕墙的太阳辐射得热量公式（6）有了形式相同的表达式，不同结构的玻璃幕墙有了统一的太阳辐射得热表达式，为下一步统一的数据处理和分析提供了基础。

2. 遮阳系数的计算

为了计算遮阳系数，同时检测普通白玻璃幕墙和通风幕墙，以普通白玻璃幕墙作为基准可求得通风式幕墙的遮阳系数：

窗系统太阳辐射得热率表达式为：

$$SHGC_\tau = (q_\tau - U_f \cdot \Delta T_\tau)/I_\tau \tag{9}$$

$$\overline{SHGC} = \frac{\sum_{i=1}^{n} SHGC_i}{n} \tag{10}$$

遮阳系数定义为：以在一定条件下透过 3mm 厚普通透明玻璃的太阳辐射总量为基础，将在相同条件下透过其他玻璃的太阳辐射总量与这个基础相比，得到的比值为该玻璃的遮阳系数。在本试验中，由于所检测的玻璃幕墙中玻璃的面积远远大于边框及分隔的面积，所以近似认为测得是整窗的遮阳系数。由遮阳系数的定义式可知：

$$C_s = \frac{\overline{SHGC_T}}{\overline{SHGC_B}} = \frac{\sum_{i=1}^{n}(q_\tau - U_f \cdot \Delta T_\tau)_{T_i}}{\sum_{i=1}^{n}(q_\tau - U_f \cdot \Delta T_\tau)_{B_i}} \tag{11}$$

C_s——通风式幕墙的遮阳系数。

$\overline{SHGC_T}$ $\overline{SHGC_B}$——分别为通风式幕墙和普通白玻璃幕墙的平均太阳辐射得热率。

由玻璃系统得热平衡方程（6）可以清楚地看到，在稳态条件下，玻璃吸收太阳辐射的能量分为两部分：向内传热量，向室外传热量，两部分的和既为玻璃系统吸收的太阳辐射量。

3. 有关内外表面放热系数的计算

表面放热过程主要包括对流与辐射两种方式，实际的表面换热过程十分复杂，难于通过试验测定。目前国外有尝试进行玻璃表面放热系数实测的试验，但无详实的试验理论及设备介绍，且测定结果有争议；在国内方面，玻璃表面放热系数的检测一直处于空白状态。由于玻璃表面特殊的光学性质，采用热流计测量墙体表面放热系数的方法在理论上无法用于测定玻璃表面，无法达到满意的效果。因此，本试验中主要通过理论计算求取表面放热系数。如何通过试验方法直接测定玻璃表面的放热系数将是下一阶段的任务。

（1）对流换热系数

1）内表面对流换热系数

内表面的对流热传导过程主要为自然对流换热，对于竖直平面的自然对流换热系数 α 为温度的函数，此系数由怒塞尔数 N_u 确定：

$$\alpha_{cn} = N_u\left(\frac{\lambda}{H}\right) \tag{12}$$

式中 λ——空气的导热系数；

N_u——与雷诺数 Ra_h，玻璃高度 H 的相关准则数。

雷诺数 Ra_h 有下式确定

$$Ra_h = \frac{\rho^2 H^3 g C_p [T_b - T_i]}{T_{mj} \mu \lambda} \tag{13}$$

$\rho \mu \lambda C_p$——都为饱和干空气的物理性质，可通过查表取得。

$[T_b - T_i]$——壁面与空气的温度差。

其中空气层的平均温度由下式确定：

$$T_{mj} = T_{in} + \frac{1}{4}(T_b - T_{in}) \tag{14}$$

雷诺数中各种空气的性质根据空气层的平均温度差饱和干空气物性表确定。

当玻璃平面竖直时，怒塞尔数 N_u 可通过下式计算：

$$N_u = 0.13(Ra_H^{\frac{1}{3}} - Ra_c^{\frac{1}{3}}) + 0.56 Ra_c^{\frac{1}{4}}$$
$$Ra_c = 2.5 \times 10^5 (e^{0.72\theta})^{\frac{1}{3}} \tag{15}$$

2）外表面对流换热系数

玻璃外表面的对流换热多数属于受迫对流换热或混合对流换热，其换热系数主要由几个相关的室外参数确定，包括表面与空气间的温差，玻璃表面空气运动的速度和方向，建筑物的形状，高度及表面的粗糙程度。由于影响因素众多，外表面换热系数很难进行精确的测定，且此值本身是随室外条件变化的，因此在本试验中，我们从建筑能耗的角度出发，采用 ISO 15009 给出的外表面对流换热系数的计算公式，此计算方法与建筑能耗的相关性经过 Kimura 等人的实验验证。具体计算方法引用如下：

$$h_{c \cdot out} = 4.7 + 7.6 V_s \tag{16}$$

式中迎风表面：

$$V_s = 0.25 V_i \qquad V_i > 2 \text{ m/s}$$
$$V_s = 0.5 \qquad V_i \leq 2 \text{ m/s}$$

V_i——在开阔地上测出的风速；

V_s——接近玻璃表面的气流速度。

如果是背风表面：

$$V_s = 0.3 + 0.05 V_i$$

（2）辐射换热系数

内表面辐射换热系数：

$$h_{r \cdot in} = \frac{\varepsilon_b \sigma (T_b^4 - T_{m \cdot in}^4)}{T_b - T_{m \cdot in}} \tag{17}$$

ε_b——玻璃表面的发射率；

σ——波尔斯曼常数；

T_b——玻璃表面热力学温度；

$T_{m \cdot in}$——室内各壁面的平均热力学温度。

外表面辐射换热系数

$$h_{r \cdot in} = \frac{\varepsilon_{b \cdot out} \sigma (T_b^4 - T_{m \cdot out}^4)}{T_b - T_{m \cdot out}} \tag{18}$$

$T_b - T_{m \cdot out}$——室外的平均辐射温度。

三、实验条件及方法

1. 检测幕墙结构

通风式幕墙结构复杂，外表面为 10mm 透明白玻璃，中间为 500mm 的通风道，有开向室外的通风百叶,最内层为6+12+5mm的中空透明玻璃。

2.测点布置

如第一阶段遮阳系数测试方法,在本次试验中,测试仪器和测点的布置没有做改变;室内空调机关闭,试验在自然条件下进行。试验装置由保温箱,数据采集系统构成。保温箱由保护箱与嵌套在其中的两个保温计量箱组成,幕墙安装在保温计量箱的西向墙壁上,除西向外其他五个面都为5mm保温聚苯板。保温计量箱的面积为$8.1m^2$,长×宽×高为$2.7m×2.5m×2.5m$。

测点布置如图3所示:

在玻璃内外表面沿竖直方向均匀布置三个温度测点,用于测量玻璃表面气流温度,测点布置如图2。在室外与幕墙相同高度水平放置一台太阳辐射记录仪,用于测量室外西向投射在幕墙上的总辐射量;在计量箱内紧靠幕墙位置同样放置一台太阳辐射记录仪,用于测量进入计量箱内的太阳总辐射量。另有一组热电偶测量室内,室外空气温度。壁面热流计用于监测保温计量箱与保护箱间的热传递,其数据并不参与计算。

测点采集的信号通过电缆传输到温度热流巡检仪,温度热流数据每半小时采集存储一次;太阳辐射数据由总辐射表采集,传输到pc-2型太阳辐射测试仪,每隔一小时存储一次太阳辐射累计值和整点瞬时值。

图2 通风式幕墙结构

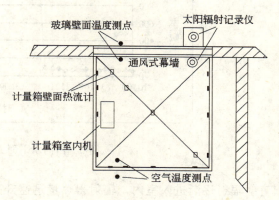

图3 保温计量箱测点布置图

四、实验结果

1.试验日室外环境

测试阶段室外温度在33~41℃之间变化,在14:00左右达到最高温度,如图4。西向水平面的辐射强度变化如图5,在10:00~12:30之间,由于建筑的遮挡,西向只接受到太阳散射辐射,辐射强度较小;12:20以后太阳绕过建筑物,西向水平面接受到直射辐射;最大辐射强度为$1100W/m^2$,出现在14:00左右,随后辐射强度逐渐减低,17:00时降低到$400W/m^2$。

2.太阳辐射得热量

两种幕墙在测试时段太阳辐射的热量变化趋势基本一致,在10:00~13:00之间由于主要受到散射辐射,变化比较平稳,辐射得热量较小,在1000W左右;在13:00之后太

图 4　室外温度变化曲线

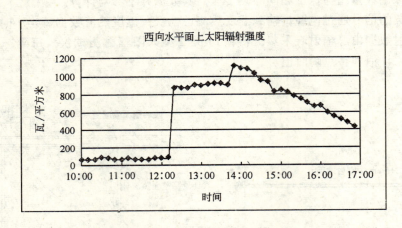

图 5　西向水平面上太阳辐射强度

阳直射辐射逐渐进入室内，辐射得热量迅速升高，在 16:00 左右达到最大值，普通玻璃幕墙和通道幕墙分别为 4800W 和 3200W。随后由于直射辐射强度的降低，辐射得热量随之降低。

在此值得注意的是室内太阳辐射得热量的变化趋势与室外太阳辐射强度的变化趋势并不完全相同，如图 5 和图 6。在散射辐射阶段太阳辐射得热量与室外太阳辐射强度都比较平稳，变化不大；但在出现直射辐射后两变化趋势出现差别。西向水平面上太阳辐射强度在 14:00 左右达到最大，而太阳辐射得热量在 16:00 左右达到最大值，此时西向水平面上太阳辐射强度正处在下降阶段，辐射强度只有 700W/m^2。实际上在室外辐射强度最大的 14:00，太阳高度角较大，见表 1，玻璃对直射光线的反射率较大，且由于高度角大，室内的光斑面积较小（表 1），因此进入室内的辐射强度虽大，但太阳辐射得热量没有相应增大。在 14:00 以后太阳辐射强度虽然降低，但进入室内的光斑面积增大，太阳辐射得热量随之增大。

测试时段的太阳高度角，方位角，直射光线入射角及室内光斑面积逐时变化　　　表1

时间	太阳高度角	太阳方位角	直射光线入射角	室内光斑面积 m²	
				普通玻璃幕墙	通道玻璃幕墙
10:00	52.59	90.70			
10:10	54.89	91.72			
10:20	57.20	92.82			
10:30	59.51	94.00			
10:40	61.81	95.29			
10:50	64.10	96.73			
11:00	66.39	98.35			
11:10	68.67	100.21			
11:20	70.94	102.40			
11:30	73.18	105.05			
11:40	75.39	108.38			
11:50	77.55	112.71			
12:00	79.64	118.63			
12:10	81.58	127.18			
12:20	83.26	140.13			
12:30	84.43	159.67			
12:40	84.74	184.92	86.45		
12:50	84.06	208.55	84.21		
13:00	82.66	225.38	82.76	0.06	
13:10	80.86	236.39	80.95	0.28	
13:20	78.85	243.78	78.94	0.52	
13:30	76.73	249.00	76.83	0.78	
13:40	74.55	252.90	74.64	1.06	
13:50	72.32	255.93	72.41	1.34	
14:00	70.07	258.39	70.16	1.65	0.30
14:10	67.80	260.44	67.88	1.94	0.59
14:20	65.52	262.20	65.59	2.27	0.92
14:30	63.23	263.74	63.29	2.60	1.25
14:40	60.93	265.12	60.98	2.95	1.60
14:50	58.62	266.37	58.67	3.31	1.96
15:00	56.32	267.51	56.36	3.69	2.34
15:10	54.01	268.58	54.04	4.90	3.55
15:20	51.70	269.58	51.73	5.33	3.98
15:30	49.39	270.53	49.41	5.79	4.44
15:40	47.08	271.44	47.11	6.27	4.92

续表

时间	太阳高度角	太阳方位角	直射光线入射角	室内光斑面积 m²	
				普通玻璃幕墙	通道玻璃幕墙
15:50	44.77	272.32	44.82	6.80	5.45
16:00	42.47	273.17	42.54	6.57	5.22
16:10	40.16	274.00	40.28	8.00	6.65
16:20	37.86	274.81	38.04	8.68	7.33
16:30	35.56	275.61	35.83	9.44	8.09
16:40	33.26	276.40	33.66	10.29	8.94
16:50	30.97	277.18	31.53	11.25	9.90

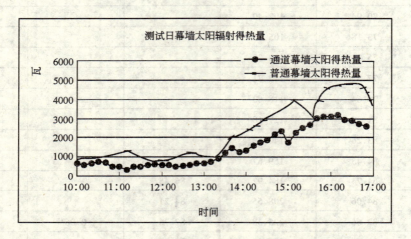

图6 两种幕墙太阳辐射得热量

3. 遮阳系数变化规律

在遮阳系数的求取过程中，我们设定普通玻璃幕墙（6mm 普通透明玻璃）为标准玻璃，这与通常设定 3mm 透明玻璃为标准玻璃有一定差别，但可以通过适当的修正消除此误差。

8月3日测得的遮阳系数如图7所示。在 10:00～13:00 之间，A 段，在此时段内遮阳系数在 0.6 附近波动，变化频率较高，分析是由于在 A 段是散射辐射得热，辐射强度较小，通常只有 12～30W/m²，仪器本身的随机误差因为两种幕墙的得热量相比而被放大了。

在 B 段，13:00～14:30 之间，遮阳系数呈下降趋势。这主要是由于通道幕墙的通风道向外伸出了 500mm，起到了遮阳板的作用，在此时段，普通玻璃幕墙内已经出现了太阳直射辐射，而通道幕墙内还没有形成光斑，随着太阳高度角的降低，普通玻璃幕墙内的光斑面积越来越大，辐射得热量增大，因此通道幕墙的遮阳系数随之降低。在 B 段遮阳系数从 0.66 降低到 0.53。

在 C 段，14:30～17:00 之间，太阳高度角进一步降低，通道玻璃幕墙开始进入直射辐射，随着太阳高度角降低，光斑面积的增大，遮阳板的作用不断被削减，因此遮阳系数开始上升，遮阳性能下降。在此时段，遮阳系数由 0.53 变化到 0.69。

全天遮阳系数的平均值为 0.62。在两种幕墙都有太阳直射辐射的 C 段,此值出现在 15:20~15:40 之间,这一时段直射辐射的入射角在 47°~50°之间。

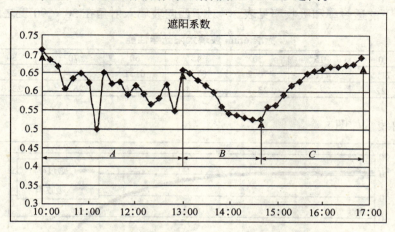

图 7 遮阳系数在测试时段变化规律

五、对遮阳系数求取的讨论

遮阳系数定义为：以在一定条件下透过 3mm 普通透明玻璃的太阳辐射总量为基础,将在相同条件下透过其他玻璃的太阳辐射总量与这个基础相比,得到的比值就称为这种玻璃的遮阳系数。用公式表达为：

$$C_S = \frac{q_\tau + \sum_i I_{id}\alpha_{id}N_i + \sum_i I_{iD}\alpha_{iD}N_i}{q_{3\tau} + I_d\alpha_{3d}N_3 + I_D\alpha_{3D}N_3} \tag{19}$$

将公式（8）代入公式（19）中,可得：

$$C_S = \frac{q_\tau + I_d\alpha_d N + I_D\alpha_D N}{q_{3\tau} + I_d\alpha_{3d}N_3 + I_D\alpha_{3D}N_3} \tag{20}$$

从上式中可看出,遮阳系数分别决定于窗户的两种不同的物理性质：光学性能和传热性能。光学性能包括窗户玻璃系统的有效透过率,吸收率；传热性能为向内热流分数。向内热流分数,如公式（8）所示,决定于内外表面的对流换热系数和辐射换热系数,与玻璃系统的光学性能无关。实际上,光学性能通过对室内温度的作用可间接的影响内表面的对流换热系数和辐射换热系数,但其影响过程复杂难于描述,且作用较小,可忽略。

通过对遮阳系数的分析,我们将窗户的太阳辐射的热过程分为了两个相互独立的过程：与光学性能相关的得热过程,与传热性能相关的得热过程。

1. 与光学性能相关的得热过程

（1）玻璃对散射、辐射的光学性能

玻璃在散射、辐射下的光学性能是个比较复杂的问题,至今缺少相关的试验研究成果。对于散射辐射的理论分析,认为散射、辐射在玻璃表面上的半球空间内散射、辐射强度各向均匀,通过对玻璃表面上任意一块半径为 dR 的圆面积的散射、辐射得热量的分析,可得到：$\alpha_d = \alpha_{Di}$　$\tau_d = \tau_{Di}$（$45° < i < 60°$）。既玻璃对散射、辐射的吸收率和透过率可以近似认为是散射、辐射在入射角 45°~60°内的散射、辐射吸收率和透过率。

（2）玻璃对直射辐射的光学性能

对于不同的直射辐射入射角度，玻璃的太阳辐射透过率与吸收率相应的变化，标准玻璃在不同入射角下的透过率和吸收率见表2。对于西向玻璃入射角在 30°～90°度之间变化。

标准 6mm 玻璃太阳光学性能 表2

入射角 I	0	15	30	45	60	70	80	90
透过率	71.5	71.2	70.2	67.7	61.1	50.4	29	0
吸收率	22	22.2	23.1	24.4	25.6	25.9	23.8	0

绘制成曲线，如图8

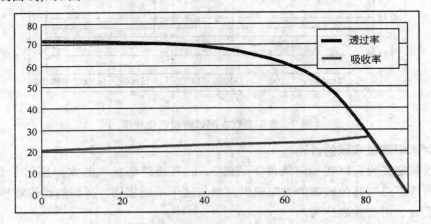

图 8　标准 6mm 玻璃太阳光学性能

对于各种玻璃的组合的太阳光学性能可以通过分析光线在玻璃系统中的传播路程，进行计算，求得各种玻璃组合的光学性能。本实验所研究的通道玻璃幕墙由三层玻璃组成，其太阳透光率和吸收率可以表达为：

$$\tau = \tau_1\tau_2\tau_3\left[1 + \frac{(\rho_1\rho_2 + 1)\rho_3\rho_2}{1 - \rho_3\rho_2}\right] \tag{21}$$

$$\rho = \rho_1 + \frac{\tau_1^2(\rho_2 + \tau_2^2\rho_3)}{1 - \rho_1\rho_2} \tag{22}$$

$$\alpha = 1 - \tau - \rho \tag{23}$$

$\tau_1\tau_2\tau_3\tau_4$——分别为第一，二，三，四层的透过率。
$\rho_1\rho_2\rho_3\rho_4$——分别为第一，二，三，四层的反射率。

玻璃系统在整个测试阶段的平均太阳辐射和吸收率透过率可由下式表示：

$$\overline{\alpha} = \frac{\int_\theta I_{Di}\alpha_i di}{\int_\theta I_{Di} di} \tag{24}$$

$$\overline{\tau} = \frac{\int_\theta I_{Di}\tau_i di}{\int_\theta I_{Di} di} \tag{25}$$

I_{Di}——对应与入射角 I 时室外太阳辐射强度；

$\tau_i \alpha_i$——入射角 I 时的透过率与吸收率。

2. 对全天平均遮阳系数的求取

通过计算在测试日两种幕墙总太阳辐射的热量，求得遮阳系数全天的平均值为 0.62，在两种幕墙都有太阳直射辐射的 C 段，此值出现在 15:20～15:40 之间，这一时段直射辐射的入射角在 47°～50°之间。这一结果与玻璃系统光学性能在测试日的平均值出现的入射角度范围（45°～60°）基本相同。因此可认为：对于西向玻璃幕墙在太阳直射入射角度在 45°～60°范围内的遮阳系数可以代表窗户全天的平均遮阳性能。

李雨桐　深圳市建筑科学研究院　工程师　邮编：518031

房屋节能检测中的抽样方案

赵 鸣 冯海华

【摘要】 本文分析了双百分比抽样的 OC 曲线，认为双百分比抽样缺乏理论依据，因此应当在房屋保温隔热性能检验中采用建立在数理统计基础上的检验标准。在此基础上通过分析制定房屋保温隔热性能检验抽样方案时要考虑的因素，建议可采用国家抽样检验标准 GB/T 13262—91、GB/T 13264—91 作为检验的依据，并指出了在使用时要注意的问题。

【关键词】 抽样方案 OC 曲线 双百分比抽样

建筑节能现场检测势在必行，而在进行建筑的现场检测时，我们首先遇到的问题是确定抽取多样本进行检测才能反映出整幢建筑的保温隔热性能是否达到标准要求，因此，制定建立在数理统计基础上的抽样方案是我们要解决的首要问题。

1. 从 OC 曲线判断方案判别能力

产品的质量检验方法分为全面检验和抽样检验。全面检验就是将批中所有产品逐一检验，这样的抽样方案理论上对生产方和使用方都不存在风险，但工作量太大；抽样检验则是从整体产品中随机抽取部分产品作为样本，根据对样本的检验结果，使用一定的判断规则，去推断整批产品的质量水平。虽然使用抽样方案会带来生产方风险（拒收质量合格的批）和使用方风险（接受不合格的批），但它能减少检查数量，有效地控制产品质量，因此在控制生产方风险和使用方风险的基础上，应当选择抽样检验标准进行检验。

一个好的抽样方案，应体现在不合格率变幅不大时，接受概率有迅速的反映，即当产品的批质量好时，能以高概率接受，当产品的批质量变坏时，其接受概率迅速变小，当批质量坏到一定程度时，以低概率接受。

通过分析抽样方案的特性曲线，可以看出方案的判断能力。方案的特性曲线就是 OC 曲线（Operating Characteristic Curve），表示的是接受概率 $L(p)$ 与不合格率 p 之间的依存关系。设 d 是大小为 n 的样本中不合格品数，c 为合格判定数，则随机事件"$d \leqslant c$"的概率为接收概率，即为 $L(p)$。OC 曲线将一个抽样方案与产品的质量联系起来，表示使用既定的抽样方案，把一定质量水平的一批产品预期判为接受的百分比。理想的 OC 曲线应当满足 $p \leqslant p_0$ 时，$L(p) = 1$；$p \geqslant p_0$ 时，$L(p) = 0$，即按此种

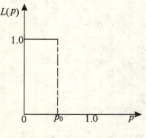

图 1 理想的 OC 曲线

抽样方案来检查,可以使任一批产品:凡是次品率在某规定的次品率 p_0 以下时,都被接受,凡是超过这个规定的次品率的,都不予接受,如图1。实际上这样的 OC 曲线只有在 100% 检验且试验是没有误差时才能得到,而实际上并不存在,因为 100% 检验也难免存在错检或漏检。

2. 对双百分比抽样方式的分析

实际使用当中,双百分比抽样方案易于操作,因而易于被人们接受并用于实际检验,现对这种抽样方式进行分析。下面假设一种抽样方案为样本量是总样本的 10%,当合格率不少于 80% 时认为总体通过检验,对样本总量为 50、100、300、500、700 和 1000 时这种抽样方案的抽样效果进行分析。设抽样方案记为 $(N;n,c)$,利用超几何分布计算接收概率 $L(p)$,$L(p) = \sum_{d=0}^{c} \frac{C_D^d \cdot C_{N-D}^{n-d}}{C_N^n}$,其中 N 为产品批量,n 为抽样数量,c 为合格判定数(不合格数少于或等于 c 则接收),d 是大小为 n 的样本中不合格品数,p 为不合格率,该批产品中不合格数为 $D = N \cdot p$,计算结果见表1,OC 曲线图见图2。

超几何分布计算不同批量时的双百分比接收概率 表1

N	(n,c)	0	5	10	15	20	25	30	35	40
50	(5,1)	1	0.9765	0.9282	0.8241	0.7419	0.611	0.5239	0.4005	0.3259
100	(10,2)	1	0.9943	0.94	0.8295	0.6812	0.5217	0.3729	0.2485	0.1538
300	(30,6)	1	0.9998	0.9807	0.8588	0.6090	0.3377	0.1462	0.0495	0.0131
500	(50,10)	1	1	0.9939	0.8918	0.5851	0.2497	0.0683	0.0121	0
700	(70,14)	1	1	0.998	0.9171	0.5722	0.1927	0.0338	0.0032	0
1000	(100,20)	1	1	0.9996	0.9437	0.5606	0.1358	0.0124	0	0

从图中可以看出,样本总量不同,它们的双百分比抽样特性曲线有较大差别,例如同样在 25% 不合格率的情况下,(50;5,1) 方案的接受概率为 61.1%,而 (1000;100,20) 方案的接受概率只有 13.58%,这样的抽样方案对大批量的产品的要求比对小批量产品要求严格。同时,这样的抽样方案没有一定的质量标准,无法确定其生产方风险和使用方风险,因此并不合理。

双百分比抽样缺乏理论依据,因此实际检验时应当在数理统计基础上确定抽样方案,使检验工作既有可靠的理论依据,又可节约检验工作量和检验费用,并使检验更趋科学化。

3. 抽样检验方案的确定

一般来说,抽样方案的确定需要通过一定量的数学计算,现场操作并不便利。实际上,为方便抽样方案的实施,国家已颁布 23 项抽样检验国家标准,这些标准根据检验时抽样的目的、单位产品的质量特征、抽取样本的次数的不同定出不同的抽样方案,检验时根据实际情况选取适当的抽样检验国家标准,通过查取表格的方式能很快定出合适的抽样方案,很适合现场操作使用。

3.1 抽样检验标准的选取

抽样检验标准按检验的目的分,可分为监督检验方案和验收检验方案;按单位产品的

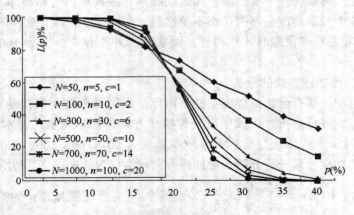

图 2 双百分比抽样的 OC 曲线

质量特征可分为计数方案和计量方案;按抽取样本的次数分为一次、二次、多次与序贯式抽样方案;按抽样方案是否调整分为调整型抽样方案和非调整型抽样方案;按是否组成批分类,可分为孤立批抽样方案和连续批抽样方案。

监督检验是除生产方、用户外,受委托的第三方机构或政府部门为督促产品的生产者或经销者切实履行自己在产品质量方面应负的社会责任,保护消费者利益,以一定行政法规为后盾而实施的检查;而验收检验的目的是把关,通过检查判断一批产品是否合乎质量标准的要求,合乎要求的就予以接收,不合乎要求的就拒收或另作处理。在进行房屋保温隔热性能检验时,我们主要关心的问题是其性能是否满足要求,因此应当选用验收检验标准。

计数检验是指在抽样的样本中,记录每一个体中的缺陷数目的检查方法,通常它是通过计取个数取得数据的,因此数据必然是整数;计量检验则与计数检验相对应,指在抽样的样本中,对每一个个体测量其某个定量特性的检查方法,通常它是连续计取的数据,不一定是整数。如果观察值服从正态分布,计量抽样检查比计数抽样检查有某些优点,即所需的样本量较少,并能提供有关产品质量的更多信息;而计数抽样方案不受分布形状假定的限制,使用较简便,易为理解和接受。进行房屋保温隔热性能检验时,因并不知道样本的观测值的分布,因此我们采用计数检验的方法,以每一户外墙为样本单元,通过确定样本中传热系数不合格的样本的数量,判定其是否合格。

对于接收数不为零的一次抽样方案可以找到一个二次、多次或序贯式的抽样方案,使它们的 OC 曲线较接近,这时就要综合考虑它们的特性,再进行选择。一般来说,一次抽样方案比较容易解释和使用,二次抽样方案可能要抽取第二样本,管理稍麻烦,而多次抽样方案和序贯式抽样方案更复杂。对于抽样数量,一次抽样的检验量较多,二次、多次和序贯式抽样的检验量随着前面一批样本的检验结果而变化,一般来说一次抽样多于二次抽样,二次抽样多于多次抽样,序贯式抽样一般最少。

房屋材料在生产过程中要对其质量进行控制,如为预制保温隔热材料的生产,由于过程中施工工序之间衔接密切,生产速度快,因此可采用连续批抽样方案,并可根据批质量的好坏采取调整型的抽样方案,即当批质量处于正常情况时,采用正常抽样方案;当批质量变坏时,改用加严抽样方案;当批质量显著变好时,采用放宽抽样方案。这样的抽样方案充分利用批的质量历史，在保证批质量的前提下，可以达到节约样本，降低检验费用的目的。而房屋建造完毕交付使用后，房屋成为一个独立的整体，对其进行保温隔热性能的检验，则应采用孤立批的抽样方案，对其总体性能进行综合评定。

3.2 抽样检验标准的理论基础

统计推断的主要形式为估计问题（点估计、区间估计）和假设检验。在对房屋保温隔热性能进行判定时，我们主要用到假设检验的推断形式[1][2]。

假设检验时，会产生两类风险。从保护生产方的角度，提出一个批不合格品率 p_0，如果产品的实际批不合格率低于或等于这个值时，就认为这批产品是好的，在选择抽样方案时，必须保证具有质量水平为 p_0 或小于 p_0 的批被拒收的概率很小，这个概率叫生产方风险，记做 a，$a = 1 - L(p_0)$；从保护使用方的观点看，确定极限不合格品率，用 p_1 表示，具有这种不合格品率的批被抽样检查时，被接受的概率很小，这个概率记为 β，$\beta = L(p_1)$。通过求

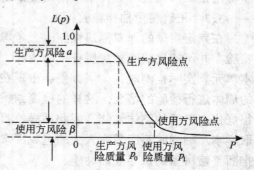

图3 抽样标准的OC曲线

解 $a = 1 - L(p_0)$ 及 $\beta = L(p_1)$（p_0、p_1、a、β 已知）确定 n（抽样数量）和 c（合格判定数），就能合理地定出抽样方案。此时，OC曲线如图3所示。

对于一次抽样方案，设抽样方案记为 $(N; n, c)$，其中 N 为产品批量，n 为抽样数量，c 为合格判定数（不合格数少于或等于 c 则接收），d 是大小为 n 的样本中不合格品数，p 为不合格率，该批产品中不合格数为 $D = N \cdot p$，利用超几何分布就可计算接收概率 $L(p)$，$L(p) = \sum_{d=0}^{c} \frac{C_D^d \cdot C_{N-D}^{n-d}}{C_N^n}$。当我们对 n 个产品进行检验时，当检验的不合格数不大于 c 时，我们就认为该批产品通过了检验；反之，当检验不合格数大于 c 时，我们拒绝接收该批产品。

对于二次抽样方案，设抽样方案记为 $(n_1, n_2, A_1, R_1, A_2)$，其中 n_1 为第一抽检量，n_2 为第二抽检量，A_1 为第一合格判定数，R_1 为第一不合格判定数，A_2 为第二合格判定数。抽样时第一次抽取容量为 n_1 的样本，若不合格品数 $d_1 \leq A_1$，则认为产品通过检验；若 $d_1 \geq R_1$，则认为产品不能通过检验；若 $A_1 < d_1 < R_1$，则不能作出判断，继续抽取容量为 n_2 的第二样本，同理若 $d_1 + d_2 \leq A_2$，则产品通过检验；若 $d_1 + d_2 > A_2$，则产品不能通过检验。此时，第一次抽样的接受概率为 $L_1(p) = \sum_{d_1=0}^{A_1} \frac{C_D^{d_1} \cdot C_{N-D}^{n_1-d_1}}{C_N^{n_1}}$，第二次抽样的接受概率为

$$L_2(p) = \sum_{d_1 = A_1+1}^{R_1-1} \left[\frac{C_{d_1}^{D} \cdot C_{n_1-d_1}^{N-D}}{C_{n_1}^{N}} \times \sum_{d_2=0}^{A_2-d_1} \frac{C_{d_2}^{D-d_1} \cdot C_{n_2-d_2}^{N-n_1-D+d_1}}{C_{n_2}^{N-n_1}} \right]$$

则两次抽样方案的接受概率为

$$L(p) = L_1(p) + L_2(p) = \sum_{d_1=0}^{A_1} \frac{C_{d_1}^{D} \cdot C_{n_1-d_1}^{N-D}}{C_{n_1}^{N}} + \sum_{d_1=A_1+1}^{R_1-1} \left[\frac{C_{d_1}^{D} \cdot C_{n_1-d_1}^{N-D}}{C_{n_1}^{N}} \times \sum_{d_2=0}^{A_2-d_1} \frac{C_{d_2}^{D-d_1} \cdot C_{n_2-d_2}^{N-n_1-D+d_1}}{C_{n_2}^{N-n_1}} \right],$$

同样通过求解 $a = 1 - L(p_0)$ 及 $\beta = L(p_1)$，可以定出抽样方案。

当 a 和 β 确定后，生产方风险质量值 p_0 和使用方风险质量值 p_1 相距越近时，方案判断能力越强，但所需样本量越大。因此要根据生产中对批不合格品率的要求选定 p_0，再确定 p_1 时就要综合考虑生产方风险、使用方风险和能承受的样本量这几个因素。如果可以承受较大样本量，则 p_0 和 p_1 间的距离可小些，这时方案的判别能力较强；如果检验费用很高，需要节约样本量，则要牺牲判别力选用与 p_0 较远的 p_1。

3.3 正确使用抽样检验标准

在判定房屋的保温隔热性能时，考虑到外墙的面积较大，如一面墙体只选取一点进行检验，并不能反映整幢房屋各层的情况，因此，我们按照层及朝向划分外墙，使其成为样本单元。实际检测时，为了方便会出现在外墙随意取点进行检验，甚至出现只抽取同一层的墙体进行检验的情况，这样的检测结果只能反映这一层的材料质量和施工质量，并不能很好代表房屋的整体性能。因此抽样检验应当建立在随机抽样的基础上，按等概率原则抽取样本，抽样时不应带有人为的主观因素，这样的抽样检验才能真正通过检测外墙样本去推断整幢房屋的保温隔热性能。

在使用国家抽样检验标准进行抽样检验时，因国家的相关规程中未确定 p_0 与 p_1 的取值，考虑到房屋的隔热性能并不涉及房屋的安全，因此暂取 $p_0 = 5\%$，$p_1 = 30\%$ 对此问题进行分析，同时取 $a = 5\%$，$\beta = 10\%$，其意义为当检测的墙体的不合格率不高于 5% 时，我们以 5% 的高概率认为该幢房屋通过保温隔热性能的检验；当检测的墙体的不合格率大于 30% 时，我们以 10% 的低概率认为该房屋通过检验。

设定一幢 20 层的房屋共有外墙 120 片，查《不合格品率的小批计数抽样检查程序及抽样表》(GB/T 13264—91) 可近似得一次抽样方案为 (120；10, 1)，即实际检测时在该幢房屋选取 10 片墙测其传热系数，如不多于 1 片墙其传热系数大于 1.5W/($m^2 \cdot K$)，则可判定这幢房屋其保温隔热性能满足规程要求。同样可以制定其二次抽样方案，由表可近似查得抽样方案为 (6, 6, 0, 2, 1)，即第一次抽取 6 片墙进行检验，如果其结果全部合格，认为房屋的保温隔热性能通过检验；如果当中有等于或多于 2 片墙检验不合格，则认为房屋不能通过保温隔热性能的检验；如果不合格的墙数不多于 2 片，则再抽取 6 片墙进行检验，当两次抽样的不合格数总和多于 1 片时，就可以判定这幢房屋的保温隔热性能不能通过检验，反之，当不合格数总和不多于 1 片时，就可以接收该幢房屋。

从以上的分析可知，一次抽样最少抽取的样本数量为 10 片墙，而二次抽样最少抽取的样本数量为 6 片墙，因而采用二次抽样有可能降低样本数量，从而减低检验费用，应当优先采用。

4. 结论

(1) 摒弃采用双百分比抽样的方法，当样本总量不同时，应当在给定生产方风险和使用方风险后，在数理统计基础上制定接收概率基本一致的抽样方案。

(2) 抽样应当建立在随机抽样的基础上，按等概率原则抽取样本，避免因工作便利而采用随意抽样，使检验结果更客观准确反映房屋的性能。

(3) 抽样时以每层的墙作为样本单元，按照国家检验标准进行抽样检验后，可以根据检验结果判定整幢房屋的保温隔热性能是否通过检验。

(4) 针对同样的生产方风险和使用方风险，可以制定接收概率基本一致的一次抽样、二次抽样、序贯式抽样等多种方案，其中二次抽样方案有可能降低样本检验的数量，并且较容易组织实施，应当优先考虑使用。

（5）实际运用抽样方案时参数的确定还应经各方协商，方案还应经实践检验有效才能使用。

<h2 style="text-align:center">参 考 文 献</h2>

1　于振凡，楚安静，乔丹·于. 抽样检验教程. 北京：中国计量出版社. 1998
2　于善奇. 抽样检验与质量控制. 北京：北京大学出版社. 1991
3　沈荣芳. 应用数理统计学. 北京：中国建筑工业出版社. 1986
4　杨纪珂，孙长鸣. 生产中的数理统计. 北京：科学出版社. 1986
5　抽样检验国家标准汇编 1997. 北京：中国标准出版社. 1997

赵　鸣　同济大学结构安全检测与监测研究室　工程师　邮编：200092

空调冷水机组COP值现场测试方法

鄢 涛 卜增文 李雨桐 陈 炼

【摘要】 通过研究影响空调冷水机组COP值现场测试的各种因素,基于实测数据,提出标准实用的测试方法,对测试中应注意的问题及解决方法给出了部分建议。

【关键词】 空调系统 COP 测试

1. 概述

在炎热地区民用建筑中,空调系统通常是建筑能耗最大的一部分,而冷水机组又是空调系统最主要的耗能设备,其COP值的大小,直接关系到整个空调系统的能耗值。目前COP值的测试还没有一个标准的方法,因此对其进行研究具有较大的实用价值。

COP测试原理方法主要通过分别测量系统冷却、冷冻水的供回水温度和水流量,由能量平衡得到下式(假设压缩机绝热):

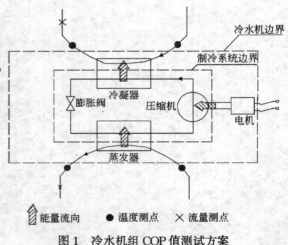

图1 冷水机组COP值测试方案

$$C_P G_2 \Delta T_2 = C_P G_1 \Delta T_1 + P \tag{1}$$

式中　C_P——为水的定压比热容,kJ/kg·℃;

G_1、G_2——冷冻水和冷却水的流量 kg/s;

ΔT_1、ΔT_2——冷冻水和冷却水的温差 ℃;

P——制冷机组的功耗 kW。

测量制冷机组的功率时,采用数字式万用表测量制冷机组的电压和电流以及功率因素,然后计算得到冷机的功耗或由电力仪直接测得功率。计算公式为:

$$P = \sqrt{3} UI \cos\phi \tag{2}$$

式中　U——线电压,V;

I——电流,A;

$\cos\phi$——功率因数。

现有的数字式万用电表可以提供直接测出电功率的方法,本方案采用常规方法。

冷水机组的 COP 值：

$$\text{COP} = \frac{\text{制冷机组制冷量}}{\text{制冷机组的功耗}} = \frac{C_P G_1 \Delta T_1}{P} = \frac{C_P G_1 (T_{1in} - T_{1out})}{\sqrt{3} UI \cos\phi} \quad (3)$$

冷水机组的流量可以采用超声波流量计测得；冷冻水供回水温度采用玻璃温度计测得。

2．测试注意事项

（1）用超声波流量计测量水系统流量

超声波流量计在测流量时无压损，不影响管道内流体流通，可从管道外侧方便地测量，且测量范围较大。空调水系统杂物较少，一般采用时差式，其中外夹式超声流量计因携带安装方便，故特别适合于空调水系统的现场实测。对于夹装式超声波流量计，声波要途经声楔、管壁和被测流体，声道角满足 Snall 定律。传感器所测量和计算的流速是声道上的线平均流速，而计算流量所需的是流通横截面的面平均流速，二者的差异取决于管内流速分布，故需对流速分布进行补偿。只有流速分布均匀才能保证测量的准确度，所以在流量计的上下游要有足够的直管段。

传感器安装一般要求为：安装位置首选液体向上流动的竖直管道，其次是水平管道，避开液体向下流动的管道，以防止液体不满管。避免选在管道走向的最高点，防止管道内因气泡聚集造成测量不准确。

对于一般的冷水机房流量实测而言，在水平管段及管道最高点布置测点的可能性较小，因为主机出水管第一个水平段阀门比较多，不能布测点，而第二个水平段是合流管段，管内流量为多台主机的流量，且在机房顶部不利于布置测点。故最有利的测点为主机竖直出水管段，即第一个弯头与第二个弯头之间。一般此管段会有比较长的直管段。但若此管段太短或前后阀门比较多时，若回水管满足长度要求，则只能选择测回水管。因为主机一般处于水系统的最低处，回水管管内出现不满管流的可能比较小，阀门及弯头对速度场的影响相对于是否满管而言占主导地位。

（2）电功率测量注意问题

读取控制柜上仪表读数时，应快速准确，以减少读数间的时间差。

实验室测试可以提供充分的条件以满足测试简单、方便、可靠。而在现场对电功率进行实测，一般不会有很好的测试条件，故应该根据现场情况灵活的调整。用钳式电力仪测量时经常需要几人在比较狭窄的地方配合，具有较大的危险性。为保障安全及结果的准确，应尽可能的减少每项的测试时间。

式（2）中 U 为线电压，测试中应注意接线是星形连接还是三角形连接。

（3）温度测量注意问题

温度测量是现场测试中的一个薄弱点。温度的获取，简单易行的有下面几种途径：

1）直接由主机控制屏读取。这种方法最直接最简单，但由于管理人员一般很少会对主机控制屏温度显示进行校正，且读数本身跳动较大，温度数据的不确定度无法获知，需咨询厂家。解决的方法之一就是在有限的时间内多次读数取均值，如果没有系统误差，则读数次数越多，结果越接近真值。

2）热电偶或类似测温仪器。采用热电偶测量必须提前进场，设备安装与调整比较花时间，温度测量精度也不太高。

3）采用工业用水银温度计。只要安装正确，精度可以保证。可能遇到的问题是必须由管理人员把主机原有的低精度的温度计替换为工业用水银温度计,有时拆卸不方便。

3. 确保冷水机组高效运行的技术措施

(1) 污垢的影响

冷水机性能下降的一个主要原因就是蒸发器、冷凝器内污垢的存在。通过计算主机蒸发器 KF 可初步判断设备结垢情况。

$$Q_0 = C_P G_0 \Delta T_0 = KF \Delta T_m$$
$$KF = \frac{Q_0}{\Delta T_m} \tag{4}$$

其中 ΔT_m 为对数平均温差。

计算时认为换热面积 F 为定值。表1为某酒店主机性能实测结果。

主机蒸发器 K 值与额定值相比,下降了33.8%。相应的主机实际运行COP值与额定工况下 COP 值 5.2 相比,下降了约 10%。选择合适的清洗装置以及定期检查有助于保持主机高效运行。

某酒店主机性能额定值与实测结果对比　　　　　表1

项目	额定值	测试值
冷冻水进口温度（℃）	12	13.1
冷冻水出口温度（℃）	7	9.3
冷冻水流量（m³/h）	423	499
制冷量（kW）	2461	2199
输入功率（kW）	475	470
蒸发温度（℃）	5	5.6
主机 COP	5.2	4.68
ΔT_m（℃）	4	5.4
KF（kW/℃）	615	407

(2) 避免主机低负载运行

不同的冷水机高效率运行负载区会有差异,可查阅厂家提供的冷水机部分负荷曲线,一般在80%左右。如果实际处于低负载运行,相应的 COP 值必然会比较低。如果运行中多台主机运行都处于低效区,可适当减少运行主机台数,有助于提高能效情况。

(3) 合适的冷冻水出水温度

低负荷运行时可以通过适当提高出水温度来降低能耗,当然需视末端换热情况而定。

参 考 文 献

1　Ian B. D. McIntosh, Fault Detection and Diagnosis in Chillers-Part I: Model Development and Application. ASHARE Transactions: Research 2002, 268－281
2　高魁明. 热工测量仪表. 北京:冶金工业出版社. 1983
3　王炜,徐军等. 污垢对冷水机组的影响. 建筑热能通风空调. 2003年

鄢　涛　深圳市建筑科学研究院建筑节能研究中心　工程师　邮编：518058

建筑节能计算软件

夏热冬暖地区居住建筑节能设计综合评价软件介绍

杨仕超　吴培浩

【摘要】 本文介绍了《夏热冬暖地区居住建筑节能设计标准》节能设计综合评价软件的功能、构成和实现。该软件具有使用简单、运行稳定、计算结果准确的特点，能满足节能设计综合评价的需要。

【关键词】 夏热冬暖地区　居住建筑　节能设计　综合评价　软件

1. 概述

建筑节能是节能工作的重点之一，是节约资源、提高能源利用率，实现可持续发展的重要措施。不同的地区由于地理位置、气候条件等的差异，其建筑节能的侧重点有所不同。建设部及各省市相继颁布了相应的居住建筑节能设计标准、技术规定或实施细则，《夏热冬暖地区居住建筑节能设计标准》（JGJ 75—2003）就是其中之一。该标准充分考虑了我国南部夏热冬暖地区亚热带湿润季风气候的特点，对居住建筑的规划与设计中如何进行节能设计作了规定并提供了灵活、有效的居住建筑节能设计综合评价方法——"对比评定法"。该标准的制订和实施使得夏热冬暖地区建筑节能设计有据可依，使设计方案更加科学、合理，将南方夏热冬暖地区的建筑节能工作落到实处。建设部《建筑节能"十五"计划纲要》要求夏热冬暖地区各省和自治区大中城市从 2003 年起开始执行建筑节能设计标准，2007 年各县城均予执行，在这种情况下，开发一套符合《夏热冬暖地区居住建筑节能设计标准》（JGJ 75—2003）且适合于建筑设计人员使用的，快速、准确、简便的设计辅助工具显得尤为迫切。

2. 软件的模型

（1）软件的设计思想和数学模型

本软件的设计主要依据我国 2003 年颁布的《夏热冬暖地区居住建筑节能设计标准》（JGJ 75—2003），计算新建、扩建和改建居住建筑（以下简称建筑物）和参照建筑的空调采暖年耗电指数，根据计算结果采用"对比评定法"进行建筑节能设计综合评价。另外，根据《民用建筑热工设计规范》（GB 50176—93）计算一些常用的热工参数，方便进行建筑节能计算。

建筑物的空调采暖年耗电指数按式（1）计算：

$$ECF = ECF_C + ECF_H \tag{1}$$

式中　ECF_C——空调年耗电指数；

　　　ECF_H——采暖年耗电指数。

北区内建筑节能设计主要考虑夏季空调，兼顾冬季采暖，所以需要计算 ECF_C 和 ECF_H；南区内建筑节能设计考虑夏季空调，不考虑冬季采暖，所以只需要计算 ECF_C。ECF_C 和 ECF_H 的计算方法严格按照《夏热冬暖地区居住建筑节能设计标准》（JGJ 75—2003）中的要求执行。

（2）软件功能

从专业技术的角度出发，《夏热冬暖地区居住建筑节能设计标准》（JGJ 75—2003）节能设计综合评价软件（下简称建筑节能评价软件）具备以下功能：

（1）计算建筑物的空调采暖年耗电指数。

（2）根据标准的规定形成与建筑物对应的参照建筑，自动确定参照建筑的相关参数并进行空调采暖年耗电指数计算。

（3）根据建筑物和参照建筑的计算结果进行建筑节能评估，判断其是否满足节能要求。如果不能满足，指出可修改部分，以便设计人员在此基础上进行创造性的设计。

（4）为设计人员提供完整的计算书，输出与建筑物和参照建筑相关的中间计算结果，包括空调年耗电指数与屋面有关的参数、空调年耗电指数与墙体有关的参数、空调年耗电指数与外门窗有关的参数、外围护结构的总面积与总建筑面积之比。

（5）提供常用的构、配件的性能参数供用户选择，允许用户创建或导入构、配件库。

（6）提供计算几个常用热工参数的工具，包括遮阳板外遮阳系数，墙体热惰性指标和传热系数等。

从软件工程的角度出发，建筑节能评价软件具备以下几个主要特点及功能：

（1）界面友好。采用标准风格的输入窗口，提供工程文件的保存、另存等功能，允许用户以文本文件或 Word 文件格式生成计算书。提供常用的构、配件库供用户选择，减少用户的输入工作量。

（2）良好的开放性。工程文件和构、配件库均采用很常用的 Microsoft Access 数据库格式存储，它能通过开放数据库连接（ODBC）与应用程序交换信息，方便与其他软件共享数据，软件本身也提供了数据的导入和导出功能。

（3）完善的帮助系统，为用户提供详细直观的帮助。

3. 软件的实现

根据建筑节能评价软件的功能要求将软件划分为以下几个模块（如图 1 所示）：

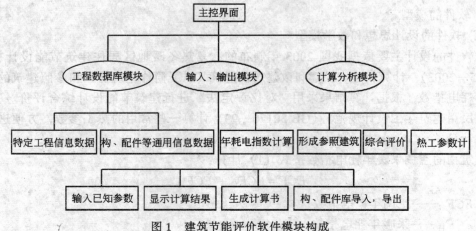

图 1 建筑节能评价软件模块构成

（1）输入输出模块。输入输出接口是用户与软件交互的窗口，本软件简单、规范、友好的用户界面为一般的用户使用提供了方便。用户启动应用程序后，出现用户操作主界面（如图2所示），用户可以选择新建工程或打开已有的工程。接着用户可输入工程基本信息以及各围护结构的信息，输入窗体信息窗口（如图3所示），用户既可以在表格中直接输入该工程的窗体信息，也可以直接点击"常用窗类型"中对应的窗体将其直接加入"本工程选用的窗类型"表格中，类似的功能减少了用户输入的工作量，使操作更加灵活、简便。同时，软件还提供丰富的输出功能，例如用户可以根据自己的需要输出各种中间结果和计算书，计算书的内容可以定制（如图4所示）。软件甚至提供备注功能供用户记录特殊工程相关信息，并允许用户选择备注信息是否出现在计算书中。

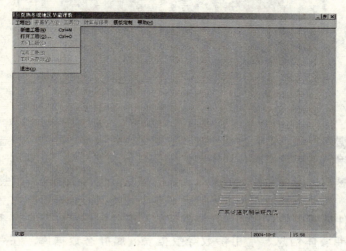

图2　用户操作主界面

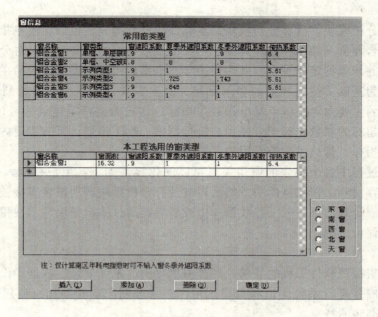

图3　窗体信息输入界面

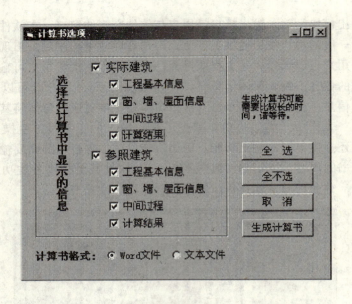

图 4 计算书选项界面

（2）工程数据库模块。工程数据库按其数据交换的特点，可分为静态数据库和动态数据库。本软件采用的工程数据库包括特定工程信息数据库和构、配件等通用信息数据库。其中特定工程信息数据库存储特定的某个工程的信息，包含工程基本信息、墙体信息、窗体信息等数据表，属动态数据库，本系统允许多个此类型的数据库存在，以存储不同工程的信息；构、配件等通用信息数据库存储常用构、配件的信息以及其他系统信息，包含标准窗体信息、标准墙体信息、常用参数等数据表，属静态数据库，在系统中惟一存在。构、配件等通用信息数据库还可以导出和导入构、配件信息，方便构、配件库的扩充和共享。

（3）计算分析模块。计算分析模块是本软件的核心部分，包括年耗电指数计算、形成参照建筑、综合评价、热工参数计算等。年耗电指数计算的主要内容是对分析用户输入的数据是否合理并计算特定建筑和参照建筑的年耗电指数；形成参照建筑的主要内容是以特定建筑的参数为基础，按照规范的要求对相关的参数进行调整后作为参照建筑的计算参数；综合评价的主要内容是以年耗电指数为指标，比较确定特定建筑是否达到节能要求，对特定建筑中超标的参数作标记方便用户进行调整；热工参数计算的主要内容计算外遮阳系数、热惰性指标、传热系数等常用热工参数。

整个操作过程中各个模块的调用关系可以简化描述如下：用户在输入模块中输入数据，这些数据存储到工程数据库中，然后再被计算分析模块调用或者直接被计算分析模块调用进行计算，计算结果写入工程数据库中或者直接通过输出模块显示在用户界面，实现建筑节能综合评价过程。

4. 结语

本软件严格按照软件工程的要求，经过需求分析、系统设计、数据库设计和代码编写等阶段开发完成并进行系统测试和用户试用，结果表明，本软件具有使用简单、运行稳定、计算结果准确的特点。

《夏热冬暖地区居住建筑节能设计标准》（JGJ 75—2003）节能设计综合评价软件的开

发，为建筑管理、设计人员提供了一个辅助工具，以便快速、简便地对各类建筑是否达到节能标准进行评估，在不能满足标准时能快速对参数进行调整、计算，从而实现建筑节能设计的规范化，推动建筑节能标准化工作的开展。

参 考 文 献

1　夏热冬暖地区居住建筑节能设计标准（JGJ 75—2003）
2　中华人民共和国建设部关于印发《建设部建筑节能"十五"计划纲要》的通知．建筑设计管理，2002，（5）
3　民用建筑热工设计规范（GB 50176—93）

杨仕超　广东省建筑科学研究院　副总工程师　邮编：510500

居住建筑节能设计与审查软件的研究

马晓雯　付祥钊　高殿策

【摘要】　此项研究建立了适合于建筑师和节能建筑审查人员使用的建筑能耗计算方法，并以深圳市为例研究了如何应用该建筑能耗计算方法开发居住建筑的节能设计与审查软件，同时简要介绍了深圳市居住建筑节能设计与审查软件ShenEnergy 的基本构成和界面。

【关键词】　建筑节能设计　建筑节能审查　能耗计算　软件

引言

国际建筑节能的经验表明，贯彻执行建筑节能标准是取得建筑节能的有效途径。我国在《中华人民共和国节约能源法》中有关于建筑节能的法律条文，并相应制订了一批技术法规和标准规范。尽管我国已经有了初步的建筑节能法规标准的框架体系，但"执法"却十分无力。由于缺乏配套的节能评价体系，因此对建筑设计和产品的节能评审往往流于形式，也无法正确地评估建筑节能的目标是否实现。所以，我国需要对节能建筑的设计和评审体系进行研究，发挥设计先导作用，严把设计审核关。

国外在进行节能建筑的设计和审查建筑是否满足节能标准的要求时，一般是采用软件工具进行。目前，国外已经研究和开发出了大量的通用型建筑能耗模拟软件和适用各建筑节能标准的设计软件，但大部分软件都有一个缺点——复杂。操作人员不仅要懂一定的专业知识，还要经过培训后才能掌握其使用方法。此外，由于这些软件都要求详细的建筑描述输入，在建筑设计的初期不能对设计进行评价，也抑制了软件的广泛使用。而对于一些使用了简化算法的软件，尽管其使用方便，却不能保证结果的可信度。而且，对这些简化软件，建筑师不能立即得到模拟结论，需要专业人员对模拟结果进行分析解释。因此，我国需要研究适用于各节能标准的操作简单又值得信赖的设计与审查软件。

本文正是基于这种需要，研究适合于建筑师和节能建筑审查人员使用的建筑能耗计算方法以及如何应用该方法开发居住建筑的节能与设计以及审查软件。笔者以我国夏热冬暖地区的典型代表城市——深圳市为例，开发出了应用《深圳市居住建筑节能设计标准》的设计和审查软件。

1. 软件的设计思想

居住建筑节能设计与审查软件的设计思想为：

（1）输入简单，不需要经过专门的训练就能掌握。这样就可以解决专业的建筑能耗模拟软件输入量大且繁琐、容易出错的缺点。

（2）输出结果明确易懂，并对计算结果进行分析，指出节能的方向。

(3) 软件在建筑设计的初期就能使用，能够指导节能建筑的设计。建筑师在建筑设计的初期有了建筑的大致轮廓就可以采用该软件计算建筑能耗并进行建筑的节能评价，然后根据软件的评价和计算分析结果随时修改设计。

(4) 应用各地居住建筑节能设计标准的设计和审查软件。软件的建筑能耗计算基本条件以及节能比较的指标都应以各地居住建筑节能设计标准为依据。

(5) 用户界面更友好，建立可视化的界面系统。

本软件的开发目的，就是为我国的建筑设计、管理和检测部门提供一个辅助工具，以便对新建居住建筑物是否达到节能标准进行评估，从而实现我国在建筑节能工作上规范化的统一管理，深入贯彻各地的居住建筑节能设计标准，促进我国建筑节能的发展。

2．软件采用的建筑能耗计算方法的原理

在手工进行负荷计算中，某一时刻的室内总负荷（建筑物负荷）是各部分负荷之和，即：

$$Q = \Sigma q_i A_i \tag{1}$$

式中　q_i——各部分外围护结构的单位面积负荷，W/m^2；
　　　A_i——各部分外围护结构的面积，m^2。

居住建筑节能设计与审查软件计算建筑物的负荷时也是基于这个原理，事先根据各地居住建筑节能设计标准中规定的计算条件，计算出一些典型外围护结构的基础能耗指标，然后根据这些典型基础能耗指标分析回归出普遍的外围护结构的基础能耗指标计算公式。实际计算建筑能耗时，从事先得到的基础能耗指标计算公式中选择相应的公式，计算出各个外围护结构的基础能耗指标，然后按照式（1）进行简单的乘法和加法运算即可得到整个建筑的能耗。

而建筑的空调和采暖设备的计算负荷是由建筑物的计算负荷，新风计算负荷以及内热源负荷和供冷供热装置等的附加负荷组成。其中内热源负荷和设备附加负荷根据居住建筑节能标准中的规定直接取值，新风负荷由居住建筑节能设计标准中规定的换气次数求得，因此居住建筑的空调和采暖设备能耗计算的重点是计算建筑物的负荷，即建筑外围护结构的负荷。可见，建立居住建筑节能设计与审查软件采用的建筑能耗计算方法的重点是建立建筑外围护结构的基础能耗指标计算公式。

由于我国各地的居住建筑节能设计标准中的能耗指标基本上都是采用美国劳伦斯伯克力国家实验室开发的 DOE-2 软件作为计算工具而得到的，故本方法中的基础能耗指标也是采用 DOE-2 软件进行模拟得到。这里的基础能耗指标由四个参数组成：空调年耗冷量、空调年耗电量、采暖年耗热量、采暖年耗电量。

空调年耗冷量和空调年耗电量是指按照各地居住建筑节能设计标准中规定的夏季室内热环境设计指标和计算条件，计算出的全年单位外围护结构面积需要由空调设备提供的冷量和空调设备所要消耗的电能，单位 kWh/m^2。

采暖年耗热量和采暖年耗电量是指按照各地居住建筑节能设计标准中规定的冬季室内热环境设计指标和计算条件，计算出的全年单位外围护结构面积需要由采暖设备提供的热量和采暖设备所要消耗的电能，单位 kWh/m^2。

选取这四项指标的原因是：建筑节能标准中规定的建筑能耗控制指标是这四项，因此采用这四项指标得到的建筑能耗计算结果可以直接与标准中的控制指标进行比较，建筑师和节能建筑审查人员可直接得出所设计或所审查的建筑是否满足节能标准，结论清晰明了。

3. 深圳市居住建筑节能设计与审查软件

笔者以深圳市为例，根据《深圳市居住建筑节能设计标准》中规定的计算条件，回归出了各种外围护结构的基础能耗指标计算公式，并在此基础上开发出了深圳市居住建筑节能设计与审查软件——ShenEnergy。

(1) 深圳市居住建筑的空调能耗组成

《深圳市居住建筑节能设计标准》主要是控制夏季室内热环境，并以此为出发点进行建筑的节能控制，因此对深圳市居住建筑的能耗计算只取空调年耗冷量和空调年耗电量这两项指标。

由于《深圳市居住建筑节能设计标准》规定不计室内热源的散热，即 $q_内=0$，而且不考虑制冷设备的附加冷负荷，因此深圳市居住建筑的空调能耗就由四部分组成：屋顶空调能耗、外墙空调能耗、外窗空调能耗和新风空调能耗。

(2) 深圳市居住建筑的空调能耗计算方法

由前面的分析可知，深圳市居住建筑的空调能耗计算是分别计算屋顶、外墙、外窗和新风的空调能耗，然后求这四项的和，即可得到建筑的空调能耗。而屋顶、外墙和外窗的空调能耗计算是先由相应的基础能耗指标计算公式计算出基础能耗指标，然后乘以各自的面积得到。因此，采用本方法计算建筑空调能耗的前提是建立深圳市气候条件下屋顶、外墙和外窗的基础能耗指标计算公式。

建立外围护结构的基础能耗指标计算公式，首先是确立一个标准模型，同时选取屋顶、外墙和外窗的一些典型构造，然后用 DOE-2 程序计算出该模型在典型外围护结构构造下的基础能耗指标，最后对这些典型基础能耗指标进行分析回归，就可以得到外围护结构的基础能耗指标计算公式。

在建立基础能耗指标计算公式时，对于屋顶，除考虑它的构造对能耗的影响外，还应考虑屋顶的建筑类型，如有遮阳的屋顶、平屋顶以及坡屋顶等；对于外墙和外窗，要考虑构造、朝向、建筑遮阳类型等对其能耗的影响。

笔者通过分析建筑外围护结构的这些能耗影响因素，用 DOE-2 模拟出了 29 组典型屋顶的基础能耗指标、20352 组典型外墙的基础能耗指标、57888 组典型外窗的基础能耗指标（1 组基础能耗指标包括 1 个空调年耗冷量指标和 1 个空调年耗电量指标），然后由这些基础能耗指标分析回归出了 1 组屋顶的基础能耗指标计算方程、424 组外墙的基础能耗指标计算方程、6432 组外窗的基础能耗指标计算方程。

由于《深圳市居住建筑节能设计标准》中规定在计算建筑节能综合指标时卫生换气取 1.5 次/h，因而本方法中新风空调能耗的计算也是按每小时 1.5 次换气进行计算的。同时由于本方法是对深圳市居住建筑计算全年的空调负荷，因此新风负荷的计算也是对全年进行的。与前面几项的能耗计算方法一样，本方法中新风空调能耗的计算也是由基础能耗指标经过简单的乘法运算来得到的，即先对标准模型用 DOE-2 模拟出深圳市单位体积居住建筑全年所需的新风空调能耗（基础能耗指标），实际计算时由这个基础能耗指标乘以建筑的体积就可得到该建筑全年所需的新风空调能耗。

以上的计算没有考虑地面以及内隔墙的温差传热引起的空调能耗，因此需要对计算结果进行修正。笔者对几幢深圳市实际居住建筑分别采用 DOE-2 和本论文的方法计算建筑的能耗值后发现：采用本论文的方法计算的建筑能耗值比 DOE-2 模拟的建筑能耗值小 4% 左右。可见，与模拟值的这部分差值就是没有计算进去的地面以及内隔墙等引起的空调能耗值。综合考虑，本方法对最后的建筑能耗计算结果进行增大 5% 的修正，即先采用以上介绍的方法分别计算屋顶空调能耗、外墙空调能耗、外窗空调能耗和新风空调能耗，然后将四项的能耗值相加并求出总的能耗值，最后对这个总能耗值乘以 1.05 的修正系数，得到最终的建筑空调能耗值。

(3) 软件的流程框图

应用该软件进行建筑能耗的计算，用户只需要预先做以下准备工作：

1) 取得建筑的建筑面积、建筑体积。

2) 分析建筑的屋顶、外墙和外窗的建筑特征并进行归类，同时确定每一类型屋顶、外墙和外窗的朝向、面积、构造和建筑遮阳参数。

图 1 为深圳市居住建筑节能设计与审查软件 ShenEnergy 的流程框图。

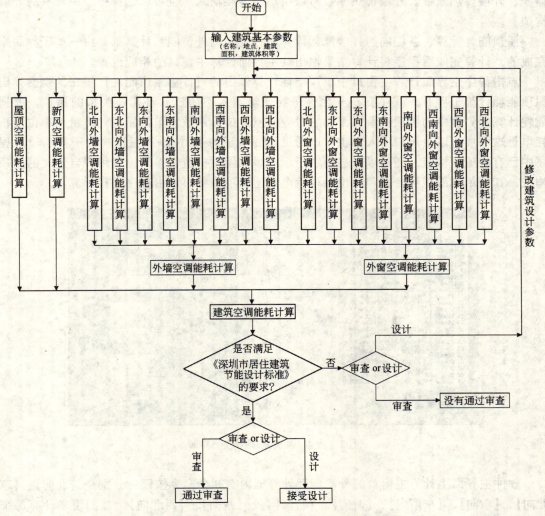

图 1 深圳市居住建筑节能设计与审查软件流程图

（4）软件的界面

深圳市居住建筑节能设计与审查软件（ShenEnergy）采用面向对象的编程语言 Visual Basic6.0 编写。程序启动后，首先进入用户视野的是程序的启动界面，用户用鼠标点击画面中的任一点，就可以进入程序的主界面，由图3可见，ShenEnergy软件的主界面由标题栏、菜单栏、工具栏、计算主窗口和状态栏组成。

计算主窗口主要是用来控制建筑各部分的能耗计算和显示建筑各部分的能耗计算结果，它包括7部分内容：软件用途、建筑描述、屋顶能耗计算、新风能耗计算、外墙能耗计算、外窗能耗计算和结论。

软件用途主要是用来确定 ShenEnergy 软件的使用目的，其中节能审查用于深圳市居住建筑的节能审查，而建筑设计用于建筑师的节能建筑设计。选择这两项对建筑的能耗计算结果不会有任何影响，只是在输出结论上会有一些不同。

建筑描述是用来输入建筑的基本信息，包括：建筑名称、建筑地点、建筑面积、建筑体积、外墙传热系数。外墙传热系数可以由用户直接输入，也可以选择程序中现有的外墙构造。

屋顶能耗计算、各朝向的外墙能耗计算和各朝向的外窗能耗计算都是由一些子界面来完成的，计算完成后程序将计算结果输出到主界面计算主窗口的相应位置。

点击程序主界面计算主窗口中屋顶能耗计算框内的【计算屋顶能耗】按钮，就会弹出屋顶能耗计算子界面，ShenEnergy 允许每幢建筑输入不超过5种构造类型的屋顶。屋顶能耗计算子界面中的屋顶构造以及和它对应的屋顶传热系数、单位面积耗冷量和单位面积耗电量这四项可以由用户输入，也可以通过图2所示的查看/添加屋顶构造子界面输入程序中已有的屋顶构造，还可以通过图3所示的添加屋顶构造子界面输入用户自定义的屋顶构造，其中单位面积耗冷量和单位面积耗电量这两项指标可以由程序进行计算。

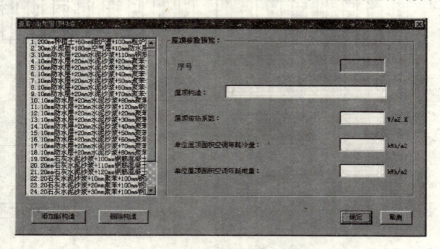

图2　查看/添加屋顶构造子界面

软件主界面上计算主窗口的外墙能耗计算框内有8个命令按钮，分别是【北向】、【东北向】、【东向】、【东南向】、【南向】、【西南向】、【西向】、【西北向】，他们用来计算每个朝向的外墙空调能耗。当点击【北向】按钮时会弹出如图4所示的北向外墙能耗计算子界

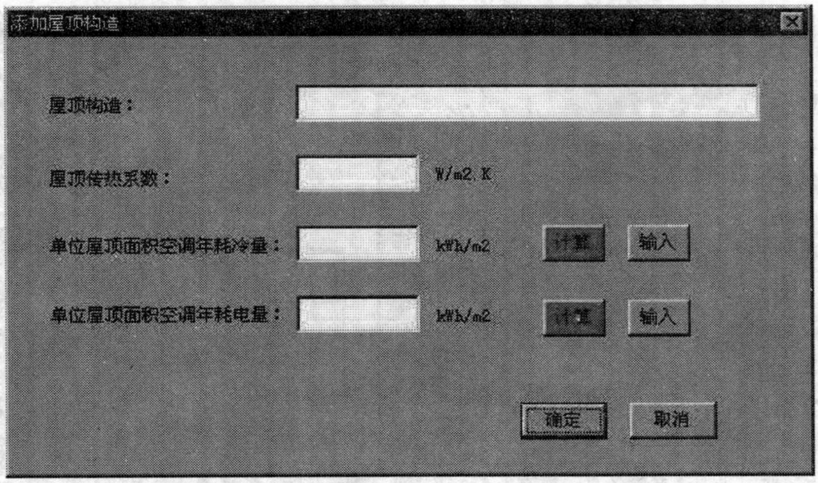

图 3 添加屋顶构造子界面

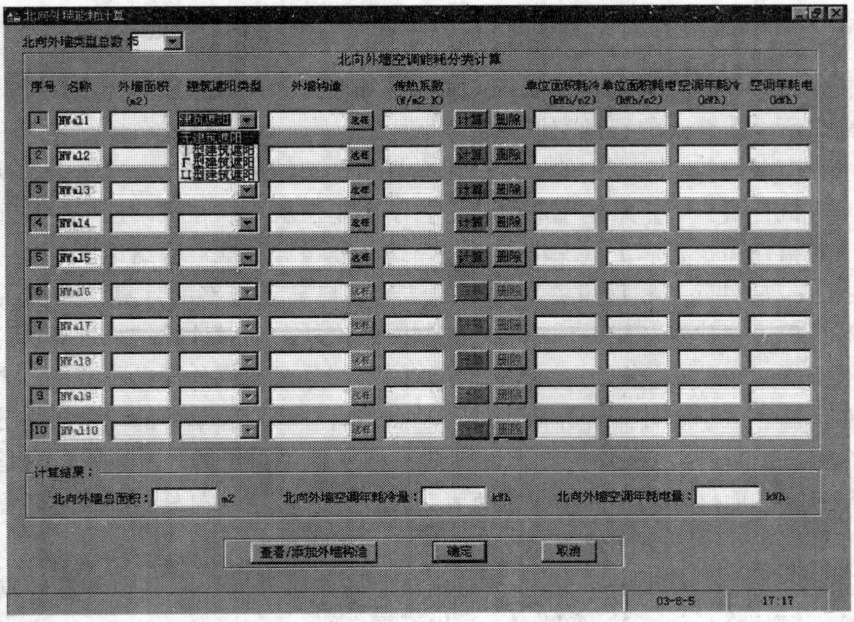

图 4 北向外墙能耗计算子界面

面，点击其他 7 个命令按钮也会弹出与图 4 类似的子界面。

　　ShenEnergy 软件允许每个朝向的外墙类型最多不超过 10 种。外墙的遮阳类型分无建筑遮阳和有建筑遮阳两大类，对于有建筑遮阳的外墙，笔者归纳了三种外墙建筑遮阳类型：Ｉ型建筑遮阳、Γ型建筑遮阳和 Ц 型建筑遮阳，这三种外墙建筑遮阳都需要输入遮阳参数才能计算外墙能耗。因此，当选择图 4 中外墙遮阳类型下拉列表中的"Ｉ型建筑遮阳"、"Γ型建筑遮阳"和"Ц 型建筑遮阳"后会分别弹出三个建筑遮阳参数输入子界面，图 5 为外墙Ｉ型建筑遮阳参数输入子界面，其他两个外墙建筑遮阳参数输入子界面与图 5 类似。

　　各朝向外窗的能耗计算子界面及其参数输入子界面与外墙类似，在此不赘述。

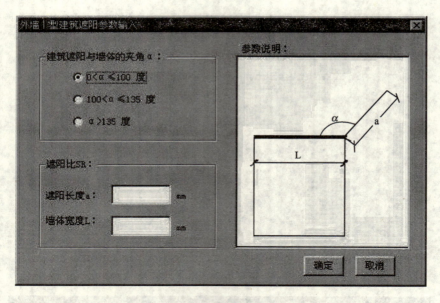

图5 外墙Ⅰ型建筑遮阳参数输入子界面

点击软件主界面上计算主窗口中新风能耗计算框内的计算新风能耗按钮后,程序会直接计算并输出所输入建筑的新风空调能耗。

软件主界面上计算主窗口中的结论框用来显示计算结果和结论,当执行完所有的输入和计算后,再执行【查看】菜单下的【结论】子菜单,就可以在该结论框中显示出建筑的空调能耗计算指标和是否满足《深圳市居住建筑节能设计标准》的结论。

ShenEnergy 软件除了在程序主界面上的结论窗口显示最终的计算结果并给出建筑是否满足《深圳市居住建筑节能设计标准》的判断结论外,还对计算结果进行了详细的分析统计和图形解析,帮助建筑师判断应该在建筑的哪部分对建筑外形进行改进或者采取更进一步的节能措施。这个统计分析界面可以通过点击【查看】菜单下的【结果与分析】子菜单来弹出。ShenEnergy1.0 程序的详细计算结果与分析共有 6 页,图 6 所示的是第 1 页的计算结果与分析界面(界面中的结果是笔者为了演示计算结果与分析界面而随意输入的一个建筑的计算结果,不是实际建筑)。

ShenEnergy 软件除了上述介绍的一些输入计算界面外,还有其他一些辅助界面,如【页面设置】、【帮助】、【关于】等界面,这里不再介绍。

4. 结束语

本文提出并研究了适合于建筑师和节能建筑审查人员使用的建筑能耗计算方法,可以采用该方法提供的数学模型开发各城市或各气候区的居住建筑节能设计与审查软件,用以配套我国各城市或各气候区的居住建筑节能设计标准,推动我国建筑节能的发展。笔者采用本文介绍的建筑能耗计算方法开发出了应用《深圳市居住建筑节能设计标准》的设计和审查软件 ShenEnergy。其他各城市的居住建筑节能设计与审查软件的数学模型和开发过程都与深圳市居住建筑节能设计与审查软件基本相同。

随着对该建筑能耗计算方法的进一步深入研究,并结合软件技术的发展,笔者期望能够建立各城市或各气候区的基础能耗指标计算公式,并建立各城市或各气候区的基础能耗

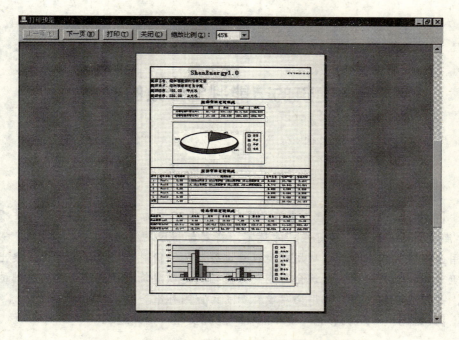

图6 ShenEnergy 软件的第 1 页计算结果与分析界面

指标计算公式数据库,在此基础上开发一个开放式的供全国各地使用的居住建筑节能设计与审查软件,当要添加新的城市或气候区的居住建筑节能设计与审查功能时,只需向软件的基础能耗指标计算公式数据库添加该城市或该气候区的基础能耗指标计算公式即可。

参 考 文 献

1 侯余波.夏热冬暖地区建筑师用建筑能耗计算方法的研究.重庆大学硕士学位论文.2001.11
2 陆耀庆.实用供热空调设计手册.北京:中国建筑工业出版社,1993
3 刘炳文.Visual Basic 程序设计教程.北京:清华大学出版社,2000
4 李光明主编.中文 Visual Basic 6.0 程序设计教程.北京:冶金工业出版社,2002
5 宋伟,吴建国.中文 Visual Basic 6.0 高级编程.北京:清华大学出版社,1999

马晓雯　重庆大学建筑学院　研究生　邮编:400045

公共建筑的节能判定参数的确定

李峥嵘　于雅泽

【摘要】 通过对一幢含有三个区域的商业建筑的全年能耗的模拟，并根据《上海公共建筑节能设计标准》的规定，将其与相应的标准建筑进行对比，探讨采用全年能耗或全年能耗费用对建筑物进行节能评价时产生偏差的原因，提出了建筑节能评价方式应以建筑全年能耗为基础还是以建筑全年能耗费用为基础的问题，并建议在现阶段宜采用全年能耗费用为评判标准。

【关键词】 建筑节能　全年能耗　能耗费用　公共建筑

1. 我国目前采用的节能建筑的判定

自从20世纪国家陆陆续续颁布了一系列的节能设计法规，首先从北方开始的住宅节能标准，到冬冷夏热地区和冬暖夏热地区的住宅节能标准，上海首先开始的公共建筑节能设计标准也拉开了国家公共建筑设计方面的节能标准制定的序幕。关于建筑节能的界定也从单一规定热阻发展为综合地判定建筑物全年能耗的方法。

建筑物全年能耗评估方法最早出现在ASHRAE的节能设计标准上，该标准具有很多理论上的优点：比如说，允许设计人员充分展示自己的设计理念和特点，并可以从能源控制的角度组织包括建筑、电气、给排水等多工种，从多个角度共同协作，有效控制建筑能耗的规模。而且可以多工种之间进行有效配合，为建筑节能的实施提供更多的空间。但是在实际的操作过程中也遇到了比较大的障碍，一方面是设计师没有足够的时间和渠道进行互相交流，同时由于建筑的全年能耗计算需要一个动态的能耗计算软件，将有关的建筑信息、设备信息、管理控制信息输入软件，因此它的实施必须具备一个成熟的软件平台和非常熟悉软件的建筑工程师，而恰恰是这一点阻碍了该方法的实际应用。

作为上海市公共建筑节能设计标准的主编单位——同济大学，也是与该标准配套的软件的主编单位，在工作过程中发现了许多问题，其中比较特殊的、直接影响工作进程的问题之一就是如何确定节能建筑的评价方式，是以全年能耗费用的形式出现？还是以建筑全年消耗的能量总和形式出现？

从表面上看，用这种评价方式的结果应该是一致的，因为能耗费用是能耗与能源价格的乘积，能耗多了，能耗费用肯定增加。但是在对具体的建筑进行节能评估时却产生了偏差。

下面以《上海地区公共建筑节能设计标准》为依据，通过对一个建筑的全年能耗费用的模拟，探讨该偏差的产生原因以及对建筑节能判定的影响。

下面以一个具体的建筑案例说明这种选择对评判结果的影响。

2. 建筑全年能耗费用的模拟

在上海市公共建筑节能设计标准的编制过程中，考虑到国家对能源政策的宏观调控，以及鼓励使用用户侧不节能、但在整个能源的生命周期中节能的空调方式（比如冰蓄冷），采用的评价方式是基于建筑全年能耗费用的模拟，即要求设计建筑物的全年能耗费用不能大于标准建筑物的全年能耗费用。

下面将该原则用于某个具体建筑的实际评价过程。

(1) 设计建筑物的条件

这里构筑的设计建筑物是一个商场，其具体内容是根据提供的设计文件生成的，考虑到篇幅问题，这里仅仅将部分参数摘录如下：

1) 建筑的热工参数

该设计建筑的主要热工参数如下：

外墙传热系数为 $0.66W/(m^2 \cdot ℃)$；

内墙传热系数为 $1.4W/(m^2 \cdot ℃)$；

屋顶传热系数为 $0.80W/(m^2 \cdot ℃)$；

商店橱窗传热系数为 $6.0W/(m^2 \cdot ℃)$，遮阳系数 0.5；

门的传热系数为 $6.0W/m^2$，遮阳系数 $0.5℃$；

玻璃顶棚的传热系数为 $2.4W/(m^2 \cdot ℃)$，遮阳系数 0.5。

2) 建筑的空调系统

该建筑在建筑设计上分为三个部分，分别称之为 A 区、B 区、C 区。三个区采用的冷热源形式有两种：A、B 区采用空气源热泵，新风系统采用了预冷设备；C 区采用直接蒸发管道机组，新风采用了热回收装置。

(2) 标准建筑物的条件

标准建筑物是根据《上海市工程建设规范-公共建筑节能设计标准》的规定构筑的，同样考虑到篇幅问题，这里仅仅将部分参数摘录如下：

1) 建筑的热工参数

标准建筑主要热工参数如下：

外墙传热系数为 $1.0W/(m^2 \cdot ℃)$；

内墙传热系数为 $2.0W/(m^2 \cdot ℃)$；

屋顶传热系数为 $0.8W/(m^2 \cdot ℃)$；

玻璃窗的传热系数为 $3.7W/(m^2 \cdot ℃)$，遮阳系数 0.5；

门的传热系数为 $3.0W/(m^2 \cdot ℃)$；

玻璃顶棚的传热系数为 $2.5W/(m^2 \cdot ℃)$，遮阳系数 0.5。

2) 建筑的空调系统

根据《上海市公共建筑节能设计标准》的规定，标准建筑采用的冷源为水冷离心冷水机组，热源采用了热水锅炉。

(3) 建筑物的全年能耗费用模拟

1) 设计建筑的全年能耗费用模拟

根据上述条件模拟的建筑全年能耗为：

表1

种类	A区能耗(kWh)	B区能耗(kWh)	C区能耗(kWh)
空调部分			
制冷	532,323	1,611,756	1,019,757
供热	215,411	390,859	483,858
空调部分汇总	747,734	2,002,615	1,503,615
非空调部分			
电	528,227	1,068,698	695,643
非空调部分汇总	528,227	1,068,698	695,643
总计	1,275,961	3,071,313	2,199,257

将电价 0.61RMB/kWh 输入程序，可以进一步模拟出该设计建筑的全年能耗费用为：

表2

种类	A区年能耗费用(RMB)	B区年能耗费用(RMB)	C区年能耗费用(RMB)
空调部分			
制冷	324,731	983,212	622,078
供热	131,401	238,424	295,165
空调部分汇总	456,132	1,221,636	917,243
非空调部分			
电	322,232	651,933	424,360
非空调部分汇总	322,232	651,933	424,360
总计	778,364	1,873,569	1,341,603

2）标准建筑的全年能耗费用模拟

同样可以模拟计算出标准建筑的全年能耗和全年能耗费用：

表3

种类	A区能耗(kWh)	B区能耗(kWh)	C区能耗(kWh)
空调部分			
制冷	135,968	1,014,798	740,302
供热	959,806	1,053,747	620,396
泵	4,500	35,596	32,620
冷却塔	163,040	408,495	280,873
空调部分汇总	1,263,313	2,512,637	1,674,191
非空调部分			
电	528,227	1,068,698	695,643
非空调部分汇总	528,227	1,068,717	695,643
总计	1,791,540	3,545,758	2,369,834

将电价 0.61RMB/kWh、天然气价 2.0 RMB/m³ 输入程序，可以进一步模拟出该设计建筑的全年能耗费用为：

表 4

种　　类	A 区年能耗费用（RMB）	B 区年能耗费用（RMB）	C 区年能耗费用（RMB）
空调部分			
制冷	82,944	619,053	451,603
供热	281,554	305,434	179,825
泵	2,745	21,714	19,899
冷却塔	99,459	249,193	171,339
空调部分汇总	466,701	1,195,393	822,667
非空调部分			
电	322,232	651,944	424,360
非空调部分汇总	322,232	651,944	424,360
总计	788,933	1,847,338	1,247,026

3）对设计建筑的节能评估

为了判定设计建筑物是否节能，必须将设计建筑物的全年能耗费用与标准建筑相比较，比较结果如下：

表 5

计算结果		实际建筑		标准建筑	差距
年能耗 kWh	A	1275961	A	1791540	−28.7%
	B	3071313	B	3581354	−14.2%
	C	2199257	C	2369834	−7.2%
	总计	6546531	总计	7742728	−15.4%
	电价为 0.61RMB/kWh，天然气价为 2.0 RMB/m³				
年能耗费用 RMB	A	778364	A	788933	−1.33%
	B	1873569	B	1847338	1.42%
	C	1341603	C	1247026	7.6%
	总计	4010317	总计	3883297	3.3%

上述对比图表中，从全年消耗的能源总量上说，设计建筑的三个区都是节能的，因为它们的全年能耗都小于标准建筑物；但是，从年能耗费用上说，只有 A 区是严格意义上的节能，因为它的年能耗费用是小于标准建筑物的。这里就产生了判断上的偏差：以能耗为依据的判断与以能耗费用为判断的依据，在结果上不能形成完美的统一。

3. 结果分析

《上海公共建筑节能设计标准》对于建筑是否节能的判定依据是该建筑的年能耗费用是否不大于标准建筑物的年能耗费用。然而根据上文的模拟分析结果，如果要求设计建筑物达到节能标准的要求，其年能耗量必须比标准建筑小 30%。如果排除软件中模型误差的影响，这30%的节约量对设计建筑物来说也是一个不小的考验。下面仅就上面的建筑对象，探讨这30%的形成原因。

在研究对象中，实际建筑的B区采用的冷热源是空气源热泵，C区采用的冷热源是直接蒸发管道机组。这两者使用的能源种类都是电，在本文的研究中，采用的电价格是0.61RMB/kWh。

在建立的标准建筑模型中，建筑A区、B区和C区的夏季冷源采用的是离心冷水机组，能源种类是电，冬季采用的热源是燃气锅炉，能源种类是天然气。在本文的研究中，采用的电价格是0.61RMB/kWh，天然气价格是2.0 RMB/m^3。

按照使用能源种类的不同可以对建筑的能耗结构进行分析，设计建筑和标准建筑的能耗种类主要区别在于冬季，设计建筑冬季使用电为能源，每消耗1kWh的能量，需要的费用是0.61RMB；标准建筑冬季采用的热源主要是天然气，按照天然气的标准热值6.9kW/m^3计算的话，每消耗1kWh的能量，需要的费用是0.29 RMB。也就是说如果标准建筑物冬季消耗1kWh能量，设计建筑物只能消耗0.48kWh的能量，才能保证设计建筑的年能耗费用不大于标准建筑的年能耗费用。否则将出现上述所谓的判断偏差。例如设计建筑C区比标准建筑C区节约 -7.2%，而在年能耗费用上却比标准建筑高7.6%。而且这种偏差随建筑冬季供热能耗的不同而不同，例如建筑A区，设计建筑供热能耗是制冷能耗的40.5%，而标准建筑则为制冷能耗的316%，则导致了实际建筑年能耗与标准建筑年能耗差异是 -28.7%，而能耗费用差异只有 -1.33%。

4. 结论

随着上海市和国家公共建筑节能设计标准的陆续出台，公共建筑的节能意识正在我国逐渐形成，如何判断建筑是否节能则必须构筑一个判断依据或判断体系。在这个过程中，《上海公共建筑节能设计标准》率先采用的是建筑全年能耗费用的判定方法，其出发点当然是为了兼顾国家的宏观能源调控因素，因此其判断结果与国家的能源价格紧密相关，特别是对于采用不同能源种类的建筑之间的比较，价格的影响更加突出。这就提出了一个全新的问题：如何在真正意义上的节能建筑和规定的节能建筑之间权衡？

我们国家现正在向市场经济转轨，其运行的基本依据是经济杠杆原理。因此，从现阶段说，节能工作刚刚起步，采用年能耗费用评价方法可以有效利用经济杠杆，鼓励投资者在国家鼓励的范畴内采用既节能又便宜的建筑能源系统和设备。但是，从可持续的长远利益看，如何确立真正意义上的节能建筑则是最终的追求目标。

参 考 文 献

1 民用建筑节能设计标准（采暖居住建筑部分）JGJ 26—95
2 既有采暖居住建筑节能改造技术规程 JGJ 129—2000
3 夏热冬冷地区居住建筑节能设计标准 JGJ 134—2001
4 夏热冬暖地区居住建筑节能设计标准 JGJ 75—2003
5 公共建筑节能设计标准 DGJ 08—107—2004

李峥嵘　同济大学机械学院　副教授　邮编：200092

节能建筑能耗评估软件的开发

赵立华　范　蕊　杨灵艳

【摘要】　节能建筑能耗评估软件不仅在测试准备阶段，能够辅助测试单位对所测试对象进行汇总分析，对建筑物进行分类、找出典型房间、明确测试要求、选取测试仪器，而且在测试后对测试对象的各项指标进行计算，从而实现对供热系统的节能指标、建筑物的节能指标和建筑热工指标的评价。

【关键词】　建筑节能　评估软件　节能指标

建筑节能在我国是一项长期而艰巨的任务，缺乏建筑能耗评估技术是中国新建建筑难以在市场机制下运行的最主要障碍，如果建筑市场的最终投资者购房者成为节能建筑的动力，就一定能够使节能建筑真正推广起来，因而迫切需要对节能建筑能耗做出科学的评估。评价工作的最终实现，应该有良好的软件辅助，否则建筑节能评估工作仍然仅是一些具有丰富经验的专家才能胜任，不能满足全面推进建筑节能工作的需要。因此，建筑节能评估软件，并不是单纯的分析测试数据给出测试结果，而是通过该软件实现建筑节能评估的集成化与智能化，评估的全过程在该软件的指导与直接参与下进行。

1. 软件开发的思想和具体做法

建筑节能评估是推动我国建筑节能发展的一项主要工作，为了更好的方便测试单位对建筑物进行节能评估，软件编制的首要思想就是界面友好、简单明了；另外，将整个测试工程整体进行考虑，使软件具备完整性，从而能自始至终的为测试单位服务，且能够对建筑节能检测的各个方面进行评估；最后，准确性、高效性及实用性也是一个软件必备的条件。因此，作者以 Windows 作为软件开发平台，用 C++ Builder 作为工具语言，在编制软件时着重从以下几点体现编程思想：

（1）采用面向对象的界面设计，建立良好的人机接口，力求使界面简单、可视化程度强、人机接口友好、软件操作方便。

（2）程序设计采取模块化和结构化将大问题划分为若干个彼此相对独立且可实现的小问题，建立若干个具有特定功能的模块，模块按照从上向下调用的原则构成层次系统。采用模块化和结构化设计的程序结构清晰，易于阅读、理解和修改，运行效率高，整个程序具有构造性、严谨性和组合性，很好地体现了软件工程的思想。

（3）简化参数输入方法，力求输入方便、快捷。提供输入参数的可选列表，并辅以提示信息。且前期模块的计算结果会自动保存为后续模块计算用，不必重新手工输入。

（4）数据库应用的核心是把数据组件与数据库字段连接，使数据组件直接动态感应数据库中数据的变化。本软件中的数据库按用途可分为参数输入数据库和参数输出数据库。

参数输入是用数据库桌面系统创建的,参数输出数据库是用 ACCESS 数据库创建的。对参数输入数据库和参数输出数据库的访问是有区别的:前者中的数据需要在程序执行过程中及时被调用并直接参与运算,因此是用 Tquery 组件生成表格,并用已置入参数的 SQL(结构化查询语言)对数据库进行动态查询的;后者中的数据仅是用来显示计算结果,所以是用 ADOTable 构件访问的,这样能更方便、更快捷。

(5)从使用者的角度出发,通过窗体间的链接控件、工具按钮的浮动提示、关键性操作和输入的提示对话框、详细的帮助信息等手段来引导操作,对各种输入和操作的合法性及可行性及时检测,使用户使用时得心应手。

2. 评估软件所具备的功能

该软件的功能主要通过两部分进行体现。第一部分是在测试的准备期间,对于测试对象(例如,试点小区)的基本参数进行汇总,然后根据整个小区的情况对建筑物进行分类,这样测试单位就可以方便地在每类建筑物中选出典型建筑,接下来软件又会给出该典型建筑应选取的典型住户;而且对于每种测试对象,软件都给出节能检验标准中规定的测试项目及满足标准要求的测试仪器供测试单位选择[1],使得繁琐的前期准备工作简单明了。

第二部分是在测试结束后,该软件可以对测试数据进行计算分析,方便快捷地给出计算结果,用来评估包括建筑物和供热系统在内的各项节能指标是否满足要求。该评估软件所进行的检验项目见图 1,且检验对象不同,检验项目有所不同。

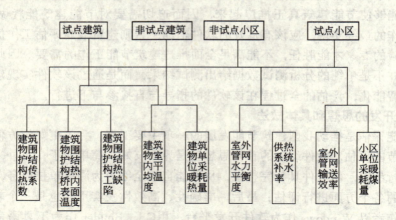

图 1 采暖居住节能建筑评估项目

3. 节能指标评估

(1)在节能检验标准中,建筑物单位采暖耗热量指标是对建筑物整体能耗进行评估的重要指标。根据是否有人居住这个条件,该项指标可按公式(1)(2)进行计算。

当有人居住时:

$$q_{hm} = \frac{Q_{hm}}{A_0} \cdot \frac{t_i - t_e}{t_{ia} - t_{ea}} \cdot \frac{278}{H_r} + \left(\frac{t_i - t_e}{t_{ia} - t_{ea}} - 1 \right) \cdot q_{IH} \tag{1}$$

当无人居住时:

$$q_{hm} = \frac{Q_{hm}}{A_0} \cdot \frac{t_i - t_e}{t_{ia} - t_{ea}} \cdot \frac{278}{H_r} - q_{IH} \tag{2}$$

式中 q_{hm}——建筑物单位采暖耗热量,W/m²;

Q_{hm}——检测持续时间内在建筑物热力入口处测得的总供热量,MJ;
q_{IH}——单位建筑面积的建筑内部得热,W/m²;
t_i——全部房间平均室内计算温度,一般住宅建筑取 16℃;
t_e——计算用采暖期室外平均温度,℃;
t_{ia}——检测持续时间内建筑物室内平均温度,℃;
t_{ea}——检测持续时间内室外平均温度,℃;
A_0——建筑物总采暖建筑面积,m²;
H_r——检测持续时间,h;
278——单位换算系数。

这样,根据检测持续时间内,建筑物的总供热量、建筑物室内外平均温度就可以得到建筑物的单位采暖耗热量,并与节能标准的指标进行比较。

(2) 小区单位采暖耗煤量是对整个小区进行能耗评估的重要指标。按下式计算:

$$q_{cm} = 8.2 \times 10^{-4} \cdot \frac{G_{ct} \cdot Q_{dw,av}^y}{A_{0,qt}} \cdot \frac{t_i - t_e}{t_{qt} - t_{ea}} \cdot \frac{Z}{H_r} \tag{3}$$

式中 q_{cm}——小区单位采暖耗煤量(标准煤),kg/m²·a;
G_{ct}——检测持续时间内的耗煤量,kg;
$A_{0,qt}$——小区内所有采暖建筑物的总采暖建筑面积,m²;
Z——采暖期天数,d;
$Q_{dw,av}^y$——检测持续时间内燃用煤的平均应用基低位发热值,kJ/kg。

(3)《民用建筑节能设计标准》[2]中针对建筑节能 50%的要求提出了不同地区采暖居住建筑各部分围护结构传热系数限值的规定,并且已被纳入《工程建设标准强制性条文(房屋建筑部分)》。因此节能检验标准中还规定了必须检验建筑围护结构的传热系数是否满足要求。

围护结构传热系数的现场检测宜采用热流计法,而且热流计和温度传感器的安装要求在软件中也已给出。对于围护结构传热系数的测试,评估软件提供的测试仪器是 32 通道数据采集器,其中 24 点供温度采集、8 点供热流采集。

数据处理通常都采用算术平均法进行计算分析,该方法较为简单。节能检验标准中详细给出了使用算术平均法进行测试数据分析时,为了提高测试精度所必须满足的条件,即室内外温度及热流波动不大且测试时间要足够长。但是通常室外温度都是波动的,遇到天气突变时波动会更加明显,此时对于重型围护结构,国际标准规定必须采用动态分析法进行测试数据分析。动态分析方法利用传热方程对墙体热工性能的变化进行分析计算,在数学模型中围护结构的热工性能是用热阻 R 和一系列时间常数 τ 表示的,未知参数(R,τ_1,τ_2,τ_3,τ_4……)是通过辨识技术利用所测得的热流密度和温度求得的,详细计算方法见文献[3]。

该评估软件在处理建筑物围护结构测试数据时,首先运用算术平均法的判定标准进行判定,当其不满足判定标准时再调用动态分析法计算模块进行计算,并依据其自身的判定标准,从而可以在保证测试精度的情况下缩短测试时间。

(4) 在节能建筑中,由于采取了节能措施,室内空气温度可以满足标准要求,但是在热桥部位，有可能出现内表面温度过低，导致该部位出现结露问题，为此，建筑物热桥部位内表面温度也是一项主要的检验指标。室内外计算温度下热桥部位的内表面温度应按式（4）计算：

$$\theta_\mathrm{I} = t_{di} - \frac{t_{im} - \theta_{\mathrm{Im}}}{t_{im} - \theta_{\mathrm{em}}} \cdot (t_{di} - t_{de}) \qquad(4)$$

式中　θ_I——室内外计算温度下热桥部位内表面温度，℃；
　　　θ_{Im}——检测持续时间内热桥部位内表面算术平均温度，℃；
　　　t_{im}——检测持续时间内室内空气温度算术平均值，℃；
　　　t_{em}——检测持续时间内室外空气温度算术平均值，℃；
　　　t_{di}——室内计算温度，℃；
　　　t_{de}——围护结构冬季室外计算温度，℃。

此外软件又对供热系统部分：室外管网水力平衡度、供热系统补水率及室外管网输送效率进行了计算、评估。

评估软件既可以打开已有的测试工程，也可以新建一个测试工程并引导测试单位进行工作。对每一类测试对象都单独进行考虑，使其自成一个完整的系统。软件中，对于各种室内温度及传热系数都可以进行算术平均和面积加权平均两种计算，用以满足不同测试项目的需求。该评估体系较为完整，能够全面地对建筑节能检测的各个方面进行评估，便于用户使用。

参 考 文 献

1　《采暖居住建筑节能检验标准》JGJ 132—2001
2　《民用建筑节能设计标准》（采暖居住建筑部分）JGJ 26—95
3　ISO9869：1994（E），International Standard，Thermal Insulation-Building Elements-Insitu Measurement of Thermal Resistance and Thermal Transmittance. 1994：2～5，15～18

赵立华　华南理工大学　副教授　邮编：510640

节能窗技术

第三步建筑节能对发展节能窗的机遇与挑战

方展和

【摘要】 北京市已开始实施节能率65%的第三步建筑节能。本文回顾了北京市不同节能阶段窗户的进展情况，分析了节能窗当前存在的主要问题，提出了发展适合北京市的节能窗的意见。

【关键词】 建筑节能　窗户　北京市　发展

2004年7月1日北京市的《居住建筑节能设计标准》（节能65%）正式实施。该"标准"是在第二步节能设计标准（节能50%）的基础上，再节能30%。而且这部分节能率完全由提高建筑物围护结构的热工性能来实现，而不考虑靠采暖系统效率的提高来分担。建筑门窗是建筑物围护结构的重要组成部分，而且在整个建筑能耗中，经外窗的传热、辐射和空气渗透的热损失大约要占建筑物采暖能耗的一半左右，可见外窗对建筑节能的重要性。

在北京市的《居住建筑节能设计标准》中，对建筑设计的窗墙面积比，较过去的要求有所放宽，即南向的窗墙面积比可为0.5，东南向可分0.35，其他朝向可为0.3，外窗所占的面积较以往更大了。因此，对窗的要求就更严了。"标准"中规定外窗的传热系数要达到$2.8W/(m^2 \cdot K)$，气密性应小于$1.5m^3/(m \cdot h)$。

为了提高建筑门窗在住宅建筑中的应用质量，使其具备持久、良好的建筑物理性能、安全性能和使用功能，北京市还在2004年发布了《住宅建筑门窗应用技术规范》，对门窗的用材、设计、试验验证、加工、安装、验收等做了具体规定。建设部在同年发布的《建设部推广应用和限制禁止使用技术》公告中，对建筑门窗及其配套件提出了推广塑料和断热金属型材的中空玻璃窗，限制非断热金属型材制作的单玻窗、非滚动轴承式滑轮，禁止使用32系列实腹钢窗、25系列、35系列空腹钢窗及高填充PVC密封胶条等技术和产品。

以上这些技术规定和要求对节能窗的发展都具有十分重要的意义，这是多年来实践经验的总结，也是节能窗进一步发展的需要。

一、北京市节能窗发展的回顾

1. 20世纪80年代初期以前

当时的经济基础还较薄弱，住宅建筑主要为了满足居住的基本需求，对使用功能要求不高，并在提倡"以钢代木"的形势下，绝大部分建筑采用的都是25型空腹单玻钢窗，为少占室内空间，大都采用外平开窗；为节约钢材，门窗型材尽量减薄。因此，这种窗型材小，扇、框之间只有线形搭接，刚性差，运输安装极易变形造成关闭不严，再加上玻璃腻子质量差，粘不牢，易脱落，空气渗透严重。为避免冷风渗透，住户在冬季常用纸条贴封窗缝。这种窗正常情况下传热系数在 6.4W/（m²·K）左右。很难起到保温作用，冬季玻璃结霜沿窗流水的现象普遍存在。

2．第一步建筑节能时期

1986 年建设部发布了我国第一个《民用建筑节能设计标准》，要求采暖能耗在 80 年代初的基础上节能 30%。标准中对外窗的保温性能没有作特殊的要求，基本上还停留在 25 型空腹钢窗的水平。1988 年北京市制定的"实施细则"中也同样未做改变。建筑节能主要在外墙和阳台门下半部的保温方面下工夫，将阳台门下半部的薄钢板，改换成其他薄板，中间再夹一层泡沫塑料，使其传热系数降到 1.72W/（m²·K），以满足"细则"的要求。但实践中，大家深感外窗对建筑能耗的影响重大，尽管标准中没明确要求，研究人员和生产企业均在改善外窗的保温性能上采取一些措施，但也仅仅在原有的 25 型空腹钢窗上作些小修小改，诸如在窗扇上加贴一层透明塑料薄膜，在搭接缝上贴泡沫塑料密封条等，再好一些的也只是在窗扇上再增加一层玻璃。由于 25 型窗的先天不足（窗扇薄），即使再加一层玻璃也很难将传热系数降到 4.0W/（m²·K）以下。

1991 年市建委、规委发出《关于进行节能建筑门窗技术评估工作的通知》，要求参加评估的门窗应满足：风压变形空腹窗不小于 2.0kPa、实腹窗 3.0kPa；气密性不大于 1.5m³/（m·h）；水密性不小于 100Pa；保温性 K 不大于 4.0W/（m²·K）。并对通过评估的门窗向全市推荐，此举对北京市节能门窗的发展起到了促进作用，门窗企业纷纷研究开发新的型窗。于是在 1993 年北京市第一次建材工作会议上提出了"逐步淘汰 25 系列空腹钢窗"的努力目标。

1993 年建设部颁布的国家标准《旅游旅馆建筑热工与空气调节节能设计标准》，对于外窗要求寒冷地区传热系数必须不大于 4.0W/（m²·K），严寒地区小于 3.0W/（m²·K），其他地区不大于 5.0W/（m²·K），并对气密性和遮阳系数作了规定。窗户的保温问题越来越引起人们的重视。

3．第二步建筑节能时期

在推行第一步建筑节能标准的过程中，北京市的工程技术人员和建设主管部门的有关人员，已经感觉到外门窗的保温性能在建筑节能中占有举足轻重的作用。因此，1995 年国家第二个"建筑节能设计标准"（要求节约采暖能耗 50%）发布之后，北京市在编制"实施细则"时对外窗的保温要求就有意要在国家行业标准规定 $K \leqslant 4.0 \sim 4.7$W/（m²·K）的基础上再提高一步。但是考虑到当时还有许多用户欣赏铝合金窗，因为它较其他金属窗能够做得更加挺拔轻巧，对光线的遮挡少、外形又美观，即便热工性能较差，也宁愿选用。为了给用户留有自由选择的余地，在"实施细则"中各部分围护结构传热系数限值，外窗仍定为 4.0W/（m²·K），而在附录中列出了窗的 $K = 4.0 \sim 2.2$W/（m²·K）相对应其他各部位围护结构的 K 值。

在实施建筑节能 50% 这一时期，北京市的节能窗迅速地发展，主要原因是建设主管部门对节能窗市场的管理大大加强了。空腹钢窗由原来的 25 系列发展为 35 系列，双玻间的距离可加大到 20mm 左右；扇框的搭接面加宽了，再配以密封条；刚性也比原来有所增强，其传热系数可达到 3.5W/（m²·K），甚至更低。但其耐腐蚀性、外观等仍有缺陷。在节能窗的发展过程中，35 系列空腹钢窗起了过渡的作用。1996 年建委与规委联合发布

《关于限制和逐步淘汰 25 系列空腹钢窗的通知》，结束了北京市多年以来 25 型空腹钢窗在住宅中一统天下的局面。1999 年两委又进一步发文，明确规定从 2000 年 3 月 1 日起，强制淘汰普通实腹和空腹钢窗。从此，普通钢窗退出了北京市新建建筑的舞台。

从 1995 年建筑节能 50％设计标准的发布到 2003 年底，国家有关部委和北京市建设主管部门颁布的与节能门窗有关的文件不下十几个。例如：1996 年市建委发布的《北京市建筑门窗准用证管理实施办法》和《北京市建筑门窗型材定点生产管理实施办法》；1999 年市建委和规委联合签发的《北京市"九五"住宅建设标准建筑外窗部分补充规定》；1999 年建设部、国家经贸委、质量技监局、建材局联合印发的《关于在住宅建设中淘汰落后产品的通知》以及 2002 年国家经贸委发布的《淘汰落后生产能力、工艺和产品的目录》等。这些文件对不同时期建筑门窗，特别是外窗的型材、气密性、水密性、抗风压和保温性能等，提出了具体的要求，及时淘汰了一些落后技术与产品，有效地引导和规范了节能窗的发展方向。

目前北京市能满足建筑节能要求的保温窗都必须使用中空玻璃，其主要类型有：

塑料窗：其型材有欧式和美式两类。欧式一般断面较粗，空腔大而数量少，便于加钢衬以增强刚度，可以生产平开、推拉、落地异型等各种形式，是目前住宅工程上用得最多，生产厂家也最多的窗种；美式型材一般断面都较细，空腔小而多，一般不以钢衬加强，所以刚性不如欧式型材，以生产推拉窗为主，轻巧简洁，但做较大尺寸的平开窗较困难。因此，住宅楼建筑中还是以欧式型材的窗为多，而最量大面广的属塑料单扇双玻推拉窗，由于高层建筑不允许再用外平开窗，所以内平开窗迅速发展。

断热型铝合金窗：断桥的方式有一种是采用在铝型材的空腔中灌注硬质发泡聚氨酯，然后再将空腔两侧边的铝合金壁剥去割断热桥。另一种断桥的方式是窗户型材内、外侧为铝合金，中间采用强度高、导热系数低的塑料隔热条（可用尼龙 66 等）用辊压法复合而成。

玻璃钢窗：强度和刚性都较塑料窗好，保温性能也较佳，而且可做成多种色彩。在一些建筑上使用效果不错。

此外，还有钢塑复合、铝塑复合、木塑复合、木窗等，都能做到满足北京地区节能 50％对窗的要求。据统计，在北京市建委登记备案的各种窗户曾达到 700 多项。经调整后，目前备案总数也有 530 项，其中北京占 479 项，外地占 51 项。另据有关方面透露，申请门窗许可证的项目已超过 600 项。

从总的方面看，北京市节能窗的生产能力，完全能够满足第三阶段建筑节能的需要。但从窗的质量、多样化、多功能和更加科学性方面来看，还是有许多不足之处，需要进一步努力。

二、北京市节能窗当前存在的主要问题

1. 型窗本身质量欠佳

有些企业为降低成本，把窗型材的壁厚减薄，如塑料窗壁厚由 2.5mm 降为 2.0mm，钢材厚度也不够，尺寸又短，衬不到位，甚至以木代钢，造成型窗刚性差易变形，关不紧；有些加工型材的焊机无预热功能或采用手工电热板焊接，使型窗角部强度差，易开裂；有的为牟取暴利，采取变更型材配方的手段，超量填充辅料或以回收的废料取代原材料，致使型材容易老化变质，短时间内变色、变脆，失去使用价值。此外，塑料窗一般都是白颜色，色彩单调，缺乏选择的余地，有些铝合金窗阳极氧化层或彩色涂层太薄，也很容易脱落变色，影响外观。

2. 窗户密闭难以保证

在淘汰了25空腹钢窗之后，新的型窗一般都采用密封条来加强密闭性，这就使得密封胶条的质量往往成为窗户质量的主要矛盾。通常出现的问题是密封胶条老化、扭曲、变形、变硬、冒油、变脆、脱落；玻璃压条尺寸不合适、收缩、不严、走位、脱槽，使玻璃松动漏气；推拉窗的密封毛条老化卷曲、收缩。滑动，甚至脱落。

3. 缺少合格的配套五金

有些塑料窗选用木窗的五金，颜色不协调，螺钉直接拧在塑料薄壁上，没有钢衬板，因而固定不牢；五金材料过于单薄，有的把手太软不敢用劲扳，风撑撑不住，推拉窗半月形锁具发软锁不住，有的仍采用简易的插销式窗锁；大窗锁点太少；五金防腐差易锈，造型不美观，使用不方便等等。

4. 对玻璃的要求不够严格

外窗多数仍采用普通双玻窗，这种窗由于两层玻璃之间密封不严，又没有防潮，所以很容易渗入水气造成结露，影响保温性能，灰尘的进入大大降低窗户的透光效果，住户自己很难清洁；不少封闭阳台的窗户，仍采用单层玻璃窗，实际上许多封闭阳台的内层窗户形同虚设，封阳台的窗户应视同外窗，这在北京市新的节能设计标准中已有规定。另外还有些窗户采用劣质玻璃，有些较大尺寸的窗户也采用3mm厚的玻璃，使用中很容易破碎。

5. 开启方式不够科学，防盗措施存在隐患

外平开窗是北京市住宅窗的主要形式，但外开窗（尤其是奇数扇的外开窗），给擦玻璃带来很大的困难，同时又可形成不安全隐患。目前仍有一些高层建筑用的是外平开窗，大风天开着的窗户有被刮落伤人的危险。窗户外作固定防盗栅栏的现象也随处可见，下一层住户的防盗栏对上一层住户往往是一种威胁。再者固定的栅栏对防盗虽然有一定作用，而对消防自救却是极大的障碍。

6. 窗户安装不专业

主要表现在施工质量差，安装窗户的队伍没有经过必要的培训，安装不规范。有些窗洞的尺寸误差较大，施工人员仍沿用老一套施工方法，不管什么型材，窗户的侧面都用水泥砂浆塞缝。结果是经过热胀冷缩，有的窗框被挤弯变形，窗扇开关困难，有的甚至把玻璃挤裂。有的砂浆收缩出现裂缝，透风渗雨严重。还有的铝合金窗，铝材被碱性水泥砂浆腐蚀损坏；也有些在施工现场安装玻璃时，玻璃不打底胶或衬垫，直接与窗框、扇硬接触，如此等等。

三、发展适应北京要求的节能窗

窗户从节能的角度来考虑，主要是提高其保温、隔热的性能，也就是关闭起来密闭性要好、传热性要小、防热辐射性能要强，在此前提下兼顾其采光和隔声性能，并力求做到使用方便、外形美观、经久耐用、价格合理。

北京市的节能窗可考虑从以下几方面发展：

1. 以塑料窗为主，同时开发断热桥铝合金窗、玻璃钢窗等多种材质、性能优越的节能窗

塑料（PVC）窗国外20世纪50年代便已出现，初期发展较慢，由于其具有较好的热工性能，所以在能源危机后迅速发展，在欧美国家已经很普及。80年代引入我国，90年

代发展较快，如前所述，目前北京市登记备案的门窗中，绝大部分为塑料窗，塑料窗的传热系数达到北京市节能要求的 $2.8W/m^2$ 以下已并非难事，所以发展塑料节能窗对北京市而言是比较有基础的。

铝合金窗早在 30 年代就有使用，由于其具有强度高、刚性好、料型有可能做得比较轻巧、挺拔，对光线的遮挡少，深受用户的欢迎。但铝合金的传热性好，不利于窗户的保温，所以，开展建筑节能以来，铝合金窗的发展受到一定的影响。近年来断热桥铝合金窗的出现大大改善了这种窗户的热工性能，目前已经可以使窗户的传热系数达到 $3.0W/(m^2 \cdot K)$ 以下，再加上铝合金的阳极氧化、电泳喷漆、塑料喷涂、氟碳喷漆等着色技术的发展，更使得铝合金节能窗倍受青睐。

玻璃钢窗是 80 年代新出现的窗种，90 年代引入我国，它是将玻璃纤维浸入树脂，经牵引通过模具加热固化而成型材，再组装成窗户，是一种结构精巧、温度变形小（与玻璃相当）、导热系数低［可达 $0.3W/(m^2 \cdot K)$］的好材料，而且强度高（为铝的 4.2 倍，PVC 的 6 倍）、耐腐蚀，使用寿命长。玻璃钢节能窗的传热系数，目前达到 $2.24W/(m^2 \cdot K)$ 以下已不成问题。最近已研究出中空三玻窗 $K = 1.82W/(m^2 \cdot K)$ 的新产品，而且可以有多种颜色可供用户选择，是一种很有发展前景的节能窗。

2. 提高型材质量

好的型材是窗户质量的基本保证。原材料和配方确定之后不能随意变更，尤其是塑料窗的抗老化和强度等性能，常因调整配方、辅助配料填充过多而造成严重影响。型材壁厚铝合金窗应不小于 1.5mm，塑料窗应在 2.5mm 以上。塑料窗的钢衬必须到位、防腐，并保证足够厚度。型材应达到挺直、不变形、表面平整、光滑。无论采用原材料添加颜料或是喷涂、共挤等方法，能生产出经久耐用、不变不脱的多种颜色是用户所期望的。

3. 提高窗玻璃的热工性能

应采用浮法生产的玻璃，增强窗户的保温性能，最重要的办法之一就是增加玻璃的层数。目前最普遍的是采用中空玻璃，两层玻璃间的距离以 12~18mm 为宜。一般中空玻璃是以带筛孔的空腔矩形铝管，内充干燥剂密封在玻璃的四周作为两层玻璃的隔条，这种中空玻璃往往由于铝本身的导热系数大而在中空玻璃的周边产生热桥，影响其保温效果。20 世纪末，国外发展一种由胶粘剂和非金属材料复合而成的密封隔条，作为中空玻璃的封边称为"暖边中空玻璃"。其传热系数可比传统中空玻璃降低大约 27%，隔声增强 2~2.5dB，它的密闭性很好，可保证质量达 20 年。

美国 20 世纪 90 年代，传统中空玻璃的应用量达 85%，暖边中空玻璃为 15%。到 2000 年，传统中空玻璃的应用量已降到 20%，而暖边中空玻璃却达到 80%。中空玻璃的两边玻璃的厚度不同对保温的性能不会有多大影响，但对改善其隔声性能却有一定的好处，主要是由其振动频率不同之故。

在中空玻璃内充入惰性气体，可以减弱其中的空气对流，降低热传导性能，一般可充入氩气或氪气，氪的保温效果比氩好 1/3，但氩气易得且便宜。应根据不同情况选择。

镀膜玻璃也是新近发展起来的，可根据使用要求不同改变玻璃性能的技术之一。从建筑节能的角度考虑最有发展前途的莫过于镀低发射率（Low-E）膜的玻璃。它又分为离线镀膜，即在已生产出来的玻璃上再镀 Low-E 膜（又称为软膜）和在线镀膜。即在玻璃生产线的最后工序中，趁热镀膜（亦称为硬膜）。后者价格虽高些，但在使用性能和耐久性等方面均较前者优越许多。由于 Low-E 玻璃可反射红外线，故冬季阻止室内长波热射出，夏季防止室外红外线射入，对减少采暖和空调能耗都有利，尤其是 Low-E 玻璃生产时还可以根据不同情况调整其透光率和遮阳系数，使得无论是寒冷的北方还是炎热的南方均有其用武之地。Low-E 一般与中空玻璃结合起来使用，如果再充入氮气，可使 K 值达 $1.1W/(m^2 \cdot K)$。特殊用途的需要，还可以生产抽真空的中空玻璃，其传热系数 K 可达到 $0.85W/(m^2 \cdot K)$。不过对生产工艺和密封材料等技术的要求都较高，否则难以保证其长期使用质量。随着形势的发展，有可能将一些节能门窗要求与防盗等功能结合起来，以保证用户的安全。两层玻璃之间复合以聚丁烯醇缩丁（PVB）胶片等透明材料的夹胶安全玻璃，是这类门窗可供选择的理想材料。

4. 合理设计型材

窗户型材的设计应相对减少迎风面的尺寸，增大窗扇框的厚度。这样的窗对光线的遮挡较少，透光性好，容易使窗户显得轻快明亮，而且整窗的刚性强，有利于抗风压，当然对于平开窗而言，必须考虑满足其抗悬垂的性能。应结合不同材质把型材设计成具有不同功能的多个空腔。如排水、加衬、调节气流等，既提高窗户的性能又可减轻整体的重量。

5. 大面积的窗户应以固定扇为主，适当考虑开启扇

北方的住宅，尤其是多、高层住宅，窗户一般以考虑采光为主，通风为辅。北京市"居住建筑节能设计标准"规定外窗可开启的面积不小于所在房间面积的 1/15。

固定窗不仅减少了窗扇，少了活动部分，型材和五金都可减少，具有更坚固牢靠、简洁明快、密闭性好等优点。开启部分的位置应设置得当，并以内平开为主，要考虑便于擦窗、使用方便、安全等因素。

6. 加强窗户的密闭性能

各种门窗密封条的种类繁多，有些门窗往往由于选用不适当而大大削弱了门窗应有的性能。密封条应同型窗的设计合理结合，最理想是同时设计配套的密封条，而且必须选用弹性好、耐老化的材料，一般以三元乙丙橡胶为宜，劣质的密封条过早失效将给用户带来极大的不便和经济上的损失。密封毛条一定要经硅化处理，最好在毛条中加分水片。这种毛条耐老化，使门窗的气密和水密性能更好。门窗密封毛条的设计应考虑便于住户自行更换。推拉扇间的密封是薄弱部位，除毛条外还应设风挡，一方面多了一道防线，增强了密闭性，而且能使两扇之间起扣锁作用。玻璃的镶嵌方式，单纯玻璃压条似乎不如以玻璃胶或胶与压条相结合可靠。

加强门窗的密闭除窗户本身之外，不能忽视施工安装的质量。门窗框与门窗洞壁之间的缝隙，必须用发泡聚氨酯等保温材料填堵严实，内外边沿再用密封膏封闭防裂、防渗。

7. 纱窗的设置

当采用内平开窗时，纱窗可设计成外推拉或外卷帘。这样轻巧、开启方便，也不易脱落，使用安全。10 层以上的外窗可不设纱窗，经观察高层建筑室内的蚊蝇主要并非由窗户进入。

8. 研发不同档次窗户的配套五金件

门窗五金目前是个薄弱环节。门窗的种类不少，而配套的不同档次的五金却不多。应加大力度研发多种与不同门窗配套的五金。最起码的要求应是强度足够、固定牢靠、灵活方便、防腐蚀、耐磨损、无噪声、经久耐用。在此基础上发展多种功能，外形美观适应不

同档次要求的五金件。

9. 开发活动遮阳设备

北京夏日高温天气长达两个多月，目前北京空调的使用已经大大普及。据悉2004年夏季用电高峰已突破900万kW。室内夏天的高温主要来源于太阳的辐射热，为减少夏日空调能耗，北京新的建筑节能设计标准已明确规定，西向主要房间的外窗应设置活动外遮阳设施。随着生活水平的提高，对舒适度的要求与日俱增，对东向和南向遮阳的要求也必将逐步增强。外卷帘的发展势在必然。卷帘的材料多种多样，有金属、塑料等，有些金属卷帘还可以做成除遮阳外附带有防盗功能，一举两得。低层建筑的遮阳应做在室外，阻挡太阳辐射；高层的遮阳可设于室内，以防刮风损坏，但窗的上部应有排气设施，使进入室内的辐射热易于散发出去。

10. 开发具有微量换气功能的外窗

门窗越密闭，室内的空气如果不及时更换，质量就越容易变差。建筑节能标准规定，采暖房间的换气次数应不低于0.5次/h。夏季利用空调降温时应不低于1.0次/h。较理想的办法是在窗户的框上设置具有自动换气功能的设施，在正常情况下和厨房抽油烟机或卫生间抽气机打开的时候，室外的新鲜空气可通过窗户上的换气设施进入室内，而当大风天或室内热压超过一定限度时，换气设施便会自行关闭。这种设施还应具有防尘的功能，进一步发展还可设计成具有一定热交换效果的设施，既获得新鲜空气，又不致损失过多的热能。

11. 最新发展动向

调光玻璃：光致变色玻璃已在其他领域有所应用，如太阳镜等，不排除将来发展到在窗户上也能用得起。电控可变色玻璃也已出现，这是在玻璃上有一层液晶，正常情况下为透明，通电立即变成乳白色，欧洲一些节能试点工程已有使用。新加坡的轻轨车用此种玻璃作车窗，当车经过住宅楼窗前时，车窗的玻璃立刻变成不透明的乳白色，离开楼房后又恢复透明。

"双层皮"幕墙：即在建筑物外围护结构（墙、窗）之外一定距离再做一道"玻璃幕墙"，在各层楼板和玻璃幕墙本身设置一些可进行调节的通风口。冬季调节开口可使太阳辐射和"双层皮"间的暖空气最大限度地进入室内，起到阳光间的作用。夏季又可在"双层皮"间设置遮阳设施，并将热空气通过开口的调节排出室外，大大提高室内的舒适度和节约空调能耗。这种做法在欧洲一些公用建筑中已经采用并取得很好的效果。

硅气凝胶：这是一种透明的材料，其中的微气孔远比可见光的波长还要小，它是一种极好的保温材料。在真空条件下对长波红外辐射不透明，故起隔热效果，为理想的制窗材料。当前重要的是要开发透明度高、耐久性好、块体大、造价适中的硅气凝胶，才有实际的使用价值。

总之，节能窗具有极大的开发潜力，很有发展前途。在大量普及的基础上还应研发适应高标准建筑使用的高档节能窗。高档次节能窗的标志应该是：好材料、精加工、巧配件、细安装、高性能、美外观、便使用、易清洁、长寿命。随着城市建设的发展，相信高档次的节能窗不久将会在北京问世。

方展和　北京市建筑节能与墙体材料革新办公室　高级顾问　邮编：100073

谈谈节能建筑中的窗

沈天行

【摘要】 本文阐述了要提高窗的节能效果，应根据环境变化而变化构造的观点，并举例提出了相应的措施。同时提出窗节能效果的评介应根据使用场合分别对待。

【关键词】 节能建筑　失热构件　得热构件　温室效应

窗的节能在建筑节能中是很重要的一环，由于窗的特殊功能使得窗的传热系数很难做小，所以对很多建筑来说窗是各种构件中的耗能大户。无论在寒冷的环境，或是在炎热的地方，建筑节能的效果往往取决于对窗的处理。窗不仅是一个举足轻重的失热构件，而且在建筑中还可以是一个得热构件，窗不但可以给室内带来天然光，可节约照明的耗能，而且在阳光直射下还能给室内带来热量。由于直射阳光的方向性很强，而且随着时间和季节都在变化，同时不同季节节能建筑对阳光的要求不同，因此窗的节能性应根据它所安装的地区、建筑的环境、方位的不同而有不同的评价。下面就几种不同情况来谈窗的节能。

南向窗：当建筑无遮挡时，南向的窗在冬天的白天能接受相当大的太阳辐射能，在夏日由于太阳的高度角增大，所得到的太阳辐射能反而很少。单位面积上的太阳辐射能是有限的，为了使冬天获得大量的太阳辐射能就需要采用大面积的窗户；采用玻璃大窗棂少的型式以减少遮挡，所用的玻璃含铁量应小，因为这种玻璃是透过率较大的普通玻璃。一般不应采用 Low-E 玻璃。因为普通玻璃在可见光及近红外波段都有较好的透过率，在波长大于 $2.0\mu m$ 的远红外波段则透过率很小（图1），而一般墙壁、暖气、灯泡、家具及其他热物体发出的热射线都在此远红外波段。因此普通玻璃就有对辐射热进多出少的温室效应。对 Low-E 玻璃来说虽然也有温室效应，但在近红外段的透过率相当低，而这一波段的太阳辐射能量几乎与可见光段相同，因此用这种玻璃它的得热量远低于普通玻璃。这种大玻璃窗对天然光的利用也很充分，窗玻璃的层数应根据冬天有阳光时的室内外温差，同时考虑在这时刻得热和失热的最佳状况而定。用双层玻璃时，玻璃间层中可充以黏度系数大而导热系数小的惰性气体如氩气、氪气。但是从保温的角度来看通过这种窗向室外散失的热量还很大，特别在夜晚，室内外温差大又无得热的可能，并不能采光时可加厚的保温帘或可放在窗外侧的保温卷帘，这种卷帘可在塑料外壳内充高效保温材料如泡沫聚氨酯等（图2）。

这样在不同时间段的不同处理对提高建筑的节能效果是有效的。但这里有一个前提，就是在南面建筑无遮挡。也就是说要提高窗的节能不能孤立地处理，住宅小区规划的好坏对建筑节能也至关重要，同时同一朝向的窗，在不同部位所得的阳光也不同，因此应该分

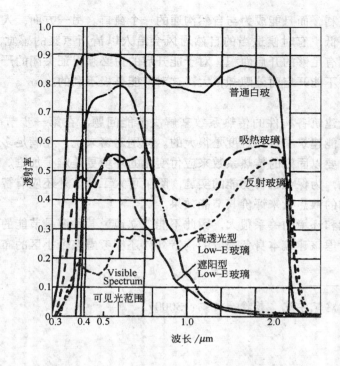

图 1

图 2

别对待,不应牺牲可得热的良好条件而迁就得热条件差的。

东向、西向窗:由于冬季太阳从东南方向升起、西南方向落下,而夏季太阳从东北方向升起、西北方向落下,因此东向、西向的窗,在冬天得热少而在夏日得热多。在这种情况下窗的大小从满足采光要求考虑,玻璃应用 Low-E 玻璃,而且尽量采用双层中空的做法。窗外也可安装卷帘,在冬季夜晚拉上可增加保温,夏日可起遮阳作用。

北向窗:一般北向窗仅夏日早晚有一点阳光,照射的时间北方比南方长,因此北向窗只需考虑保温问题。即可根据室内外的温差确定窗的层数,夜间也可用厚窗帘或卷帘来增加保温。

窗的开启:对节能来说不仅要求采暖时、开空调时可用最低量的能耗取得舒适的环境,而且还应该减少这些设备的使用时间。我国很多地方每年有好几个月室外的气温宜人,有些需要空调的日子也不是昼夜 24 小时都需要开空调,在这些时候不使用空调打开窗户不仅对节能有利，而且能成为与自然沟通的一个窗口。另一方面，人的舒适感并不完全取决于温度的高低，有时候适当的自然通风会给人以清新凉爽的感觉，是空调所不及的。因此窗户必须有足够的开启面积，对于能开启的窗必须保证关闭的严密性。目前有很多宾馆客房的窗户不能开启而缝隙却很大，这对节能是极不利的。

小结：

（1）仅从降低建筑各构件的传热系数来解决节能问题，在第一步节能的时候是有效的。对于高效的节能建筑来说，难度是很大的。特别对窗来说，在满足多种功能的情况下来降低传热系数；要以固定的传热系数来应付变化的环境更是难上加难。因此应根据环境的状况而有所变化，为保证这种功能的实施，除了可人工调节外还应有智能化的措施。同时应根据昼夜平均的散热量来评价其节能效果。

（2）窗的节能和环境的关系很大，因此不能孤立地说某种窗是节能的。为了创造高效的节能建筑，在考虑该建筑本身各部分的构造外，还应考虑整个小区的布局。

沈天行　天津大学建筑学院　教授　邮编：300072

窗户——节能建筑的关键部位

白胜芳

一、前言

随着建筑节能工作的深入发展,建筑围护结构中的墙体节能措施已有许多成熟的配套技术并在大量应用。然而,围护结构中的窗户还是一个薄弱环节。近年来的许多建筑又广泛采用大窗户或落地窗,窗墙比发生了很大变化。现在节能标准对窗户已提出了明确的要求,因此,节能窗对于新建建筑来说,就显得尤为重要,有必要引起足够的关注。

窗户是建筑围护结构中的重要组成部分,又是建筑围护结构中的保温、隔热和节能的薄弱环节。窗户的热工性能如何,影响着建筑物采暖和空调制冷的效果,也直接影响着采暖空调的能耗。如果建筑物使用的是非节能窗,在冬季采暖期,室内采暖热量的一半左右是通过窗户散失掉的;而在夏季,空调制冷的很大一部分冷量也是通过窗户损失掉的。由于窗户的热工性能不好,浪费了能源,增加了能耗费用,也影响了生活舒适度。

二、节能窗对窗户构件的基本要求

窗户是建筑外围护结构的开口部位,是建筑的"眼睛",它不仅对建筑的外观美起着至关重要的作用,还具有室内外沟通或分隔的功能。人们在室内可以通过窗户获取室外的阳光、空气,观赏室外的景致;窗户同样也为室内的人们起到保温、隔热、抗风雨、阻隔噪声的作用。

窗户又是建筑围护结构中轻质、薄壁、透明的构件,它对于建筑能耗的影响非常明显。到目前为止,我国窗户的性能普遍较差,窗户的单位面积能耗达到发达国家的2~3倍。而且窗户的功能质量对居住者或室内工作人员的健康、舒适以及生活、工作条件,有着重大的影响。窗户的节能、舒适度,已经越来越引起人们的重视。玻璃窗状况如何,对室内热环境、声环境和光环境都有很大的影响。

1. 窗框

窗框是窗户的基本构件之一。窗户发展到今天,窗框材料使用得最多的是塑钢、铝合金和玻璃钢材料。

塑钢窗框是由钢材支撑结构与多空腔的塑料构架紧密结合构成,钢骨架起支撑作用,而塑料(PVC)自身的材质有很好的阻隔热传递的性能;铝质窗框除采用多空腔的结构外,最重要的是要有断桥,断桥的材质一般采用尼龙66,以能符合绝热和硬度的要求;玻璃钢窗框是近几年发展起来的新型窗框材料,在绝热和硬度质量上已能满足要求。

2. 窗玻璃

在多年的实践中,我国的窗玻璃已由过去的单层白玻,经双层白玻,发展到现在的中空玻璃、中空充气玻璃、中空镀膜玻璃、中空镀膜充气玻璃以及低辐射玻璃(Low-E玻璃）等。我国 Low-E 玻璃的生产，已具备在线 Low-E 玻璃和离线 Low-E 玻璃的生产能力；为适应我国幅员辽阔的国情，近年来又有了更适用于我国北方的 Sun-E 玻璃。

从发达国家的经验到我国的现状来看，发展中空玻璃符合国情。在中空玻璃中，若两层玻璃的厚度不同，可有效地避免玻璃窗上产生的共振。

3．中空玻璃的密封

在国外，中空玻璃从产生到普遍使用，经历了 100 多年的历史。其中重要的发展就是中空玻璃的密封方法，经历了熔接法、焊接法和胶结法；密封结构方面，经历了由单道密封到双道密封占主导地位的过程；由于高性能中空玻璃的质量要求，目前国外比较普遍使用的高性能中空玻璃间隔条已经成为主导产品。如今，窗玻璃由白玻—空气间隔层—铝间隔条的配置组合，发展到低辐射玻璃—氩气（或其他惰性气体）—高性能暖边间隔条的优化配置组合。

暖边间隔密封材料，应该是非金属材料但又具有相当于金属材料的硬度，如有弹性的坚固耐用的丁基类材料，材料具有 100% 的微孔结构，热传导性能低，节能效果好。

在节能窗的发展过程中，玻璃的质量和内充惰性气体等因素固然是重要的。在经历了多年的实践之后，我们不难看出，中空玻璃的密封材料是十分重要的。但是，这个重要环节往往被忽略了。解决好密封问题，才能使窗户提高抗冷凝能力和节能窗的寿命，更有效地降低噪声，避免窗玻璃的炸裂，最终取得高舒适度、低能耗的明显效果。

三、窗玻璃对人体舒适性的影响

玻璃窗对人体舒适性的影响主要有三个方面：热舒适性、阻隔噪声和视觉舒适。

1．热舒适性

玻璃窗是建筑保温隔热相对薄弱的部位。通过玻璃窗使室内得热或失热，可提高或降低室内空气温度。如果窗户质量差，窗缝不严，会损害人体健康，影响人们生活、工作质量。

玻璃窗与室内人体之间的辐射热交换。人体（两侧）与窗户距离不同、窗户大小不同，窗户表面温度不同，都会导致人体舒适感的明显差别。特别是盛夏与寒冬时节更是如此。

2．阻隔噪声

我国窗户多用单层玻璃窗，加之密封不良，隔声问题相当突出。噪声对人们生活产生干扰，影响正常工作和休息，令人焦躁不安。

北京市对隔声量的要求（dB）是：

主干路两侧：$30 \leqslant Rw \leqslant 35$

次干路两侧：$25 \leqslant Rw \leqslant 30$

使用了中空玻璃的玻璃窗，其隔声量可以达到小于或等于 30dB 的效果，能够满足对主干路两侧的隔声量要求。

3．视觉舒适

大面积的玻璃窗使室内光线充足，视野宽阔，但单层玻璃窗使建筑在冬季失热过多；在夏季又使过多的太阳辐射进入室内，增加空调制冷能耗。然而，若采用了节能窗，窗户的热工性能大大提高，即便在窗墙比较大的情况下，也会对室内的舒适环境有很大的帮助。根据地域和建筑条件，采取相应的技术措施，选择节能型窗框，选用透光率高、传热系数低的玻璃，并设外遮阳措施。这样，我们既能受益于大玻璃窗带给我们的所有好处，还可节约冬季采暖和夏季制冷的能源。可见，节能门窗对人体舒适性的要求起着重要的作用。

四、建筑节能相关标准

随着我国建筑节能工作的不断进展，我们已经制订了一系列节能建筑规章和设计标准，如《民用建筑节能管理规定》（2000年）、《建筑节能设计标准（采暖居住建筑部分）》（JGJ 26—95）；近年来的《夏热冬冷地区居住建筑节能设计标准》（JGJ 134—2001）、《夏热冬暖地区居住建筑节能设计标准》（JGJ 75—2003）以及已编制完成的《公共建筑节能设计标准》。这些标准对窗户的传热系数（和遮阳系数）都有了明确的规定。对于建筑外窗的性能，国家也有了新的分级标准。2002年12月，国家质量监督检验检疫总局发布了关于建筑外窗性能分级及检测方法的新的国家标准，对建筑外窗保温性能分级及检测方法、气密性能分级及检测方法、空气声隔声性能分级及检测方法、抗风压性能分级及检测方法、水密性能分级及检测方法、采光性能分级及检测方法等6个性能分级及检测方法作出了新的规定。

五、在建筑中使用节能窗势在必行

到目前为止，我国城乡既有建筑面积为400多亿m^2，其中99%是高耗能建筑。同时，数量巨大的新建房屋建筑中，95%以上还是高耗能建筑，即大量浪费能源的建筑。这些建筑的单位建筑面积采暖能耗高达气候条件相近的发达国家新建建筑的3倍左右。

随着国民经济的发展，人民生活水平的不断提高，早已打破了大致以陇海线划分采暖区域的界限。冬季采暖从北向南不断扩展；夏季空调制冷从南向北，迅速挺进。对煤炭、天然气和电力的需求在不断增长。在建筑围护结构节能措施已有成熟的系统、配套技术的今天，如果我们从现在做起，抓紧建筑节能工作，注重节能门窗在建筑节能中的重要地位，提高认识，制造、使用高性能的节能窗，那么，人们在室内的工作和生活的舒适环境会大大改善，同时，又节约了大量的采暖、空调制冷能源，减少了人们用于采暖和空调制冷费用，是利国利民的好事。节约能源等于减少了CO_2的排放，为全球温室气体减排做出了贡献。

党的"十六大"要求：到2020年国内生产总值要翻两番，使我国人民生活全面达到小康水平。这个目标的提出，意味着我国国民经济、生产建设等诸方面的迅猛发展，满足如此发展的基本保障就是能源。国民经济"翻两番"，而能源不可能"翻两番"，节约能源，有效地利用能源，已经成为摆在我们面前的重要课题。能源的问题，已经引起国家领导层的高度重视，我国建筑节能的大好形势正在到来，我国的节能窗也会取得越来越大的进展。

白胜芳　北京中建建筑科学技术研究院　高级工程师　邮编：100076

北京市建筑外窗调研报告

段 恺 王志勇 吴 东 王国华 张 浩

【摘要】 根据北京市建委下达的任务,北京中建建筑科学技术研究院进行了北京市居住建筑外窗性能的调查研究,本文综述了此次调研成果。包括检测了外窗抗风压、雨水渗透性、空气渗透性以及保温性能;解剖了塑钢窗增强钢衬,检测其受力性能;调查了外窗的安装质量,并对已建工程的外窗质量进行了分析。在此基础上提出了对北京市外窗质量通病的治理建议。

【关键词】 北京 外窗 调查研究

从20世纪90年代初,我国开始引进和生产发达国家的建筑外窗,其物理性能和热工性能良好,满足居住建筑和节能建筑的要求,但价格较贵;为了适应国情,主要原材料进行了国产化,使价格性能比适合我国国情,但是受利益驱使,一些厂家为了降低成本,不按标准使用原材料,不按标准进行装配和加工,致使建筑外窗的质量达不到北京市建筑标准规定的要求。

建筑外窗的质量直接影响到建筑工程质量,尤其严重影响到建筑节能的效果,影响到人民的生活质量(采光、隔声、美观),更关系到国家能源的消耗和经济社会可持续发展。

一、北京市建筑外窗情况分析

1. 概况

我单位于2003年4月承担"北京市居住建筑外窗性能调研"的课题。在调研期间对30个竣工1~5年的小区共351樘外窗的使用情况进行了调查,对3个工地20樘外窗的洞口尺寸和外窗安装情况进行了检验,对87组外窗进行了三项物理性能检测,对13组外窗进行了热工性能检测,对4樘外窗的受力杆件进行(锯开)解剖,总结出了一些共性的问题。

2. 基本情况

(1) 建筑外窗的三项物理性能情况

按北京市京建材[1999]148号文的规定建筑外窗物理性能为:中高层和高层抗风压性能不小于3000Pa,低层和多层抗风压性能不小于2500Pa;雨水渗漏性不小于250Pa;空气渗透性不小于$1.5m^3/m·h$,满足以上三项为合格品。

本次共检测了87组外窗(送样67组,抽样20组)的物理性能,其中塑料窗70组、铝合金窗17组,其中三项性能均不合格的5组,占总数的5.7%(包括塑料推拉窗3组,塑料平开窗1组,铝合金窗1组);雨水渗透性能不合格的为11组,占总数的12.6%(包括塑料推拉窗8组,塑料平开窗1组,铝合金推拉窗1组,铝合金平开窗1组);空气渗透不合格的为7组，占总数的8.0%（包括塑料推拉窗5组，铝合金推拉和平开窗各1组）；抗风压性能（以小于3000Pa为准）不合格的为18组，占总数的20.7%（包括塑料推拉窗15组，塑料平开窗2组，铝合金推拉窗1组）。其性能分析见表1。

建筑外窗三项物理性能不合格分析表　　　　　　　　　　　　　　　表1

检测项目 窗类型	抗风压			雨水渗漏			空气渗透		
	组数	占总百分比（%）	占本类型百分比（%）	组数	占总百分比（%）	占本类型百分比（%）	组数	占总百分比（%）	占本类型百分比（%）
塑料推拉窗	15	17.2	27.8	8	9.2	14.8	5	5.7	9.3
塑料平开窗	2	2.3	12.5	1	1.1	6.3	0	0	0
铝合金推拉窗	1	1.1	16.7	1	1.1	16.7	1	1.1	16.7
铝合金平开窗	0	0	0	1	1.1	9.1	1	1.1	9.1
总　计	18	20.7	—	11	12.6	—	7	8.0	—

（2）建筑外窗的热工性能情况

本次共检测建筑外窗13组（送样），全部为单框双玻中空窗。其热工性能在2.6～3.7W/($m^2·K$)之间，按照北京市规定，各类窗的传热系数应不大于3.5W/($m^2·K$)，检测7组塑料窗的传热系数均小于3.5W/($m^2·K$)，为2.62～3.02之间，窗框/窗比在0.31～0.39之间，而断桥铝合金窗为5组，其传热系数为接近或大于3.5W/($m^2·K$)，现将铝合金窗的热工性能分析于表2。

铝合金外窗保温性能分析表　　　　　　　　　　　　　　　表2

检测项目 窗种类	传热系数[W/($m^2·K$)]	窗框/窗面积比	玻璃组合形式
铝合金80系列推拉窗	3.64	0.27	5+9+5
铝合金65系列平开窗	3.73	0.33	5+9+5
铝合金90系列推拉窗	3.46	0.32	5+9+5
铝合金60系列平开窗	3.42	0.28	5+9+5
铝合金50系列平开窗	3.665	0.44	5+9+5

一般来说，铝合金窗的窗框/窗面积比越大传热系数就越大，双玻之间的距离越大传热系数就越小。建议降低铝合金窗的窗框/窗面积比，增加双玻之间的距离，增加框的空腔数量和断桥，使用低发射率玻璃，降低窗的传热系数。

塑料窗正好相反，窗框/窗面积比越大传热系数就越小，建议适当增加双玻之间的距离。

（3）受力杆件解剖情况

本次检测解剖了4个塑料窗的受力杆件，一个为口型，一个U型，两个为L型的，按照塑料窗用钢衬JG/T 131—2000《聚氯乙烯门窗增强型钢》要求，增强钢衬壁厚不小于1.2mm，为Q235冷轧镀锌钢带，塑料窗钢衬力学性能分析见表3。

塑料窗钢衬力学性能　　　　　　　　　　　　　　　　表3

类型＼项目	厚度（mm）	外观	静压荷载（L/300时的荷载）	抗风压情况
□型钢衬	2.0	亮、硬	51.6N	合格
U型钢衬	1.2	暗、软	24.0N	不合格
L_1型钢衬	2.0	暗、软	10.8N	不合格
L_2型钢衬	1.5	亮、硬	14.5N	合格

钢衬主要影响窗的抗风压性能，从我们解剖的情况看，抗风压性能受钢衬截面形状、受力杆件尺寸、材质的影响，抗风压性能的好坏主要取决于钢材的质量和厚度，厚度不小于1.2mm，材质为冷轧钢带，而非热轧钢带；我们同时对一个厂家同一型号的抗风压合格品和不合格品外窗进行解剖，合格品为冷轧镀锌钢，不合格品为热轧镀锌钢。

（4）建筑外窗的安装情况

我们对三个工地（一个为别墅，一个为回迁房，一个为商品房）的建筑外窗洞口尺寸，外窗框的对角线，窗角垂直间隙等进行了检查，共检查外窗20樘，以上几项的各种误差均在0.02mm～1.8mm之间，没有超出规范规定的2～3mm范围，未发现安装误差大的问题。这三家的窗均是生产门窗的厂家来现场安装的，是专业化安装，安装的尺寸质量是没有问题的。一般情况下多数工地门窗的安装均是由生产门窗的企业完成。

（5）已竣工程建筑外窗调查情况

我们对26个住宅小区43幢楼的建筑外窗质量情况进行了调研（其中1～2年竣工的25幢188樘外窗，3～5年的18幢163樘外窗）。

1）窗框与墙体开裂的占6.5%，开裂将引起墙体渗水，影响建筑物的寿命，是由于窗安装时的硬连接引起的，窗的热涨系数与墙体差异较大，应采用软连接形式；

2）变形的外窗占9.4%，变形将影响其三项物理性能，同时降低热工性能，这是由于窗本身的材质和钢衬（塑料窗）的刚度决定的；

3）外窗氧化的占26.8%，氧化将影响外窗的使用寿命，塑料窗是由于材质的抗老化性能差，铝合金窗是由于镀膜厚度不够引起的。

4）此外门窗的渗水问题也比较严重，主要由以下几个方面原因

A．建筑外窗滴水（滴水槽或鹰嘴）尺寸或做法不合适，造成雨水顺玻璃下流。

B．个别门窗未开排水孔或未打气压平衡孔，造成排水不畅。

C．土建施工单位在抹灰时将排水孔封堵，造成排水不畅。

D．窗下框采用胀栓明装时未将安装孔密封严密，造成排水不畅。

二、北京市建筑外窗质量通病的治理

1．抗风压性能不合格的治理

（1）推拉窗

A．主要是受力杆件的刚度不够引起的。塑料窗的增强钢衬壁厚必须用不小于1.2mm的冷轧镀锌钢带，受力杆件长度小于1m时，受力杆件面法线挠度等于300/L的压力P_1可以大于1200Pa，抗风压性能$P_3>3000$Pa。当受力杆件长度大于1.1m时，受力杆件面法线挠度等于300/L的压力P_1一般小于1200Pa，抗风压性能$P_3<3000$Pa。在表3中我

们可以看到，两扇不合格的窗户采用的钢衬都不是冷轧镀锌钢带，其中一扇的钢衬的厚度还是2mm，可见厚度是影响抗风压性能的一个因素，但决定因素是钢的材质。

B. 受增强钢衬的截面形状影响。截面形状为口形的钢衬，比开口的U形及L形钢衬的刚度要好。尤其是受力杆件>1.1m时，其增强钢衬应为口形的钢衬。

对于塑料窗使用的钢衬，应制定一个检验标准，厂家在使用前应进行力学性能的检验，不合格品严禁使用。同时应根据建筑物的层高和特征进行抗风压计算，选择适合的钢衬形状和厚度尺寸。

C. 一些推拉窗无挡风块，直接将密封条安装在窗框槽内。应选用适合的挡风块；若无挡风块，则应选用特宽直毛式，毛高15～18mm，自粘基底，底宽30～50mm，直接粘固在窗框凹槽的底部。

D. 受密封毛条质量的影响。抗风压不合格的窗户，毛条的毛很短，而且稀疏、柔软，抗倒伏能力差，甚至有的几乎就没有毛。毛条不能有效支撑、密封窗扇，窗扇有较大的横向串动，增大了窗扇的受力变形的可能性。若选用无鳞片的毛条，压缩量应为毛条高度的15%～20%；若选用有鳞片的毛条，压缩量应为毛条高度的10%～15%；若鳞片比毛条高出1mm，压缩量应为毛条高度的5%～10%；毛条的材质应是聚丙烯丝，且经过硅化处理的。

E. 受窗扇的搭接量的影响。合格品必须搭接8～10mm，不合格品一般小于5mm。

(2) 平开窗

A. 合页、锁点的数量不够。在我们检测的不合格平开窗中，有的窗扇合页、锁点之间的距离偏大，在对窗户施加高压时，窗扇变形与窗框之间形成较大间隙，造成风压无法提高；有的平开窗锁点离窗扇上下两端距离较大，在加压时，窗扇两端翘起，造成密封失效；横向必须每300mm一个锁点；纵向小于900mm的一个锁点，大于900mm应设两个锁点，且锁点之间的距离不应大于450mm。

B. 锁点结构设计不合理，不能有效锁紧窗扇。在实验室检测和现场调研中，我们都发现有锁点失效的情况。对安装前外窗使用的锁必须抽检力学性能达到要求，合格后方可进场安装，安装时锁点与锁孔的位置要合适，不能有错位。

C. 使用的框扇密封条结构和材质不合理，框扇密封条结构应为"O"型的，材质应是改性聚氯乙烯或橡胶弹性密封条。

D. 使用的五金件必须抽检，合格后方可使用，以防止窗扇变形、下垂。

2. 雨水渗漏性能不合格的治理

(1) 推拉窗

A. 主要由于密封毛条不合格（疏、软、短）引起的，安装前必须进行检测，合格后方可使用，质量应达到：无鳞片的毛条，压缩量应为毛条高度的15%～20%；有鳞片的毛条，压缩量应为毛条高度的10%～15%；若鳞片比毛条高出1mm，压缩量应为毛条高度的5%～10%；毛条的材质应是聚丙烯丝，且经过硅化处理的。

B. 其次是雨水孔的位置过高达不到排水量的要求，雨水口的位置应距底边3～5mm；窗框的外槽低于内槽3～5mm。

(2) 平开窗

A. 主要是由于玻璃的密封材料为干法，必须用干法＋湿法同时进行密封。

B. 对于铝合金窗所有的拼接缝都应用硅酮密封胶密封；在胶条转角处用密封胶粘牢，

防止冷缩而渗水。

(3) 外窗的渗水问题

A．土建施工单位与门窗安装单位紧密配合，做出结构适宜的滴水；抹灰时不要将窗的排水孔封堵；窗台的室外部分要低于室内部分；室外窗台要有3%～5%的坡度。

B．按照施工工艺在适合的位置开排水孔和气压平衡孔保证排水畅通。

C．框与墙体的连接最好用固定片法，禁止用膨胀螺栓直接固定法，膨胀螺栓直接固定法的安装孔很难封严，很难保证不向墙内渗漏雨水。

3．空气渗透性能不合格的治理

(1) 推拉窗：主要是密封毛条较疏、短，不能有效密封引起的，使用前进行检验，合格后方可使用。(如2.(1) A)

(2) 平开窗：应增加窗密封条的弹性，使用弹性橡胶，不能使用再生橡胶。

4．热工性能不合格的治理

(1) 塑料窗：提高其热工性能，主要从增加窗框/窗面积比和双层中空玻璃的间隙，使其达到一个合理的比值，窗框/玻璃面积比0.33～0.35，双层中空玻璃的间隙应为12mm。

(2) 铝合金窗：抽查中的窗框/窗面积比较大，双层中空玻璃的间隙小。建议降低铝合金窗的窗框/窗面积比，增加双玻之间的距离，增加框的空腔数量和断桥，使用低反射率玻璃，降低窗的传热系数。缩小窗框/窗面积比，其比值应小于0.28，双层中空玻璃的间隙应为12mm以上。

(3) 推广使用低反射率玻璃，可以大大提高外窗的保温性能。

5．建筑外窗综合治理的建议

决定质量的关键因素是价格，从调研的情况看，一个厂家既可以做出合格品，也可以做出不合格品，厂家的对策是你给什么价，就做什么活。甲方和施工方都想找到低价质优的产品，那是不现实的。我们从厂家的调查中得知：塑料窗使用的钢衬，冷轧钢闭合的比非闭合的每吨高1000元，热轧比冷轧钢每吨低400～500元。建筑外窗基本价格见表4。

外窗基本价格情况（元/m²）　　　　　　　　　　　　表4

	塑料窗		铝合金窗	
	推拉窗	平开窗	推拉窗	平开窗
中空	340	450	540	620
双玻	300	380	500	570

注：以上价格塑料窗是以88系列为例；铝合金平开窗是以60系列为例；铝合金推拉窗是以80系列为例。

我们建议：

(1) 政府制定一个合理的指导价格，确定合格产品价格区间，供使用单位参考。杜绝因为恶性竞争造成产品价格过低引起偷工减料，产生不合格产品。

(2) 从测试上把好关，抽检现场使用的五金件和毛条，对见证检测的外窗各项性能把好各级质量关，监理单位和检测单位认真严格管理，杜绝质次产品进入工地。

(3) 据调查，目前北京市门窗厂家的备案制，是厂家做好样窗送到指定的检测单位（北京市只有一家），厂家送检的样窗一定是质量好的，与批量生产的建筑工地使用的外窗质量有很大的差距。建议将这种方式进行改革，在不事先通知的情况下组织几家检测单位到厂家或工地抽样，检测合格即给备案，一年中间进行 2~3 次抽检，一次不合格给予警告，二次不合格淘汰。

(4) 建筑外窗质量的现场检测

为了有效制止不合格产品进入工地、进入成品房，检测单位进入现场抽样，建委定期公布抽检结果。对质次的门窗厂家是威慑，对质优的门窗厂家是鼓励，引导市场进行良性循环。

三、对北京市建筑外窗检测项目的建议

根据调研情况，我们认为对厂家和工地均应不定期进行抽测，检测项目如下：

(1) 对塑料窗的钢衬进行强度和材质的检测；
(2) 五金件和锁的检测；
(3) 密封条和毛条的检测；
(4) 抗风压性能、雨水渗漏性和空气渗透性（必须进行见证检测）；
(5) 传热系数检测。

段　恺　北京中建建筑科学技术研究院　高级工程师　邮编：100076

提高建筑门窗保温性能的途径

张家猷

【摘要】 本文分析了国内各类门窗保温性能现状,提出从框材材性与断面、玻璃以及窗框比三方面提高门窗保温性能,最后建议发展完善多层多品种的窗以满足市场需要。

【关键词】 门窗 保温性能

建筑门窗是建筑外围护结构保温性能最薄弱的部位。它的长期使用能耗约占整个建筑物长期使用能耗的50%,十分可观。显然提高门窗保温性能是降低建筑物长期使用能耗的重要途径。为此国家制定了相关政策法规来保证节能工作贯彻执行。新的建筑节能设计标准的实施,要求建筑物长期使用能耗再度降低。因而对建筑门窗保温性能提出了更高要求。虽然我国在节能门窗的研究开发和技术引进方面作了大量工作,总体上说门窗保温性能有较大提高,基本上能满足我国当前建筑节能的需要。但与发达国家相比,仍有较大差距。下面就我国当前建筑门窗保温性能的现状和提高途径谈几点看法。

一、国内门窗保温性能的现状

随着《民用建筑节能设计标准》(JGJ 26—95)的贯彻执行,保温、隔声、气密、水密和抗风压性能差的25型空腹钢窗和32型实腹钢窗相继被淘汰。因此研究开发新型节能门窗是当前的主攻方向。我国是一个南北气候差别很大,各地经济资源和技术水平发展不平衡的国家,应以研究开发适合我国国情的不同类型的节能门窗来满足不同需求。经科研、设计和生产部门的努力,各类节能门窗相继投入使用,从而打破了过去钢木门窗一统天下的局面。当前一种保温性能好,耐腐蚀的PVC塑料门窗已被广大用户认可,不但在我国北方采暖地区广泛使用,而且在南方,特别是沿海地区也广泛受欢迎。为了提高铝合金窗的保温性能,有关部门先后引进铝框断热和低辐射膜(Low-E)中空玻璃生产线,生产出档次更高的铝合金节能保温窗。为了满足不同地区和不同档次要求,我国相继开发出各种复合窗、彩色钢板窗、不锈钢窗及玻璃钢窗。门窗是由各种不同材性的材料拼装而成,它的保温性能受框型材材性、断面设计、玻璃层数、镀膜与否、两玻之间空气层厚度、断热桥长度、立面设计及窗框比等多种因素影响,彼此差别很大。下面表1~3分别示出当前我国各类窗的保温性能(传热系数 K 值)。

从表1~3给出的窗户传热系数 K 值看出:

(1)非金属窗保温性能明显优于金属窗;

(2)双玻窗、中空玻璃窗和双层窗的保温性能明显优于同类框型材的单玻窗。金属单玻窗是保温性能最差的一类窗;

（3）铝合金断热窗保温性能明显优于框不断热的铝合金窗，铝合金断热 Low-E 中空玻璃窗的保温性能比铝合金断热中空玻璃窗更好；

（4）复合双玻（或中空玻璃）窗的保温性能明显优于金属双玻（或中空玻璃）窗。

各类窗的节能效果与单玻金属窗比较列于表4。

单玻窗传热系数　　　　　　　　　　　　　表1

名　称	窗框比（%）	K 值 [W/($m^2 \cdot K$)]
普通钢窗	16～25	6.0～6.5
彩色钢板窗	30～45	5.5～5.9
铝合金窗	24～40	6.0～6.7
PVC 塑料窗	29～36	4.3～5.7
玻璃钢窗	32～37	5.1～5.3

双玻窗、双层窗传热系数　　　　　　　　　　表2

名　称	空气层厚度（mm）	窗框比（%）	K 值 [W/($m^2 \cdot K$)]
双玻钢窗	6～20	16～30	3.2～4.6
彩色钢板双玻窗	5～16	20～33	3.1～4.4
PVC 塑料双玻窗	6～20	30～42	2.2～3.1
玻璃钢双玻窗	10～20	30～32	2.7～4.0
钢塑复合双玻窗	14	26～30	2.9～3.2
钢木复合双玻窗	12	34～36	3.3～3.4
木塑复合双玻窗	12	40	2.3
铝塑复合双玻窗	12	35	2.9
铝木复合双层窗（单框）	57	35	2.5
彩色钢板双层窗	框间距150	25	2.7
PVC 塑料双层窗	框间距100	40	1.4
铝合金双层窗	框间距100	27	2.7

双玻窗、双层窗传热系数　　　　　　　　　　表3

名　称	空气层厚度（mm）	窗框比（%）	K 值 [W/($m^2 \cdot K$)]
铝合金中空玻璃窗	6～12	22～29	3.9～4.5
铝合金断热中空玻璃窗	9～12	20～40	3.0～3.4
铝合金断热 Low-E 中空玻璃窗	12	29	2.2～2.6
PVC 塑料 Low-E 中空玻璃窗（框无加强筋）	11	25	1.7
PVC 塑料中空玻璃窗	9～12	37	2.6～2.7
玻璃钢中空玻璃窗	6～9	22～23	3.9～4.4

各类窗的节能效果 表4

名称		K 值 [W/(m²·K)]	节能效果（%）
金属	单玻窗	6.4	0
	双玻窗	3.2~4.9	50~23
	中空玻璃窗	3.9~4.9	31~23
	铝合金断热中空玻璃窗	3.0~3.4	53~47
	铝合金断热 Low-E 中空玻璃窗	2.2~2.6	66~59
PVC塑料	单玻窗	3.3~5.4	33~16
	双玻窗	2.2~3.1	66~52
	Low-E 中空玻璃窗	1.7	75
复合	钢塑双玻窗	2.9~3.2	55~50
	铝塑双玻窗	2.9	55
	钢木双玻窗	3.3	48
	铝木双层窗（单框）	2.5	61

从表4看出：双玻窗、中空玻璃窗和双层窗的节能明显优于金属单玻璃窗，尤其是非金属窗的节能效果更好。铝合金断热 Low-E 中空玻璃窗节能效果达 59%~66%，PVC塑料 Low-E 中空玻璃窗节能达 75%，效果最佳。

二、提高建筑门窗保温性能的途径

要提高建筑门窗保温性能，首先应弄清楚影响它的主要因素，有针对性地加以解决，才能收到较好的效果。下面谈几点看法：

1. 框型材材性和断面设计

型材材性和断面形式是影响门窗保温性能的重要因素之一。框是门窗的支撑体系，由金属型材、非金属型材和复合型材加工而成。金属与非金属的热工特性差别很大，与型材传热能力密切相关的材料导热系数 λ [W/(m·K)]，铝为 203，钢为 58，PVC塑料为 0.14，木材为 0.20~0.28，玻璃钢为 0.4~0.5。导热系数愈大，传热能力愈强。

从保温角度，型材断面最好设计为多腔型材，腔壁垂直于热流方向分布。因为型材内的多道腔壁对通过的热流起到多重阻隔作用，腔内传热（对流、辐射和导热）相应被削弱。特别是辐射传热强度随腔数量增加而成倍减少。但对于金属型材（如铝型材），虽然也是多腔，保温性能的提高并不理想，其原因是铝材导热性能太好，通过腔壁传导的热量远远大于腔内空气的导热、对流和壁面辐射传热量之和。为了减少金属框的传热，可用非金属材料作断热桥对金属型材作断热处理，或者将带腔的金属和非金属型材复合构成复合型材。这里需要指出的是断热桥应有足够长度（指金属断开的距离），才能保证断热桥有足够大的热阻 R(m²·K/W)。对于复合型材，非金属型材应有足够厚度，才能保证它有足够大的热阻 R，否则金属断热型材和复合型材传热能力降低效果不明显。我国目前采用的铝合金断热桥长度一般为 5mm，长度偏小是导致铝合金断热窗保温性能不理想的原因之一，断热桥一般不宜小于 15mm。铝合金断热窗保温性能不理想的另一个原因是断热不彻底。名义上讲，框型材经过断热处理，但做成窗后没有真正断热，有的部位金属仍里外连通。首先来分析推拉窗。推拉扇与框组装一起后，与扇连接的边框型材仍里外连通。断热桥未起到断热作用，加之下滑轮的金属支架，直接固定在推拉扇的里外铝型材上，也形成铝型材里外连通。对于平开窗，主要是使用的五金配件与铝合金断热型材不配套，装上五金件后，被断热桥断开的铝型材又被里外连通，导致断热型材传热能加强。通过上面分析，目前的断热金属型材不宜作推拉窗。作平开窗时，应解决五金件及安装上存在的问题。

2. 提高玻璃的质量

玻璃是非金属材料，虽然它的导热系数 λ 仅为 0.8～1.0W/（m·K），远远低于金属，但由于窗玻厚度一般为 3～6mm，自身热阻 R 非常小，几乎可以忽略不计。对于玻璃面积占 65%～75% 的窗户传热量十分可观。

因此，提高窗玻璃质量是改善窗户保温性能的重要途径之一。

(1) 改变玻璃结构

窗户玻璃由单玻变成双玻（或中空玻璃）和三玻（或两玻加膜），玻璃保温性能会明显提高。玻璃保温性能的提高并不是玻璃厚度增加的缘故，而是两玻或三玻之间形成的密闭空气层具有良好的保温性能。密闭的空气层具有一定的热阻 $R(m^2·K/W)$，它随空气层厚度改变而变化，如图 1 所示。

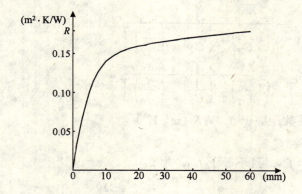

图 1　空气层厚度与热阻 R 的关系（冬季）

由图 1 看出：$\delta = 0 \sim 10mm$，R 随 δ 增加几乎成直线变化；$\delta = 10 \sim 30mm$，R 随 δ 增加成抛物线变化；$\delta > 30mm$，R 随 δ 增加几乎不变。合理选择两玻之间的空气厚度 δ，可以获得良好的保温性能和经济效果。δ 一般不宜小于 10mm。如果型材断面尺寸允许，δ 尽可能作大些。δ 偏小会降低保温性能，δ 太大既不经济，保温效果增加不明显。这里需要指出的是，三玻之间所构成的空气层厚度也应遵循两玻空气层厚度确定原则。

(2) 玻璃镀膜

玻璃镀低辐射膜可以大大降低玻璃之间的辐射传热。为了便于理解，这里对辐射传热原理作简要介绍。如图 2 和图 3 示出双玻和三玻构造简图及玻璃的绝对温度 T（K）和辐射系数 C [W/（m²·K⁴）]，并且 $T_1 \neq T_2$。在稳定传热条件下，根据辐射传热原理，玻璃 1 与 2 之间的辐射传热强度 q（W/m²）为：

$$q = C_n \left[\left(\frac{T_1}{100} \right)^4 - \left(\frac{T_2}{100} \right)^4 \right] \tag{1}$$

式中　C_n——玻璃的当量辐射系数，W/（m²·K⁴）

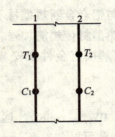

图 2 两玻构造简图

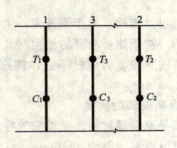

图 3 三玻构造简图

对于两玻： $C_n = \dfrac{1}{\left[\left(\dfrac{1}{C_1}\right) + \left(\dfrac{1}{C_2}\right) - \left(\dfrac{1}{C_0}\right)\right]}$ W/(m²·K⁴) (2)

对于三玻： $C_n = \dfrac{C_{32}}{\left[1 + \dfrac{C_{32}}{C_{13}}\right]}$ W/(m²·K⁴) (3)

$C_{32} = \dfrac{1}{\left[\left(\dfrac{1}{C_3}\right) + \left(\dfrac{1}{C_2}\right) - \left(\dfrac{1}{C_0}\right)\right]}$

$C_{13} = \dfrac{1}{\left[\left(\dfrac{1}{C_1}\right) + \left(\dfrac{1}{C_3}\right) - \left(\dfrac{1}{C_0}\right)\right]}$

C_0 为黑体辐射系数，等于 5.7W/(m²·K⁴)。

三玻当量辐射系数 C_n：

a. 如果系数 $C_1 = C_2$，且不等于 C_3，那么

$$C_n = \dfrac{C_{32}}{2} = \dfrac{C_{13}}{2}$$

b. 如果系数 $C_1 = C_2 = C_3$，例 $C_n = \dfrac{C_{12}}{2}$。可按式 (2) 计算。说明三玻的辐射传热强度仅为双玻的 50%。

由式 (1) 看出，要降低两玻和三玻的辐射传热强度，可通过降低当量辐射系数 C_n 来实现。普通玻璃的辐射系数约 $C = 4.9$ [W/(m²·K⁴)]，镀低辐射膜后，辐射系数 C 会明显减小。下面表 5 列出两玻和三玻镀膜 [镀膜玻璃辐射系数 C 假定为 0.5W/(m²·K⁴)] 与不镀膜的当量辐射系数 C_n 的比较。

玻璃镀膜与不镀膜的当量辐射系数 C_n 比较 表 5

玻璃结构	玻璃镀膜状况	玻璃辐射系数 C [W/(m²·K⁴)]		当量辐射系数 C_n [W/(m²·K⁴)]
		不镀膜玻璃	镀膜玻璃	
双玻	两块玻璃均不镀膜	4.9		4.29
	任意一块玻璃镀膜	4.9	0.5	0.49
	两块玻璃同时镀膜		0.5	0.26
三玻	三块玻璃均不镀膜	4.9		2.15
	中间一块玻璃镀膜	4.9	0.5	0.25
	任意一块边玻镀膜	4.9	0.5	0.47

从表 5 看出：

a. 玻璃镀低辐射膜后，当量辐射系数 C_n 明显降低；

b. 无论玻璃镀膜与否，三玻的当量辐射系数 C_n 为两玻的 1/2；

c. 对于三玻，中间一块玻璃镀膜比边玻镀膜效果好，对于三玻中任意一块边玻镀膜与双玻任意一块玻璃镀膜的效果相差无几。

这里需要指出的是，镀低辐射膜的双玻和三玻仅对玻璃之间的辐射传热有减弱的功能，对空气层的导热和对流传热无影响。因此镀低辐射膜的中空玻璃空气层厚度太小，会使空气层导热加强，中空玻璃保温性能降低。

具有低辐射性能的材料较多，辐射系数彼此差别较大。为了保证玻璃镀膜质量，镀膜材料应选用辐射系数低的，不易氧化，性能稳定的材料。

实验证明，中空玻璃辐射膜（其中一块玻璃镀膜）后，中空玻璃的热工性能明显改善。传热系数 K [W/($m^2·K$)] 由普通中空玻璃的 3.0～3.1 降为 1.7～2.3；在热箱、冷箱温度分别为 18℃ 和 -20℃ 左右试验条件下，里层玻璃内表面温度由 4℃ 左右上升为 9℃ 左右。用空气层厚度为 12mm 的低辐射中空玻璃作成铝合金断热窗和 PVC 塑料窗（单块玻璃镀膜），传热系数 K 分别降到 2.2～2.6W/($m^2·K$)，和 1.7～2.0W/($m^2·K$)，基本上能满足我国北方严寒地区保温要求。

对于南方地区，如果在中空玻璃的外层玻璃镀热反辐射膜，内层玻璃镀低辐射膜，不但将照射在玻璃上的太阳辐射热的 85%～90% 反射回去，而且中空玻璃的传热能力明显降低，对降低夏季建筑物内的空调负荷有重要作用。

(3) 中空玻璃铝隔条对传热的影响

中空玻璃铝隔条是良导体，使中空玻璃周边传热强度远远大于中部，在铝隔条处内层玻璃内表面温度明显低于中部，在严寒的冬季常出现结霜，宽度为 15mm 左右。

中空玻璃铝隔条长度 L (m) 与中空玻璃面积 S (m^2) 之比 P 愈大，铝隔条传热所占比重愈大。实验证明，面积大于 $1m^2$，空气层厚度为 9mm 的中空玻璃传热系数 K 为 3.0～3.1W/($m^2·K$)，而面积小于 $0.2m^2$ 的中空玻璃，K 值大于 3.5W/($m^2·K$)。表 6 列出了不同宽长比 (b/a) 和不同的中空玻璃面积 S 的宽长比 (P)。

中空玻璃铝隔条长度 L 与面积 S 之比 (P)　　　　表 6

中空玻璃形状		中空玻璃面积 S (m^2)							
		0.10	0.25	0.50	1.00	1.50	2.00	2.50	3.00
宽	1	12.65	8.00	5.66	4.00	3.27	2.82	2.53	2.31
长	1/2	13.42	8.47	6.00	4.24	3.46	3.00	2.68	2.45
比	1/3	14.61	9.23	6.53	4.62	3.77	3.27	2.92	2.67
(b/a)	1/4	15.81	10.00	7.07	5.00	4.08	3.54	3.16	2.87

3. 设计合理的窗框比

窗框比是窗框表面与窗面积之比。它与窗立面设计、窗框表面面积和窗面积有关。一般为 25%～35%，有的超过 40%。窗框的感热面和放热面是随窗框比变化而改变。对于框断面尺寸较大的金属型材，感热面和放热面的增加对窗保温性能会带来不利影响。在满足其他使用功能前提下，窗立面不宜分割太碎，不宜采用大断面的金属型材作小面积窗户。

三、节能门窗发展的探讨

当前，我国门窗的保温性能总体水平与发达国家有较大差距，北欧和北美国家窗户传热系数 K 值一般都小于 2.0W/ $(m^2 \cdot K)$，多数小于 1.5W/ $(m^2 \cdot K)$，有的达到 1.1~1.2W/ $(m^2 \cdot K)$。我国是能耗大国，随着国民经济的发展，能耗的增量和增速愈来愈快，节能势在必行，节能工作已是我国的重要产业政策。随着国民经济的发展和人民生活水平的提高，对建筑门窗的质量使用功能和装饰效果要求会更高，研究开发新型节能门窗是今后的主攻方向。当前要以政策为指导，以市场为导向，以技术为依托，协调发展、完善多层多品种节能门窗，满足当前建筑市场的需要。同时要有超前的意识，吸收国外先进技术，研究开发适合我国未来建筑市场所需的新型节能门窗，重点应放在提高北方严寒地区门窗保温性能。

张家猷　国家建筑工程质量监督检验中心　高级工程师　邮编：100013

节能塑窗在我国的发展趋势

胡六平

【摘要】 本文简述了国外塑料窗的发展情况，根据我国对建筑节能的重视程度，系统地介绍了塑料窗的节能状况，以及塑料窗在我国各气候地区的使用所体现的优越性，总结了塑料窗在我国的发展趋势。

【关键词】 建筑节能　塑料窗　发展趋势

建筑门窗为建筑物保温性能最薄弱的部位，随着人们的生活水平不断提高，为了创造一个舒适的居住环境，室内制冷或采暖的使用越来越普遍，门窗作为建筑物的表面围护之一，直接影响到建筑物的节能情况。提高门窗的保温性能是保证建筑物能耗的主要途径。门窗的节能也越来越受人们重视。

一、塑料窗在国内外发展状况

塑料门窗最早是于20世纪50年代由德国开发成功的，开始结构比较简单，门窗性能不高。随着20世纪70年代的全球性的能源危机爆发，德国政府为了解决寒冷地区门窗的冬季结露和节省供暖能源的问题，开始重视塑料门窗的研制和应用。在政府的大力推动下，塑料门窗的质量迅速提高，标准和规范逐步完善，最终形成了规模巨大、高度发展的产业。目前，欧洲市场塑料门窗平均占有率为40%，德国塑料门窗的市场占有率为54%，美国塑料门窗占有率已达45%。为了达到更好的节能效果，国外对建筑用窗的要求非常严格，如法国对外窗的 K 值的要求为 $2.25W/(m^2 \cdot K)$，德国北方地区要求外窗的传热系数为 $1.08W/(m^2 \cdot K)$。据了解，目前高档塑料窗占欧洲及发达国家所用塑料窗中的80%以上，型材的腔体为四腔或五腔、用三层中空玻璃、型材厚度为70mm以上的高档窗较为普遍，平均 K 值能达到 $2.0W/(m^2 \cdot K)$ 以下。

塑料门窗在国内起步较晚，真正意义上的起步，还是在80年代初，但无论是当时的生产能力和装备水平，还是产品质量的工艺技术水平，都处于落后状态。随着国家化学建材协调小组的成立和一系列政策的出台，塑料窗逐步走向快速健康的发展之路。

为了做好我国建筑用窗的节能工作，国家已把建筑节能作为持续发展的重要工作来抓，随着建筑节能事业的逐步发展，国家和地方颁发了一系列的节能方面的标准如：

(1) 严寒地区和寒冷地区《民用建筑节能设计标准》（采暖居住建筑部分）（JGJ 26—95）
(2) 夏热冬冷地区《夏热冬冷地区居住建筑节能设计标准》（JGJ 134—2001）
(3) 夏热冬暖地区《夏热冬暖地区居住建筑节能设计标准》（JGJ 75—2003）

国家标准《公共建筑节能设计标准》正在编制之中，各地区建设部门贯彻实施各项建筑节能的设计标准，以节约能源，提高居住的热工性能，改善广大人民群众的居住条件。

二、影响节能窗性能的因素

1. 型材的材质

型材主要原料为PVC聚氯乙烯，为非金属型材，具有很好的保温性能。目前市场上门窗所用的材料导热系数为[W/(m·K)]

各种材料导热系数表　　　　　　　　　　　　　　　　　　　　　　表1

材料名称	铝	钢	PVC	木材	玻璃钢
导热系数	203	58	0.14	0.2~0.8	0.4~0.5

从以上门窗用材料的导热系数来看，PVC塑料导热系数最小，可见，PVC塑料具有很好的保温性能。

常用框的导热系数[W/(m^2·K)]：普通铝合金框为6.21，断热型铝合金框为3.72，PVC塑料框为1.91，木框为2.37，从以上数据可以看出，由非金属做成的门窗比金属做成的门窗K值要低得多。

2. 型材的断面设计

PVC塑料型材断面设计均直接影响到门窗的保温性能，多腔室结构一般腔室均朝热流方向分布，型材内的多道腔壁对通过的热流起到多重阻隔作用，腔内传热相应被削弱，特别是辐射和导热随着腔体的增加而成倍减少。根据对不同结构的塑料窗框导热系数测定[单位为W/(m^2·K)]得出：单、双腔窗框的传热系数分别为2.6、2.1；三、四腔窗框的传热系数分别为：1.9、1.6，由以上数据可知，在型材框厚度一定的情况下，腔体越多，型材保温性能越好。

3. 玻璃质量对传热的影响

玻璃的隔热性能直接影响成品窗的保温效果，玻璃导热系数的好坏和玻璃的层数、玻璃中间空气层厚度、玻璃中间的空气种类有关，见表2。

各种玻璃的传热系数　　　　　　　　　　　　　　　　　　　　　　表2

玻璃种类	K值[W/(m^2·K)]
4mm	6.4
(4+6a+4)中空	3.4
(4+9a+4)中空	3.2
(4+12a+4)中空	3.0
(4+12a+4+12a+4)中空	2.0
(4+12a+4) Low-E	1.6

三、节能塑料窗的优越性

我国国土辽阔，各地气候差异较大，PVC塑料门窗作为我国重点发展的建筑材料之一，有着很好的保温节能性，在各种气候下均能发挥其优良的效果。在我国的北方冬季气候较恶劣，如哈尔滨、呼和浩特等，温度可达到零下20℃以下，室内均设有采暖措施，一般室内温度保持在16~18℃左右，由此可见，室内外温差可达到35~45℃，如门窗保温性能不好，室内外热量传递较快，就会增加能源消耗。根据以上原因，许多北方城市，尤其是内蒙地区，95%以上的建筑在选用门窗时均选用保温性能较好的多腔室多层玻璃的

PVC 塑料窗，平开窗型较为普遍。随着当地居民生活水平的不断提高，高档 PVC 塑料窗使用逐渐增多，如四腔或五腔三密封、三层中空玻璃等。内蒙的满洲里地区，当地政府还规定，住宅建筑使用门窗时，靠阳面门窗选用的塑料型材厚度不得低于 60mm，玻璃须选用两层或两层以上的中空玻璃。阴面门窗选用的塑料型材厚度不得低于 65mm 三层密封窗，玻璃层数为三层中空玻璃，K 值应在 2.0 以下。根据相关资料分析，以 K 值为 $2.5W/(m^2 \cdot K)$ 的单框双玻塑料框和 K 值为 $1.5W/(m^2 \cdot K)$ 的单框双玻塑料框进行能源消耗比较，在伊春 10 万 m^2 的节能窗，按全年采暖期 193 天，电价为 0.4 元/kWh 计算，则 1 年可节约电费 418 万元。

我国的南方地区如广州、深圳、上海等地夏季较炎热，空调使用量较多，目前我国电力资源紧缺，时常出现限电现象，为了缓解以上局面，节能窗的使用显得十分重要。

节能塑窗的使用，减少了外界对人体的冷热辐射，且具有很好的隔声防尘效果，提高了室内环境的舒适度；在北方冬季温度较低的地区，几乎无结露现象，室内干燥舒适，改善了卫生条件；有很好的节能效果。

四、节能塑窗的发展趋势

目前，我国门窗的保温性能整体上与国外有较大的差距，北欧和北美国家窗户的传热系数 K 值一般都均要求小于 $2.0W/(m^2 \cdot K)$，我国是能耗大国，随着国民经的发展，能源消耗量将越来越大，人们对建筑门窗的质量要求会更高，根据国家及地方的一系列节能标准和政策，研究开发低传热型材的高性能门窗将会是今后门窗发展的方向，主要表现在以下方面：

（1）增加型材厚度：型材厚度越厚，其保温性能越好，根据我国近年来门窗发展情况看，型材的断面厚度发展呈递增状态，发展顺序分别为：50mm—60mm—65mm—70mm 等。

（2）增加型材腔体：型材的腔体越多，更好的阻止了热流传递，保温性能更加突出，国内型材断面由原来的二、三腔室逐渐发展到四腔室型材，且在东北市场应用较广泛，目前部分地区甚至出现了五腔室或更高档次的型材。

各类窗的节能效果　　　　表3

	名称	$K [W/(m^2 \cdot K)]$	节能效果（%）
金属	单玻窗	6.4	0
	双玻窗	3.2~4.9	50~23
	中空玻璃窗	3.9~4.9	31~23
	铝合金断热中空玻璃窗	3.0~3.4	53~47
	铝合金断热 Low-E 中空玻璃窗	2.2~2.6	66~59
PVC 塑料	单玻窗	3.3~5.4	33~16
	双玻窗	2.2~3.1	66~52
	Low-E 中空玻璃窗	1.6	75

（3）改变玻璃结构：根据表3可以看出，单双玻 K 值明显高于三玻或 Low-E 中空玻璃，要做好门窗的保温，玻璃的结构非常关键，目前三层玻璃、双层 Low-E 玻璃已在部分建筑开始使用，尤其是在东北地区，三层玻璃、双层 Low-E 玻璃的使用已较为普遍。

胡六平　芜湖海螺型材科技股份有限公司　工程师　邮编：241009

上海安亭新镇节能建筑高档塑料门窗的选用

陈 祺 雷志强

针对国家建筑节能的产业政策，国内的门窗行业正面临一个严峻的局面，即集中精力，努力工作、开发研究和推广，应用高档、新型、高性能、多功能的门窗产品，以适应我国不同地区、不同气候条件的需求，是摆在我们全行业面前的一个重要课题。而塑料门窗怎样从近两年的困境中走出来，行业怎样利用产品的自身优势，结合利用国家相关的产业政策，走出一条稳步、健康发展的道路，是行业同仁所期盼的。维卡塑料（上海）有限公司近年来正是遵循了这一原则，在新产品的开发和市场的开拓方面，取得了一定的成果。上海的铝合金在市场上具有高占有率，通过产品自身在性能、功能、质量、品牌上的优势，连续拿下了几个高档的门窗工程，安亭汽车城的项目就是具有代表性的一个。

根据上海市政府规划的"东南西北"的产业战略布局，在上海的西部将建成综合性的汽车产业基地，这就是"上海国际汽车城"，规划占地面积 68km^2，总投资规模近 1000 亿人民币，将在五年内建成。国际汽车城将分为贸易区、汽车制造区、研发区、职业教育区、F1 赛车区、安亭新镇六大区域，建成后国际汽车城必将成为国际汽车厂商抢滩中国及亚洲市场的桥头堡和国外汽车及零配件进入中国市场最重要的集散地。

被誉为"德国建筑艺术与技术结晶"的安亭新镇是上海市试点城镇建设的先行者，安亭新镇的规划和设计有近百名德国设计师参与，集中了目前德国最优秀的设计力量。作为国际汽车城的重要组成部分，安亭新镇将建成一个德国风貌的美丽小镇，像一朵鲜花绽放在上海的西部。自 2003 年开工以来被上海市评为"上海市生态型住宅小区"，获得第三届"上海市优秀住宅"的"规划奖"和"住宅科技应用奖"。

安亭新镇由上海国际汽车城置业有限公司负责开发，一期工程位于吴淞江南岸，沪宁高速公路北邻，开发建筑面积 106 万 m^2，正在加紧施工的一期工程（西区），建筑面积 32 万 m^2，计划使用各类高档门窗 65000m^2。由于采用了在工程能源管理等方面积累了丰富经验的德国著名的工程公司（FICHTNER）的完整能源系统的设计方案，安亭新镇将告别空调，充分利用自然能量，高效、环保、节能、舒适，真正实现了冬暖夏凉的梦想。因为安亭新镇是目前上海惟一采用集中能源供应的住宅小区，所以对建筑节能的要求很高，根据德国专家和船舶第九设计院的要求，小区内近百幢多层建筑外墙一律进行保温的处理，实际采用了 J02J121-1 外墙外保温的建筑构造。外贴 70mm 厚的 PS 发泡板，窗台部分采用 40mm 厚发泡挤塑板进行保温的处理，对外墙的传热系数要求不大于 0.6（W/m^2·K），节点如图 1。

围护部分。设计部门对外窗专门提出了 2.0W/（m^2·K）的传热系数的要求。为此我们采用了新开发的 MD58 系列的产品（多腔体、三密封），在保证隔热系数的同时，对气

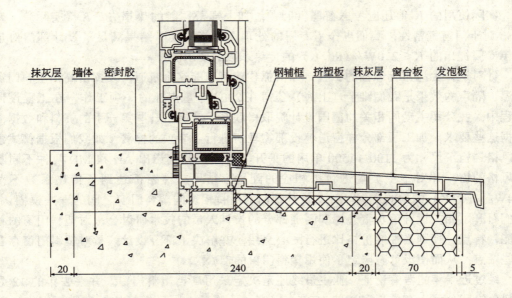

图1 保温节点图

密性和水密性也有了很大的提高。

我们根据甲方提供的各项数据,对保温性能进行了计算,以下是其中一樘窗的计算过程,简单描述以下:

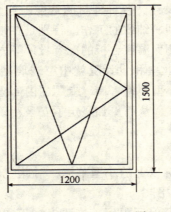

主要数据如下:
所选用型材为:
框:101.705
内开扇:103.178
框扇组合后 K 值:1.6
玻璃 K 值:1.8
门窗面积:1.8m²
窗框架面积:0.58m²
玻璃面积:1.22m²

图2

窗主要由框架和玻璃组成,成窗的 K 值为:

$$K = (K_G F_G + K_A F_A)/(F_G + F_A)$$

式中 K——成窗的传热系数,W/(m²·K);
K_G——玻璃部分的传热系数,W/(m²·K);
K_A——窗框架部分的传热系数,W/(m²·K);
F_G——玻璃部分的面积,m²;
F_A——窗框架部分的面积,m²。

最终计算值: $K = (1.65 \times 0.58 + 1.8 \times 1.22)/1.8 = 1.75 \text{W}/(\text{m}^2 \cdot \text{K})$

实际使用的 K 值还应考虑窗漏气问题,加上气密性能的热损失,K(实际) = K + qn。对于门窗气密性,我们也作了专门的处理,最终的实际结果满足了设计部门对建筑外窗专门提出的 $K \leqslant 2.0 \text{W}/(\text{m}^2 \cdot \text{K})$ 的传热系数的要求。

针对这一上海市标志性的工程,如何抓住建筑节能这个机遇,发挥出高档塑料门窗的保温、隔声的效果是我们维卡(上海)公司在 2003 年重点抓的一项工作。在工程设计的过程中,我公司主动同相关的德国设计院取得联系,掌握了一些第一手的资料和数据,并根据这些要求,加工了部分样窗送建设部物理所进行了专项的检测,如我们根据德式建筑的风格送检了尺寸为 1100×1500 单扇的平开下悬窗,分别送出 AD 和 MD 两种不同断面和风格的窗,并对中空玻璃进行了相应的配置,结果二樘窗都达到了传热系数不大于 $1.4 \text{W}/(\text{m}^2 \cdot \text{K})$ 的检测数据。针对设计部门对断桥铝窗同塑料门窗之间的一些模糊认识,我们召开了相关设计院负责外墙和暖通部分的设计人员的技术研讨会,对塑料门窗的相关性能、特点,特别是性能价格比进行耐心介绍,并解决了部分设计人员对塑料门窗存在的一些疑点,从而使设计院坚定了使用塑料门窗的信心。

经过近半年的考察论证,业主最终还是决定采用高档塑料门窗,并在去年的 12 月份专门分给我公司一套样板房试装 VEKA 门窗,从感观上同已做好的铝窗样板间作一下对比,收到了很好的效果,得到安亭国际汽车城置业公司(业主)的肯定。为了突出性能价格比这一突出的优势,我公司提出在没有拿到全部门窗图纸的情况下,根据目前 1.1b 样板楼的实际状况,我公司将作为系统供应商,提供良好、全面的技术服务,将以断桥铝窗 50%的价格让业主拿到符合性能指标的高档的维卡门窗。在后面两个月的时间里,我公司工程技术人员协助业主,在窗型的优化设计、各种型材的选配、五金件/玻璃的配置、加工企业的技术论证等方面,作了大量周到、细致的工作。特别是在带有钢辅框的外墙保温的结构上、塑料窗的安装方法、以及外侧保温窗台板的配套设计等方面,提出了维卡门窗成套技术的设施方案,并多次参加了由业主和设计院就中空玻璃品种选配、外墙保温节点、外部遮阳、外窗彩色与墙体配套、小型塑钢幕墙等专题的内部会议,提出维卡门窗成套技术系统在工程实际运作中的解决方案,从而更加坚定了安亭新镇一期工程中全部采用塑料门窗的信心。

附相应的图表:

(1)在每个地块都有几个高度为 15m 以上的小型幕墙,对此我们采用了 50×100×3 的衬钢进行增强拼接处理,设计的节点如图 3。

(2)在进行门窗设计时,我们首先要保证强度,这要根据不同的使用地区及门窗尺寸,然后进行计算才能够得出结论,同时还要考虑到成本这一重要因素。在安亭新镇的窗型图纸中,有许多高度超过 2m 的单扇和对开门,大多数高度为 2.4m。以下是针对其中一个典型的窗型进行的强度计算。

对此窗型,我们选用了一种专门的 T 中梃,在保证强度的前提下,把材料成本控制在一个非常合理的范围内,同时又保证了整个门窗的外观效果。对于 T 中梃强度方面的计算如下:

1. 主要计算依据

GB 50009—2001 建筑结构荷载规范

GB 7106—86 建筑外窗抗风压计算方法

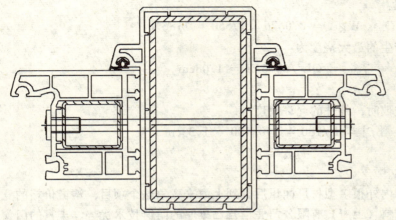

产品标号： 114.703
内衬钢 113.762.3
密封条 112.701
内衬钢 50×100×3.0
$I_y = 111.32 cm^4$
内衬钢 25×30×1.5
$I_y = 1.51 cm^4$
$I_总 = 111.32 + 1.51×2 = 114.34 cm^4$

图 3

2．门窗主要构件

中梃：102.182　　衬钢：113.764　　$I = 11 cm^4$

3．绘制门窗计算荷载分布图

4．计算风载荷标准值（GB 50009—2001）

$$W_K = \beta_Z \mu_S \mu_Z \omega_O$$

β_Z 阵风系数查表　　1.69

离地面高度按 20m 计算

B 类-田野、乡村、丛林；丘陵以及房屋比较稀疏的乡镇和城市郊区

μ_S 风荷载体型系数查表　　0.8

μ_Z 风压高度变化系数　　1.25

ω_O 基本风压　查表 D.4　上海地区　$0.4 kN/m^2$

所以：$W_K = 1.69 × 0.8 × 1.25 × 0.4 = 0.0676 N/cm^2$

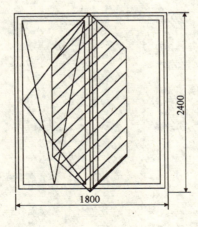
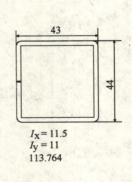

$I_x = 11.5$
$I_y = 11$
113.764

图 4

5．挠度计算：

受力面积：$A_1 + A_2 = 17550 cm^2$

受力杆件承受的荷载：
$$Q = W_K A = 0.0676 \times 17550 = 1186\text{N}$$
杆件在外力作用下产生的最大挠度为：
$$f_{\max} = QL^3/65.6EI = 1.08\text{cm}$$

6. 强度校核

窗为柔性镶嵌双层玻璃时，杆件的允许挠度：
$$[f] = L/180 = 240/180 = 1.33\text{cm}$$
$$f_{\max} \leqslant [f]$$

结论：满足强度要求。

虽然在近2个月里国内外很多型材厂闻讯后都到上海来竞争这个项目，塑窗价格的竞争异常激烈，但是维卡塑料（上海）有限公司凭借自己雄厚的门窗技术优势、丰富的门窗设计和加工经验、品种繁多的型材产品、门窗成套技术和优越的门窗性能检测指标，一举取得安亭新镇一期工程（西区）几个配置高档的标段和安亭汽车城样板村的塑料门窗的合作协议，同时也为维卡产品在下半年开工的一期东区和别墅群上的应用打下了一个坚实的基础。我们有信心将此门窗工程做好，在上海和江浙地区重新树立起新型塑料门窗的一个样板工程。

陈　祺　　维卡塑料（上海）有限公司　经理　邮编：201612

实德新 70 系列平开塑料窗

程先胜

【摘要】 大连实德集团于 2003 年设计推出节能塑料门窗——实德新 70 系列平开窗。本文介绍了实德新 70 系列平开窗在门窗节能方面的特点。

【关键词】 塑料门窗　节能　平开窗　传热系数

建筑节能是社会发展的趋势，大连实德集团于 2003 年开发成功了节能型塑料门窗实德新 70 系列平开窗。该系列门窗是目前国内高档门窗系列之一，其外型设计美观大方，优美典雅，见图 1。该系列门窗可根据需要制作成用户需要的窗型及连接方式。该系列门窗在节能方面有如下特点。

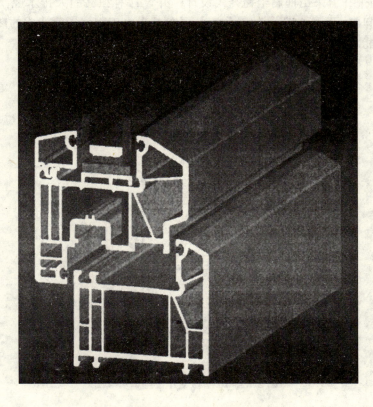

图 1　塑料窗框断面

一、科学合理的型材断面结构设计

实德新 70 系列平开窗型材可视面壁厚 3.0mm,不可视面壁厚 2.8mm,符合欧洲标准和即将推出的新版塑料异型材国家标准(GB/T 8814)中 A 级标准;主型材采用五型腔结构的高档设计,经过不同腔体的塑料型材传热系数的实验表明(实验数据见表 1),采用五腔结构的塑料型材在节能方面,性价比最佳。

70mm 厚平开框型材不同腔体传热系数对比表　　　　表 1

序 号	型 材 名 称	腔 体 数	传热系数 K [W/(m²·K)]
1	70mm 厚平开框型材	1	2.809
2	70mm 厚平开框型材	2	2.058
3	70mm 厚平开框型材	3	1.653
4	70mm 厚平开框型材	4	1.475
5	70mm 厚平开框型材	5	1.379
6	70mm 厚平开框型材	6	1.309
7	70mm 厚平开框型材	7	1.295

二、优越的排水系统设计

新 70 系列平开窗采用框扇半错开式设计,并设计有独立的大排水腔,解决了塑料门窗排水困难的问题,可抵御强烈的暴风雨,同时减少由于雨水渗漏造成的热量传导,提高成窗的保温性能(新 70 系列平开窗排水示意图如图 2)。

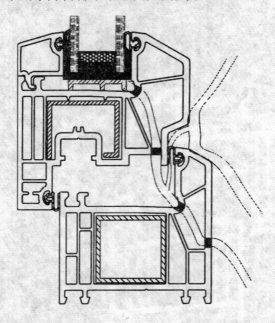

图 2　新 70 系列平开窗排水示意图

三、节能型的玻璃安装设计

在玻璃安装设计时,70 平开系列塑钢窗用型材设计了双玻、三玻安装形式。中空间距均比国内常规的双玻、三玻中空间距增加 4mm，双层中空玻璃设计为 24mm 厚，其普通浮法中空玻璃传热系数可达到 2.9W/（m²·K）。三层中空玻璃设计为 32mm 厚，其普通浮法中空玻璃传热系数可达到 2.1W/（m²·K）（新 70 系列平开窗玻璃安装示意图如图 3）。很大程度地提高了玻璃的保温性能，进而提高了成窗的保温性能（一般塑钢门窗成窗后其保温性能，玻璃部分约占 70%，型材部分约占 30%）。

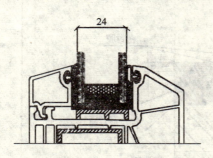 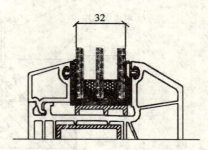

图 3　新 70 系列平开窗玻璃安装示意图

四、合理的五金件安装工艺设计

新 70 系列平开窗五金件设计采用欧洲标准的槽口设计，可以与执行欧洲标准的各种五金件相配合使用。内筋设计改变了原有的"十"字交叉型设计，应用了"交错式"内筋设计，可在安装五金件时（合页、铰链等），使固定五金件螺丝两侧均有内筋支撑，增强了成窗后门窗抗变形能力，使五金件在使用过程中不能在五金件位置形成局部热桥，提高了成窗的保温性能（新 70 系列平开窗五金件安装示意图如图 4）。

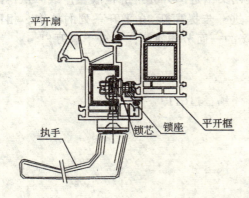 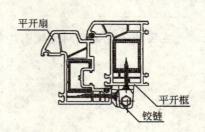

图 4　新 70 系列平开窗五金件安装示意图

五、独特的门窗洞口墙体安装设计

门窗框与洞口墙体安装的工艺设计是影响塑料门窗保温性能的一个很重要因素。我们对新 70 系列平开窗与洞口墙体连接的工艺设计进行了详细的考虑，主要特点为：

（1）在使用固定片连接时，使用单边固定的固定片，防止由于双边固定片的连接导致局部热桥的形成，影响成窗的保温性能。单边固定片的固定方向一般如洞口墙体是外保温应固定在室内侧；如洞口墙体是内保温应固定在室外侧（如图 5 所示）。

（2）在窗框与洞口墙体的保温层之间采用重叠式连接工艺，使其不能形成热桥。在窗框与洞口墙体连接工艺中，使窗框与洞口墙体的保温层之间采用叠式连接，再加之窗框与墙体间的保温材料作用确保不能出现局部热桥现象（如图5所示）。

（3）安装后，窗框的内外两侧涂优质的密封胶，防止透风渗雨。透风渗雨是影响塑料门窗保温性能的重要因素，因为冷风和雨水的渗透会加速热量的传递（如图5所示）。

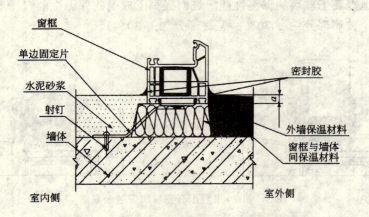

图5 窗框与洞口墙体使用单边固定片安装示意图

注：a 为窗框与外墙保温层的重合尺寸，取值一般为 5~10mm。

实德新70系列塑料平开窗凭借优越的节能性能，可以在国内外各种环境下使用，特别是在欧洲、俄罗斯及国内北方的高寒、风沙地区尤能显示其优越性。相信在国内外高层建筑中用量会越来越多，促进塑料门窗在高层建筑中的应用，扩大塑料门窗的应用范围和用量。为满足人们对色彩的要求，大连实德集团又引进国外先进的覆膜生产线，从德国进口各种抗老化性极佳、色彩丰富的氟材料膜，进一步提高新70平开系列的档次。相信实德新70系列塑料平开窗必将成为建筑门窗市场的一面节能旗帜，走进千家万户。

程先胜　大连实德化建集团研究院　工程师　邮编：116113

铝合金——聚氨酯组合隔热窗框的制成、分类和应用

张晨曦

铝合金——聚氨酯组合隔热窗框具有良好的隔热/隔冷性能，在欧美建筑业中得到广泛应用。本文主要讨论其制作方法，材料分类应用及材料体系特点。

根据所使用的铝合金——聚氨酯组合隔热窗框的隔热性能的差别，铝合金——聚氨酯组合隔热窗框可分为如表1的不同材料组。

表1

材 料 组	传热系数 [W/ (m²·K)]	隔热距离（mm）
3.0	约5.7	0
2.3	≤4.5	≤9
2.2	≤3.5	≥9
2.1	≤2.8	≥15
1.0	≤2.0	≥25

根据聚氨酯材料/铝合金隔热窗框的加工制作方法的不同，铝合金——聚氨酯隔热窗框可分为：

* 聚氨酯树脂浇铸成型铝合金——聚氨酯隔热窗框；
* 聚酰胺柱支撑聚氨酯发泡成型铝合金——聚氨酯隔热窗框。

聚氨酯树脂浇铸成型法制作铝合金——聚氨酯隔热窗框的过程是：

在U-型铝合金凹槽中，以低压机通过混合头混合并浇铸双组分聚氨酯树脂体系，根据双组分聚氨酯树脂体系反应特点，树脂会在两分钟或数小时内固化。树脂固化后，将U-型铝合金凹槽底边切磨去除。制成由聚氨酯树脂连接铝合金隔热窗框。聚氨酯树脂起隔热断桥作用。这种方法可以以连续或非连续式方式生产铝合金——聚氨酯隔热窗框。

聚酰胺柱支撑聚氨酯发泡成型铝合金——聚氨酯隔热窗框的过程是：

在预压成型铝合金板下板上，嵌入两条聚酰胺支撑柱；在聚酰胺支撑柱之间，以低压机通过混合头混合并浇铸双组分聚氨酯泡沫体系。在双组分聚氨酯泡沫体系发泡之前，将预压成型铝合金板上板与聚酰胺支撑柱嵌合。在双组分聚氨酯泡沫体系开始发泡同时，在聚酰胺支撑柱外侧施加固定辊轴，以在泡沫材料固化前，支撑固定聚酰胺支撑柱。聚氨酯泡沫体系固化后，即制成由聚氨酯泡沫体充填的隔热窗框。

张晨曦　香港拜耳材料科技有限公司　工程师

我国中空玻璃加工业的回顾与展望

张佰恒　徐桂芝

【摘要】 我国中空玻璃加工制造业经历了四十年的风雨历程，目前正进入发展期。本文从技术、市场等多个视角回顾行业发展史，分析现状及存在的问题，并提出相应对策。

【关键词】 中空玻璃　密封技术　阶段

自 1964 年开始研究中空玻璃工艺技术至今，我国中空玻璃加工制造业已走过了 40 年的历程。40 年来，在经历过了培育期、导入期两个发展阶段后，现在已步入发展期。笔者试图通过对我国中空玻璃加工业进行简单的回顾与展望，以此，感谢那些为我国中空玻璃加工业的发展作出贡献的人们。希望大家携手并肩，为促进我国中空玻璃加工制造业的发展，为我国的节能、环保事业共同奋斗。

一、概述

回顾我国中空玻璃加工制造业的发展历程，笔者认为大致可分为三个阶段：

第一阶段——1964～1983 年，此期间为培育期。这个阶段的主要特征是：中空玻璃生产技术从无到有，确立了胶接法工艺技术。生产技术是单道密封，手工制作，产品规格小，几何形状单一，从业人员少。社会上对中空玻璃这一新型材料十分陌生。

第二阶段——1984～1993 年，此时期为导入期。这个阶段的主要特征是：国外双道密封生产技术以及工艺设备的引进，使得我国中空玻璃生产技术水平上了一个新的台阶。产品规格增大，产品品种增多，从业人员增加，社会上少数人对中空玻璃这一节能环保产品有所认识。

第三阶段——1994 年至今，此时期为发展期。这个阶段的主要特征是：玻璃幕墙建造业的兴起，刺激并带动了我国中空玻璃加工制造业的发展，先进成熟、可靠的胶接法二次密封生产技术得到了迅速推广，结束了手工制作、单道密封技术主导行业生产的历史。全行业机械化、自动化、工业化水平得到了全面提高。先进、成熟的双道密封生产技术占据了行业的主导地位。

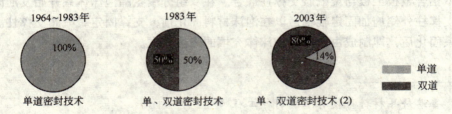

特别是进入21世纪前后,我国中空玻璃加工制造业的发展更是一日千里。据不完全统计,采用专用装备机械从事中空玻璃加工的企业数已近千家,年单班生产能力已达11亿m^2。这些企业遍布祖国各地。从事中空玻璃机械加工制造的企业数已达20余家。从事中空玻璃专用密封胶生产的企业数达30余家。从事中空玻璃分子筛生产的企业数近20家,从事中空玻璃间隔框加工的企业10余家。

洛阳浮法玻璃工艺技术的完善与提高,镀膜玻璃产品品种的增加更为我国中空加工制造业的发展提供了坚实的基础。

二、生产技术

1. 中空玻璃生产技术

中空玻璃是一种将两片或者多片玻璃中间(称之为玻璃基片)进行有效支撑,四周采用胶接法进行密封,中间腔体(称之为气室)始终充满干燥气体,使其具有节能、隔声、防霜露等三大基本功能的制品。

国外中空玻璃具有悠久的发展历史。1865年8月,美国人T.D斯戴逊发明了中空玻璃,并获得了美国专利。1934年,第一块胶接法中空玻璃在德国问世。1942年,美国采用焊接法工艺生产中空玻璃。1950年,美国欧洲同时发明了熔接法中空玻璃生产技术。如今,胶接法以其工艺简单、灵活、方便,产品品种多,成本低等诸多优点,在全世界得到了广泛应用。

我国中空玻璃加工制造业的历史,可以追溯到20世纪60年代,1964年,沈阳玻璃厂和中国建筑材料科学院玻璃所开始联合研制中空玻璃。

1981年,秦皇岛玻璃工业研究院承担了"中空玻璃研制"——国家"六五"重点攻关项目",经过三年的不懈努力,该项目于1984年全面完成并通过了国家建筑材料工业局组织的鉴定。1984年,深圳光华中空玻璃工程公司率先从奥地利引进了第一条中空玻璃生产线,并将胶接法工艺二次密封(俗称双道密封)生产技术引入中国。国外先进技术和机械装备的引入,使得我国中空玻璃加工制造业的生产技术发生了质的变化,这一年也由此成为我国中空玻璃加工制造业发展史中的里程碑。

2. 中空玻璃密封胶和工艺设备

20世纪80年代中期以前,中空玻璃密封胶完全依赖进口。1988年我国自行研制的中空玻璃聚硫胶通过了鉴定。此后,又相继开发出了丁基胶、硅酮胶、聚氨酯胶,并迅速占据了我国中空玻璃加工业的市场。如今,国产中空玻璃密封胶在我国中空玻璃加工市场的占有率为90%左右。

从1984~1993年我国先后从奥地利、德国、意大利等国引进了11条自动化(半自动化)中空玻璃生产线,还有一个企业部分引进中空玻璃生产工艺设备。1993年以前,我国中空玻璃生产工艺设备,全部姓"洋"。

中空玻璃生产状况简介表　　　　表1

年　度	1964~1983年	1984~1993年	1994~1998年	1998~2003年
生产线(条)	0	11条	360条	900条
产能:m^2/单班·年		1200万	4000万	1.1亿

1994年，我国自行研制成功的第一台丁基胶涂布机在北京问世。随着中空玻璃合片机组、第二道打胶机的相继问世，使得中空玻璃胶接工艺二次密封生产技术逐步得以完善，从而促进了我国中空玻璃生产技术的全面提高。

三、功能的完善和提高

进入20世纪90年代以来，建筑业一直保持着持续、较快发展的好势头。特别是建筑幕墙技术的发展和提高，更为建筑业注入了新鲜血液。目前，我国建筑幕墙业无论是在产量上，还是从业企业数量上均为世界之首。随着人们生活条件的日益改善和生活水平的日益提高，对建筑这一高能耗产业的用能问题以及居住舒适度问题，提出了新的挑战。

建筑节能有关标准的日益完善和提高，在为我国中空玻璃加工制造业提供了良好的发展机遇的同时，对中空玻璃的产品功能提出了许多新的要求或更高的标准。为了满足市场的需求，我们的工程技术人员为我国中空玻璃加工制造业的繁荣兴旺立下汗马功劳。如今，我国中空玻璃产品结构大致可分为两大类：即普通型和复合型（特殊型）。

普通型：以浮法白玻为基片，以一个气室为主的中空玻璃结构。这类结构的产品具有中空玻璃的三大基本功能：节能、隔声降噪、防霜露。

复合型：采用镀膜玻璃、安全玻璃、丝网印刷玻璃、离子着色浮法玻璃等为基片，以一个气室为主的中空玻璃结构。这类结构产品，除了具有中空玻璃的三个基本功能外，还增加了安全性、装饰美化之功能。

如按气室内充入气体的种类划分：

普通型：气室内为干燥的空气。

特殊型：气室内充入氩气、氟化硫等经过特殊加工提纯的气体或混合型气体。

不同结构的中空玻璃，不同气体介质的充入，不仅完善了中空玻璃的功能，而且进一步地提高了中空玻璃的节能性能和隔声降噪性能。根据我会提出并组织起草的《中空玻璃应用技术规程》的有关资料表明，中空玻璃的保温性能 U 值 $[W/(m^2 \cdot K)]$ 从大于2.90至不大于1.80可分为四个等级，隔热性能 SC 从大于 $1.80 \sim 0.25$ 可分为五个等级。中空玻璃的隔声性能 dB 从小于28至不小于40可分为四个等级。目前各种不同类型的中空玻璃已基本实现了国产化，不仅可以满足国内市场的需要，而且已开始进军国外市场。

据中国海关统计资料表明，2003年累计出口中空玻璃7063t，出口金额949.26万美元，出口平均价格1343.98美元/t，出口到达38个国家或地区。与2002年相比：出口数量增长150.64%，出口金额增长123.78%，出口到达国家或地区增加17个。

四、市场应用

中空玻璃作为一种新型的节能环保材料，以其产品品种多样化、功能多元化和优异的性价比在我国的建筑业、交通业、冷藏业得到了广泛应用。

在交通领域，过去只是在地铁列车和少量的高级列车上使用中空玻璃。如今，新型空调列车车窗全部采用中空玻璃，并且用于铁路列车的改造之中。为了营造一个安静、舒适的旅途环境，长途汽车巴士也开始采用了中空玻璃。

在冷藏业，家用电器系列产品——冰箱、冰柜用中空玻璃的普及率正在迅速提高。

中空玻璃的最大市场应属建筑业。众所周知，发达国家的建筑能耗占总能耗的30%～40%。在一般建筑外围护结构中，门窗面积占30%～40%，热损失占建筑能量的50%左右。因此，改善门窗的绝热性能是建筑节能工作的重点。采用中空玻璃是降低建筑使用能耗最经济、最有效的途径之一。

20世纪90年代以前，中空玻璃主要应用于我国寒冷地区和严寒地区的中高档建筑。20世纪90年代以后，特别是近两年，中空玻璃在建筑上的应用范围迅速扩大，消费对象亦发生了很大的变化：在地域方面，不仅在寒冷、严寒的地区采用了中空玻璃，而且夏热冬冷地区、夏热冬暖地区、温和地区均开始采用了中空玻璃；在消费群体方面，如今普通居民住宅建筑逐步在采用中空玻璃。

以上这些变化，说明了中空玻璃产品市场潜力较大，随着我国国民经济始终保持着良好的发展势头，人民生活水平普遍得到了提高，政府对节能工作的加强，以及政策法规的出台，将更好地引导和促进中空玻璃的发展。

五、问题与对策

1. 问题

面对大好形势的同时，我们必须清醒地认识到，我国中空玻璃加工制造业的综合实力距离"十五"规划提出满足国民经济发展和加入世界经济大环境、进入国际市场竞争的要求，还有一定的差距。主要有以下几点：

（1）工艺设备。自1994年，特别是1998年以来，国产中空玻璃设备的普及率迅速提高，为我国中空玻璃产品的推广起到了推动作用。目前有近80%的中空玻璃加工企业采用了国产设备。然而，我们的技术水平除少部分单机达到了国外20世纪90年代同期先进水平，大部分设备的技术水平仅相当于国外20世纪80年代初期的先进水平。综合质量水平与国外先进水平相比至少落后二十多年。

（2）行业综合水平。在现有的900余家中空玻璃加工企业中，不乏有像中国南玻集团、上海皮尔金顿等这类国际一流水平的企业。而这类企业仅占我国中空玻璃加工企业总数的5%左右，行业的综合能力和水平远远落后于经济发达国家。

（3）产品质量。从大的方面看，我国中空玻璃的产品质量正在稳步提高。一是依赖于生产技术水平的提高，二是建筑市场的日趋规范，三是用户对中空玻璃产品质量鉴别能力的提高。这其中第二和第三点显得尤为重要。

1997年，国家技术质量监督检验检疫总局下达了中空玻璃国家抽查任务，合格率为86.1%。然而，在生产与应用领域中空玻璃的产品质量现状不容乐观，伪劣产品充斥市场的问题十分严重。主要表现在：分子筛强度低，有的用手轻轻一捏便成粉状。有的填装量不足，更有甚者以"砂子"代替分子筛；密封胶弹性差，粘结强度低。更有甚者以普通玻璃胶代替中空玻璃专用密封胶；有的采用不符合国家标准的玻璃基片，产品出现光畸变，甚至出现"霉变"、"脱膜"、"彩虹"等质量问题；有的产品使用寿命短暂，工程在竣工1~2年内甚至当年就出现结露现象，严重者竟成了"小鱼缸"。

这些伪劣产品为什么能堂而皇之地登上大雅之堂？原因很多。这其中有内部因素也有外部因素。有我们企业自身行为，也有市场行为。有技术方面的问题，也有市场、管理等方面的问题。总之，由于市场管理体制的不完善，市场竞争机制不规范所引发的我国中空玻璃加工制造业的无序竞争，低水平重复建设现象比较突出，问题也比较严重。笔者认为，上述这些问题是属于市场经济发展过程中的一个带有普遍性的问题。

2. 对策

根据党的十六大提出要走出一条科技含量高，经济效益好，资源消耗低，环境污染少，人力资源得到充分发挥的新型工业化道路的精神，我们一定要树立科学发展观，抓住机遇，把自己的事情办好。

第一，依靠技术进步，促进行业发展

（1）提倡使用二次密封技术。胶接法工艺二次密封技术，是指采用热熔类和室温固化类两种性质不同的密封胶，分别对中空玻璃进行第一道密封和第二道密封。它们在中空玻璃密封结构中，分别起到气密性密封和结构性密封的作用。二次密封技术以其技术先进、质量稳定、性能可靠，在20世纪70年代，经济发达国家就将其确立为中空玻璃加工技术的主导方向。因此，我们提倡使用二次密封技术和产品，保证工程质量。

（2）提高国产工艺设备的技术水平和加工水平。经过10年的发展，国产工艺设备技术正在前进，与国外先进水平的差距正在逐渐缩小。但是由于受国情的影响，国产工艺设备技术特点尚未充分发挥出来。希望我们的企业进一步提高工艺设备的技术含量和加工水平。

第二，加强行业自律，规范市场秩序

按照从事中空玻璃加工制作企业的产品构成大致可分为二大类：

（1）玻璃深加工类企业。这类企业是以玻璃生产、玻璃加工为主业的企业。这类企业包括：玻璃加工类（中空、安全、镀膜、其他），综合类企业（浮法玻璃、玻璃深加工）。这类企业中的大部分企业技术力量配置合理，具有较强的生产能力以及文明经营的意识。同时，这类企业的产品质量始终处在市场监督之中，企业始终坚持走以质量求生存，以技术进步求发展的道路。这类企业的综合能力要高于全行业的平均水平。

（2）门窗类。这类企业的产品结构以门窗型材加工、安装为主，以玻璃加工为辅。这类企业，占近三年来新增中空玻璃加工企业数的60%左右。视企业原有背景、基础条件的不同，中空玻璃的工艺设备装备水平、生产技术水平、管理水平不尽相同，企业的综合能力差异很大。这类企业的产品多为自产自销，一部分企业为降低成本，偷工减料，又缺乏外部有效的监督，产品质量很不稳定。

笔者认为监督机制，是市场经济运行体系中不可或缺的重要组成部分。为此，建议打破行业界限，建立一套完整的、行之有效的中空玻璃生产企业评估体系和产品质量监督检验机制。

希望我们的企业一定要认清形势，注重技术升级和企业"诚信"形象工程的建设，为中空玻璃加工制造业的做大做强，做出自己应用的贡献。

徐桂芝　中国建筑玻璃与工业玻璃协会中空玻璃专业委员会　秘书长　邮编：100037

提高中空玻璃节能特性的若干技术问题

刘 军

一、中空玻璃的性能

在最近修改的中空玻璃标准中,中空玻璃的定义为:两片或多片玻璃以有效支撑均匀隔开并周边粘接密封,使玻璃层间形成有干燥气体空间的制品。因中空玻璃内部的气体是干燥的,使中空玻璃具有隔声、隔热、防结露、降低冷辐射及增强玻璃的安全性等功能。

1. 中空玻璃的隔热、隔声原理

众所周知,能量的传递有三种方式:即辐射传递、对流传递和传导传递。

辐射传递是能量通过射线以辐射的形式进行的传递,这种射线包括可见光、红外线和紫外线等的辐射,就像太阳光线的传递一样。合理配置的中空玻璃和合理的中空玻璃间隔层厚度,可以最大限度的降低能量通过辐射形式的传递,从而降低能量的损失。

对流传递是由于在玻璃的两侧具有温度差,造成空气在冷的一面下降而在热的一面上升,产生空气的对流,而造成能量的流失。造成这种现象的原因有几个:一是玻璃与周边的框架系统的密封不良,造成窗框内外的气体能够直接进行交换,产生对流,导致能量的损失;二是中空玻璃的内部空间结构设计的不合理,导致中空玻璃内部的气体因温度差的作用产生对流,带动能量进行交换,从而产生能量的流失;三是构成整个系统窗的内外温度差较大,致使中空玻璃内外的温度差也较大,空气借助冷辐射和热传导的作用,首先在中空玻璃的两侧产生对流,然后通过中空玻璃整体传递过去,形成能量的流失。合理的中空玻璃设计,可以降低气体的对流,从而降低能量的对流损失。

传导传递是通过物体分子的运动,带动能量进行运动,而达到传递的目的,就像用铁锅作饭和用电烙铁焊东西一样,而中空玻璃对能量的传导传递是通过玻璃和其内部的空气来完成的。我们知道,玻璃的导热系数是 $0.77W/(m^2 \cdot K)$。而空气的导热系数是 $0.028W/(m^2 \cdot K)$,由此可见,玻璃的热传导率是空气的 27 倍,而空气中的水分子等活性分子的存在,是影响中空玻璃能量的传导传递和对流传递性能的主要因素,因而提高中空玻璃的密封性能,是提高中空玻璃隔热性能的重要因素。

2. 中空玻璃的防结露、降低冷辐射和安全性能

由于中空玻璃内部存在着可以吸附水分子的干燥剂,气体是干燥的,在温度降低时,中空玻璃的内部也不会产生凝露的现象,同时,在中空玻璃的外表面结露点也会升高。如当室外风速为5m/s,室内温度20℃,相对湿度60%时,5mm玻璃在室外温度为8℃时开始结露,而16mm(5+6+5)中空玻璃在同样条件下,室外温度为 –2℃时才开始结露,27mm(5+6+5+6+5)三层中空玻璃在室外温度为 –11℃时才开始结露。

由于中空玻璃的隔热性能较好,玻璃两侧的温度差较大,还可以降低冷辐射的作用;

当室外温度为-10℃时，室内单层玻璃窗前的温度为-2℃而中空玻璃窗前的温度是13℃；在相同的房屋结构中，当室外温度为-8℃，室内温度为20℃时，3mm普通单层玻璃冷辐射区域占室内空间的67.4%，而采用双层中空玻璃（3+6+3）则为13.4%。

使用中空玻璃，可以提高玻璃的安全性能，在使用相同厚度的原片玻璃的情况下，中空玻璃的抗风压强度是普通单片玻璃的1.5倍。

二、中空玻璃的结构组成

根据中空玻璃使用地点的不同，使用目的不同，中空玻璃所用的原材料和结构也不尽相同。如在南方地区，全年的气温较高，光照时间较长，在使用中空玻璃时，较多的考虑是控制外部的热量能够较少地进入室内，在选择中空玻璃的原片时，会更多地考虑使用镀膜玻璃；在北方地区，使用中空玻璃的主要目的是采暖和保温，所以就会较多地考虑选用透明玻璃作中空玻璃的原片。而在需要控制噪声的地方，就需要采用三层或充气的中空玻璃，以达到使用要求。

随着经济的发展，中空玻璃的产品品种也有了较多的发展，采用的原材料的品种也随着增加。如幕墙用中空玻璃，汽车、火车用中空玻璃，电器用中空玻璃，装饰用中空玻璃（包括镶嵌用中空玻璃、彩晶立线中空玻璃）等等。所有这些产品，虽然由于用途不同，使用的原材料不尽相同，但基本组成是相同的，即：

玻璃——所有的平板玻璃及其深加工产品，是构成中空玻璃的基本成分；

密封剂——对中空玻璃的边部进行密封，确保尽可能少的水蒸气进入中空玻璃内部，延长中空玻璃的失效时间；

干燥剂——保证将密封在中空玻璃内部的所有水蒸气吸附干净，并吸附随着时间的推移而进入中空玻璃内部的水蒸气，保证中空玻璃的寿命；

隔条——控制中空玻璃的内、外两片玻璃的间距，并控制外部的水蒸气在这一部分被完全隔绝，保证中空玻璃具有合理的空间层厚度和使用寿命。

由此可以看出，在构成中空玻璃的所有原材料中，密封剂和干燥剂性能的好坏，对中空玻璃产品的使用寿命影响较大；在考虑节能问题时，间隔条和密封胶的热传导性能的好坏将直接影响中空玻璃的边部的隔热性能，从而影响门窗整体的隔热性能。中空玻璃生产技术经过几十年的发展历程，从最早的焊接法、熔接法到胶结铝条法，产品的隔热、隔声性能有了很大的提高。经过20世纪70年代的石油危机以后，人们发现，铝条法产品的边部隔热性能较差，必须加以改善，才能提高中空玻璃整体的隔热性能。到80年代初期，世界上第一个暖边系统的中空玻璃问世，这就是实唯高（Swiggle）胶条系统中空玻璃。这种中空玻璃，边缘隔热性能得到了改善，因为胶条的密封性能得到了提高，使用寿命更长，中空玻璃的整体隔热效果更好，使中空玻璃产品的市场应用有了更广阔的前景。

三、实唯高胶条的组成

实唯高胶条是一种经过验证、由100%固体挤压成型的高质量热塑性连续带状材料，由密封剂、干燥剂和整体波浪形铝隔片组成；密封剂采用湿气透过率极低的丁基胶，可很好地保持中空玻璃内部气体不泄露和不被湿气侵蚀；干燥剂采用定向吸附水及挥发气体的专用分子筛，保证中空玻璃内部干燥，延长中空玻璃的使用寿命；整体波浪形铝隔片嵌入到密封剂和干燥剂组成的制剂中，以控制两片玻璃间的距离，保持规定的空隙厚度和对湿气完全阻挡，隔片的波浪形或凹槽也会增加与玻璃的有效接触面积控制中空玻璃的空隙尺寸。

实唯高胶条是一种柔性材料，在拐角处容易成型和弯曲成任意形状，因而不需要弯角栓、铝条、干燥剂和密封胶等材料，可使生产者用一种材料完成中空玻璃生产的全部工作，因而提高了生产效率，加快了生产速度，简化了生产程序，更适合于工业化生产。

使用实唯高胶条制作中空玻璃，所需玻璃可以是浮法玻璃、钢化玻璃、夹层玻璃、镀膜玻璃、压花玻璃等等。首先将玻璃加工成任何形状，任何尺寸，将玻璃清洗干净后将实唯高胶条沿周边摆放到玻璃表面，合上另一块玻璃，经加热加压达到所需的厚度，封好最后的开口，胶条中空玻璃即生产完成。实唯高胶条可直接生产两层中空玻璃和三层中空玻璃，无须附加其他密封剂，一次成型。

四、实唯高胶条中空玻璃的选用

由于使用地域的不同，对中空玻璃的性能、尺寸的要求也不尽相同，如邻街建筑，要求中空玻璃的隔声性能要好；而寒冷地区，要求中空玻璃的保温性能要好；低层建筑，中空玻璃的面积可以大一些，而高层建筑，因为承受的风压较大，面积就要小一些。

对于隔声、隔热性能的提高，可以通过增加空间层的厚度、数量或采用充惰性气体（氟化硫、氩气）来完成，而使用中空玻璃的面积就要根据各地的风压强度的不同分别计算。选用原片玻璃的厚度和最大使用规格，主要取决于使用状态的风压载荷，对于四周固定垂直安装的中空玻璃，其选用原片厚度及最大尺寸的选择原则为：

（1）制作的中空玻璃的规格按使用的中空玻璃原片玻璃厚度所能承受的平均风压；

（2）制作的中空玻璃规格按使用的中空玻璃厚度、最大尺寸所能承受的平均风压；

（3）根据所使用地区最大平均风压，应使用玻璃最小厚度（按面积大小计算）。

中空玻璃所能承受的风压在同种规格的情况下，为单层玻璃的 1.5 倍，双层中空玻璃根据产品的规格，按使用原片玻璃尺寸大小及玻璃厚度计算所能承受风压，可以算出其耐风压强度及可能的最大面积。

单独使用实唯高胶条制作有框的中空玻璃，原片玻璃厚度为 5mm，最大尺寸为 1500mm×1800mm，超过这一尺寸，就要进行二次封胶。制作隐框幕墙中空玻璃时，必须双道密封。

实唯高胶条中空玻璃虽然具有良好的隔声、隔热性能，但它的性能在很大程度上取决于安装技术的好坏，即它的隔热和隔声性能受窗框的间隙或玻璃与窗框的间隙的大小的影响。因此要充分发挥中空玻璃的优良性能，必须控制好它的安装技术条件。

一般玻璃有张力弱的特性，特别是边部，由于切割时的微小裂纹或退火时的残余应力等不良影响，边部比中间部位强度弱。作为中空玻璃，安装时，玻璃的四周边被固定住了，条件更为恶化，所以，在生产、出售中空玻璃时，应附加中空玻璃的安装注意事项。

1）尺寸：因中空玻璃制造后，不能再进行切割，所以用户所提供的尺寸应十分准确。

2）施工：中空玻璃施工方法处理的粗略和不完善，将造成破损和结露，因为玻璃的边缘比较薄弱，所以边缘部分不适于用坚硬材料或金属固定，要确保边缘间隙与其结构应力开闭时的冲击相适应，设置能够有保护边缘部分的缓冲材料以避免窗框材料与玻璃端部直接接触。对于吸热玻璃与夹丝玻璃，要特别注意，如果边缘部分一损坏，就一定影响中空玻璃的隔热性能。同时为了确保中空玻璃的性能，窗框材料要使用气密性和隔热性良好的材料，并留有排水孔，这样才能保证中空玻璃的性能得到最大程度的发挥。

3）在不同地区安装：中空玻璃与单层玻璃的安装有很大的区别，因为中空玻璃中间层空是密封不透气的，由于各地区的气压有很大的差别，造成中空玻璃内部的气压也同时有很大的变化。一般中空玻璃使用时，最佳状态是内部气压与外部气压相等或接近，在这种条件下，才能保证中空玻璃的强度受外力作用不大。因此，当中空玻璃在不同的地区安装使用时，要注意根据地区的气压及最大风力的大小，设计中空玻璃的结构。

五、提高中空玻璃技术性能的途径

1. 影响中空玻璃性能的因素

（1）气体间隔层的厚度

主要是通过对厚度的控制，使中空玻璃内部形成紊态气流的传热，尽量控制气体的冷热气流互相干扰，或者说使其上升与下降的气流互相干扰来控制产生对流传热。

（2）空气层间的气体种类和湿度

在中空玻璃的内部充入的惰性气体，可以降低中空玻璃的隔热、隔声性能，如充入氩气和氟化硫可分别提高中空玻璃的隔热、隔声性能；中空玻璃内部的水蒸气的含量增大，既会产生内部结露甚至进水，从而影响中空玻璃美观效果，又会造成中空玻璃的传导传热系数增大，降低隔热效果。

（3）中空玻璃的边部密封情况

一方面，如果中空玻璃的边部密封不好，则水气通过密封胶层进入中空玻璃内部的比例就会增大，中空玻璃失效的速度也会加快。任何一种产品，不论它初始的性能如何好，假如它的寿命很短，这样的产品不能说是好的产品；另一方面，如果中空玻璃的边部材料的导热性能很好，那么通过中空玻璃边部与玻璃连接的密封剂的热量传递就相对较多，中空玻璃的隔热性能下降。

（4）玻璃的热透率

在上面的分析中，我们可以了解到，如果采用合理的空间层设计与施工，基本可以控制通过中空玻璃的对流和传导传热。中空玻璃的传热主要是以辐射传热的方式进行，如果采用高透过率低反射（辐射）率的普通透明玻璃，则中空玻璃的隔热性能较采用高反射（辐射）低透过率的镀膜玻璃低许多。

（5）玻璃的平面尺寸

加大中空玻璃的平面尺寸，可以减少中空玻璃单位面积的热损失，提高中空玻璃的整体隔热效果。

2. 提高保温隔热性能的措施

前面已经提到，能量的传递方式有三种，对流传热、辐射传热和传导传热。在整个能量的传递过程中，辐射传递系数所占的比例最大，约60%，其数值取决于两片玻璃内表面的温度差和间隔层气体的辐射率；其次是传导传递系数，约占37%，其数值取决于玻璃气体间隔层的厚度；最后是对流传递系数，约占3%，其数值取决于玻璃气体间隔层的厚度和温度。要提高隔热性能，就必须降低辐射传递和传导传递、对流传递系数的数值，使几种传递系数的综合数值最小。要达到这一目的，需要采取以下措施：

（1）降低辐射传热系数

要降低这一数值，只能通过降低玻璃的透过率，提高玻璃的反射率，采用具有功能控制作用的镀膜玻璃，吸热玻璃可以很好地控制中空玻璃的辐射传热系数。镀膜玻璃可以通过对镀膜层物质的调节,很好地控制通过的太阳光,更多地反射红外光和紫外光,达到节能的目的。如低辐射镀膜玻璃(Low-E)。

Low-E 中空玻璃与普通中空玻璃隔热系数对照表　　　　　　　　　　　　表1

说　明	密封材料说明	U-值 [W/ (m²·℃)]
5白+9A+5白	铝条聚硫胶	2.52
5白+9A+5白	Swiggle胶条	2.41
5白+9A+5Low	铝条聚硫胶	1.97
5白+9A+5Low	Swiggle胶条	1.83
5白+9A+5白+9A+5白	铝条聚硫胶	2.17
5白+9A+5白+9A+5白	Swiggle胶条	2.08
5白+9A+5Low+5白	铝条聚硫胶	1.89
5白+9A+5Low+5白	Swiggle胶条	1.77

注:Low——Low-E玻璃的简写;白——白色透明玻璃

(2) 改善间隔层的隔热性能

间隔层性能的改善,不仅取决于合理控制间隔层的厚度,还取决于间隔层内部的气体介质的性质和周边的密封程度。

间隔层厚度的大小,对中空玻璃的隔热能力影响最大,要提高间隔层的隔热能力,必须适当增大间隔层的厚度,在不考虑对流传热的情况下,传导传热系数 $K_{传} = \lambda/\delta$,其中空气的导热系数 λ 是基本恒定的,如果间隔层的厚度 δ 越大,则传导传热系数 K 越小,中空玻璃的隔热性能越好;反之就越大,中空玻璃的隔热性能就越差。理论与实践全部证明,当间隔层厚度小于 10mm 时,间隔层内热量以传导传递为主,当间隔层厚度超过 13mm 时,对流传热开始逐步增大,中空玻璃整体的隔热系数变化不大。合理的中空玻璃间隔层厚度应该是 12mm 左右。

中空玻璃传热系数与间隔层厚度变化的关系　　　　　　　　　　　　表2

中空玻璃厚度(mm)	传热系数 [W/ (m²·K)]	中空玻璃厚度(mm)	传热系数 [W/ (m²·K)]
3+6A+3	3.59	3+6A+3	3.41
3+6A+3	3.22	3+6A+3	3.17

间隔层内充入惰性气体如充入氩气或氦气和氟化硫,可以提高中空玻璃的隔热、隔声性能;同时,在制作中空玻璃时,选用合适的边部密封材料和良好的周边框架材料,中空玻璃的性能也会得到较大的提高。因为我们在使用中空玻璃的过程中,并不是单纯使用玻璃,而是包括框架材料在内,共同作用。因而,要得到好的中空玻璃的性能,中空玻璃的边部密封以及与周边框架材料的密封隔热就十分重要。

(3) 选用合理的中空玻璃边部密封材料和边框材料

从表1的表格中,我们可以看出,中空玻璃在生产过程中,使用不同的边部密封材料,产品的隔热性能是不同的,为什么会出现这样的情况呢?我们来分析一下原因。在中空玻璃生产发展的历史过程中,传统的方法是使用铝条,在其内部灌入分子筛,形成中空玻璃周边的框架，虽然在其两侧面有一层丁基胶作为与玻璃之间的阻挡层，但毕竟很薄，面积较大（一般为5mm宽），所以玻璃的边部热传导率较高，影响中空玻璃整体的隔热性能。这也和窗框材料使用PVC比使用铝合金而对整个建筑的节能性能的影响一样，虽然窗框材料在整个建筑中所占的比例不超过6%，但所造成的热损失却超过15%。而使用Swiggle胶条作密封材料，胶条中的铝隔带的宽度仅0.3mm，几乎没有金属的导热，又由于这种产品的密封性能较好，进入中空玻璃内部的水蒸气较少，由此而产生的中空玻璃的传导传热的提高几乎可以忽略，这种产品的隔热性能较好，被称为暖边系统中空玻璃，被广泛应用在各类建筑上，得到了一致的好评。

充气中空玻璃与普通中空玻璃隔热系数比较　　　　　　　　表3

说　明	U-值 [W/(m^2·℃)]	密封材料	框架材料	环境温度（℃）
5白+9A+5白	2.36	铝条、聚硫胶	PVC	24
5白+9A+5白	2.29	Swiggle胶条	PVC	24
5白+9A+5Low	1.82	铝条、聚硫胶	PVC	24
5白+9A+5Low	1.72	Swiggle胶条	PVC	24
5白+9Kr+5白	1.28	铝条、聚硫胶	PVC	24
5白+9Kr+5白	1.18	Swiggle胶条	PVC	24
5白+9A+5白	2.81	铝条、聚硫胶	无热隔断铝合金	24
5白+9A+5白	2.76	Swiggle胶条	无热隔断铝合金	24
5白+9Kr+5白	1.72	铝条、聚硫胶	无热隔断铝合金	24
5白+9Kr+5白	1.66	Swiggle胶条	无热隔断铝合金	24

注：Low——Low-E玻璃；Kr——氪气

随着国家提倡建筑节能和推广使用新型墙体材料，塑钢中空玻璃门窗和具有隔热桥的铝合金中空玻璃门窗得到了普遍的应用。但是在装配这些门窗的过程中，如果玻璃扣条安装不好，或密封不严密，结果就像在塑钢门窗和带隔热桥的铝合金门窗上安装泡沫双玻或其他双玻一样，形成整个窗或玻璃的内外透气，产生对流，导致能量流失。

为了保证中空玻璃的使用效果，中空玻璃在安装过程中，不仅要考虑与窗框材料装配的密封，还要考虑在窗框材料的安装槽留有排水口，既可以避免长期与水接触，延长中空玻璃使用寿命，同时又能避免因水的存在造成窗框材料导热性能提高，保证节能效果。

刘　军　　（美国）创奇技术公司　　业务经理　　邮编：066004

改善中空玻璃的密封寿命

王铁华

【摘要】 中空玻璃的密封质量，是中空玻璃的技术关键。如果中空玻璃的边缘密封失效，就意味着中空玻璃应有功能的丧失。本文分析了影响中空玻璃密封寿命的主要因素，并就间隔条的选择、密封胶的选择、干燥剂的选择、玻璃的情况、生产工艺以及加工质量等方面进行了论述。

【关键词】 中空玻璃　密封　寿命

一、影响中空玻璃密封长期寿命的主要因素

(1) 中空玻璃的设计，包括选择何种间隔条及其结构，是单道密封还是双道密封；
(2) 密封胶的选择及用量；
(3) 干燥剂的选择；
(4) 间隔条的选择，连续的或为四角插接式；
(5) 玻璃的清洗；
(6) 工艺及加工质量。

二、间隔条的选择

间隔条的选择主要考虑两方面因素：(1) 热传导系数；(2) 对中空窗密封寿命的影响。从热传导率出发，可将中空玻璃使用的间隔条分为冷边和暖边两大类。冷边是指传统的金属铝框，暖边指间隔条的材料或构造不同于传统铝隔条的间隔条，如国内使用的胶条（由波浪形铝带外加一层内含干燥剂的密封胶）。我国目前使用的间隔条大部分为铝隔条，属于冷边类，易导致边缘处结露或上霜，降低整窗的节能效果。暖边间隔条顾名思义是一种旨在改善中空玻璃边缘热传导性的间隔条，通过采用少量的金属或完全非金属材料。或改变传统铝条的结构来实现窗户的节能效果。在北美，暖边主要有超级间条（SUPER SPACER），实唯高（SWIGGLE），U型间隔条（INTERCEPT），强化塑料和铝合金槽型条，玻璃纤维隔条，以及带冷桥的金属隔条等等。随着人们对节能的认识提高，可以预见暖边隔条在我国中空玻璃市场份额会逐渐上升。据报道，传统的冷边金属隔条在北美市场的份额已由1990年的85%下降到1997年的20%，而在同一时期，暖边类的间隔条却从1990年的15%上升到1997年的80%。

从中空玻璃的密封寿命角度看，暖边与冷边之分和窗的密封寿命之间没有必然的联系。也就是说，属冷边的铝间隔条可能较暖边隔条的寿命要长，而有的暖边隔条的密封寿命也可能较冷边隔条的寿命要长。关键要看间隔条本身与中空玻璃的其他材料配置如何。

三、铝间隔条

铝间隔条主要有两类：传统的四角插接式与改进后的连续长管弯角式。四角插接式在具体做法上又分为接头处涂胶处理与不涂胶处理两种。一般来说，铝框的接头越少其密封性能越好，只有一个接头的连续长管弯角式铝框较四角插接的改善许多。但是，如果四角插接式铝框在接头处涂胶，而连续长管弯角式不涂胶，则接头少的密封性能不一定比接头多的好。

鉴于我国目前使用的间隔铝框（特别是在中小企业）大多数为四角插接式，而连续长管弯角式铝框的制造成本较高，笔者认为，提高中空窗密封性能的较实际方法是采取在四角接头处涂胶的方法。

四、暖边间隔条

有些暖边间隔条内含有溶剂，在温度升高时会分解挥发，悬浮在中空玻璃的空气层里。如果中空玻璃内采用的干燥剂不能吸附这种挥发的有机溶剂水气，当温度降低时，溶剂水汽就会凝结在玻璃内侧，形成化学雾，导致玻璃永久性变花。

为改善中空窗的节能性能，有些厂家将 Low-E 玻璃与暖边隔条结合起来使用，但 Low-E 玻璃的镀膜对化学雾特别敏感，一旦形成就较之普通白玻看上去更明显。因此，在选择暖边隔条时，必需考虑到化学雾的问题。

五、中空玻璃的构造：单道密封和双道密封

中空玻璃胶的主要作用有两方面。(1) 密封作用，即防止外界的水汽进入中空玻璃空气层内。(2) 结构作用，即在外界温度高低变化及高湿度和紫外线照射下仍能够保持中空玻璃的结构整体性。可见，中空玻璃胶的作用要求中空玻璃打两道胶，一道结构一道密封，各尽其职。如果中空玻璃只打一道胶，即单道密封，则这一道胶要同时起两项作用。但在实践中，选择一种同时具备良好的密封和结构性能的胶是不可能的。

与其他试验标准不同，P1 中空玻璃密封寿命加速老化试验没有通过和不通过的标准。除高湿度和大气循环的测试条件外，P1 测试的产品还要有紫外线的强烈照射，直到测试的密封系统失效为止。事实表明，单道密封系统的寿命要较之双道密封系统短。具体测试结果见表 1 和表 2。

单道密封系统的 P1 测试　　　　　　　　　　表 1

单道密封系统配置	时间
内含波浪铝条的丁基胶	2 周
硅酮胶、铝隔条	3 周
聚硫胶或热熔丁基胶、铝隔条	6~8 周

双道密封系统的 P1 测试　　　　　　　　　　表 2

双道密封系统 P1 测试	时间
丁基胶/聚硫胶或与聚氨酯、铝隔条	12~18 周
硅酮胶，四角插头不经涂胶处理、聚异丁烯胶、铝隔条	15~20 周
内含波浪铝条的丁基胶、硅酮胶	25 周以上
硅酮胶，四角插头不经涂胶处理、聚异丁烯胶、铝隔条	40 周以上
热熔丁基胶、超级间隔条	40 周以上

水汽渗透率（MVTR） g/m²/24h   表 3

	MVTR	渗透率
丁基胶	2.25	0.045
热熔丁基胶	3.60	0.073
舒适胶条（复合胶条）	3.60	0.073
聚氨酯	12.4	0.250
聚氨酯	19.0	0.380
硅酮胶	50.0	1.000

不同中空玻璃胶的性能比较   表 4

	抗水汽能力	抗紫外线能力	抗热能力	抗冷能力
热熔丁基胶	优秀	好	好	一般
丁基胶	优秀	好	好	一般
聚硫胶	优秀	好	好	一般
聚氨酯	好	好	好	一般
硅酮胶	差	优秀	优秀	优秀
实唯高（复合胶条）	优秀	好	好	一般

六、胶的选择及用量

在选择中空玻璃胶时需要考虑胶的特点。在选择密封胶方面，首先考虑的因素是水汽透过率（MVTR），其次是抗紫外线能力，再次是抗温度变化能力。水汽透过率指外界水汽透过胶进入中空玻璃空气层内的速度。水汽透过率越低中空玻璃的密封寿命就长，反之亦然。此外，还必须考虑胶的透气性（见表5）。

透 气 性（氩气）   表 5

丁基胶	1
热熔丁基胶	2
实唯高（复合胶条）	2
聚硫胶	4
聚氨酯	10
硅酮胶	>100

所打胶量的多少对中空玻璃的密封寿命的影响也是十分重要的。对此用水汽渗透路程（MVTP）来衡量。水汽透过路线是指水汽透过胶进入中空玻璃空气层内所必需通过的距离。一般来说，水汽透过路线越长中空玻璃的密封寿命越长，反之亦然。

在选择结构胶方面主要考虑胶的结构强度，与玻璃的兼容性，以及胶的施工方法。

七、干燥剂的选择

干燥剂的作用主要有三种：吸附生产时密封在空气层内水分，吸附可挥发性有机溶剂和吸附在中空窗寿命期进入空气层内的水气。显然，选择适当的干燥剂的条件是必须同时满足干燥剂应具有的三个功能。但同时要求干燥剂不吸附空气层内的空气或惰性气体。用于中空玻璃的干燥剂主要有两类：分子筛和二氧化硅。分子筛有3A、4A和13X三种。干燥剂的吸附是选择性的，与其孔径的大小有直接关系。3A分子筛除水分子之外不吸附任何物质（包括气体和挥发的化学溶剂），而13X分子筛和二氧化硅则吸附一切物质。因此，选择干燥剂时必须综合考虑它们各自的性质。

干燥剂的选择与选用的何种中空玻璃胶有直接关系，必须结合起来考虑。

八、玻璃的清洗

清洗玻璃是中空玻璃生产的第一个环节，也是保证中空玻璃的密封寿命的最重要的环节。如果玻璃上的残留的油渍和汗水不能彻底清洗掉，则密封胶与玻璃的密封程度及结构胶对玻璃的粘合力就会大大削弱，从而降低中空窗的密封寿命。应该强调指出，前面所述的选择干燥剂、密封胶和间隔条应考虑的因素，是以玻璃清洗干净为前提的，并且它们对中空玻璃寿命的影响在相当大的程度上是以玻璃清洗干净与否为转移的。但实践中，人们往往对清洗玻璃的重视程度最差，必须纠正。

九、中空玻璃的生产工艺和操作人员的加工质量

一般来说，生产中空玻璃时使用的人工越少就越能保证中空玻璃的质量。采用不同的中空玻璃生产工艺（手工、半机械化或机械化）在相当大的程度影响中空玻璃的密封寿命，同时采用不同的隔条的中空玻璃系统可能起的作用更大些。比如说，使用传统的间隔铝框虽然生产工艺的机械化程度同样高，像四角插接式的隔条就不如连续长管弯角式的隔条产生的密封寿命高。再比如，使用美国超级间条的生产工艺可以有手工、半机械化和机械化，相应的专用设备投资从8000美元到130万美元不等，但其密封寿命却不受影响。

操作人员加工质量可以说是影响中空窗密封寿命的关键。从玻璃的清洗、灌注分子筛，到上条、合片、打胶和充惰性气体，无一环节不与操作人员的熟练程度和加工质量有关。因此，加强岗位人员的培训，实施事前质量控制等手段是提高中空玻璃密封寿命所必需的。

不同中空玻璃胶的性能比较　　　　　　　　　　　　　　　　　表6

	结构强度	与玻璃的兼容性	施工方式
聚氨酯	优秀	优秀	泵或涂抹
硅酮胶	优秀	优秀	泵
实唯高（复合胶条）	一般	一般	手工、半自动化、自动化

干　燥　剂　　　　　　　　　　　　　　　　　表7

干燥剂类型	孔径（埃）	被吸附物	非吸附物
3A分子筛	3	H_2O	其他一切
4A分子筛	4	H_2O、空气、氩气、氮气	SF_6，溶质
13X分子筛	8.5	所有	无
硅胶	20～300	所有	无

干 燥 剂 的 选 择　　　　　　　　　　　　　　　　　　　表8

	吸附水的能力	吸附溶质的能力	吸附空气的能力	吸附氩气的能力
3A 分子筛	√	×××	√√√	√√√
4A 分子筛	√√	×××	××	××
13X 分子筛	√√√	√√	×××	×××
硅胶	×××	√	×	××

干燥剂的选择和密封胶　　　　　　　　　　　　　　　　表9

	建议使用的干燥剂和密封胶
热熔丁基胶	3A
聚氨酯	3A
聚硫胶/单道密封	3A/13X
聚硫胶/丁基胶	3A 或 3A/13X
其他胶/丁基胶	3A

王铁华　联合太平洋（北京）科技发展有限公司　总经理　邮编：100055

硅酮/聚异丁烯双道密封结构浅析

戴海林

【摘要】 本文主要通过对密封胶的性能对比及国内外的研究成果分析,阐述了中空玻璃的性能及寿命与中空玻璃的密封结构密切相关,并与所用的二道密封胶的质量和使用预期寿命有很大关系。在双道密封中空玻璃系统中,二道密封的密封胶水汽透过率的大小对气密性基本无影响,但对保持中空玻璃密封结构的完整性最为重要。

【关键词】 硅酮 中空玻璃 双道密封 结构

一、前言

由于中空玻璃具有良好的保温隔声效果,在国内外建筑上已得到广泛应用。随着科学技术的发展和质量要求的不断提高,中空玻璃的密封结构也有了很大发展,经历了焊接法、熔接法、卡嵌法和胶接法。现今中空玻璃的密封结构主要是采用胶接法,主要有单道密封和双道密封。由于单道密封的气密性差而且寿命短,我国已不推荐使用。本文主要通过对密封胶的性能对比及国内外的研究成果分析,认为硅酮/聚异丁烯双道密封结构最适合用于中空玻璃。

二、中空玻璃的结构

中空玻璃结构是指密封胶和间隔框的组合。中空玻璃结构按密封方式分为单道密封和双道密封两种结构,如图1所示。

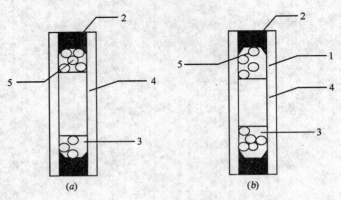

图1 中空玻璃单元示意图
1——道密封;2—二道密封;3—铝间隔框;4—玻璃;5—分子筛

图（a）是单道密封结构，只采用一道密封胶，图（b）是双道密封结构，采用二道密封胶。

如果水气透过密封结构，进入中空玻璃内腔会导致露点上升，最终因外观质量及隔热效果降低而使中空玻璃失效。

三、影响中空玻璃气密性及其完整性的因素

双道密封是由玻璃、铝间隔框、分子筛、一道密封胶和二道密封胶组成。影响中空玻璃气密性的主要因素是边缘密封胶的水气透过率及边缘密封的完整性。因为玻璃、铝间隔框是不透气的，水气只能通过密封胶进入中空玻璃空腔。显然，为阻止水汽进入中空玻璃空腔内，要求密封胶的水汽透过率尽可能低，为保持中空玻璃密封的完整性，又要求密封胶应具备良好的粘结性及耐候性。

表1给出了聚异丁烯、硅酮胶、聚硫胶、聚氨酯胶及硅酮胶/聚异丁烯、聚硫胶/聚异丁烯、聚氨酯胶/聚异丁烯胶的水汽透过率。表2是各种密封胶的性能比较。

各种密封胶及聚异丁烯胶与不同密封胶组合的水汽透过率（$mg/m^2/d$）　　表1

单种密封胶	水汽透过率	不同密封胶与聚异丁烯胶组合	水汽透过率
聚异丁烯胶	0.1～0.2		
硅酮密封胶	16～24	硅酮/聚异丁烯	0.1～0.2
聚氨酯密封胶	6～16	聚氨酯/聚异丁烯	0.1～0.2
聚硫密封胶	6～16	聚硫/聚异丁烯	0.1～0.2

不同密封胶的性能比较　　表2

品种	粘结性	耐紫外线	耐臭氧	弹性恢复率	吸水体积增加率	预期寿命
聚硫	好	开裂	开裂	好	大	10年
聚氨酯	很好	好	很好	很好	较小	20年
硅酮	极好	极好	极好	很好	小	30年
聚异丁烯	差	很好	很好	无		20年以上

从表1可以看到，虽然硅酮、聚硫、聚氨酯水汽透过率有较大差别，但这三种胶分别与聚异丁烯胶组合成双道密封，则水汽透过率是相同的，这表明对中空玻璃气密性起作用的是用于一道密封的聚异丁烯胶，二道密封的密封胶水汽透过率的大小对气密性基本无影响。

从表2的各种密封胶性能比较可以看到，聚异丁烯的粘结性、弹性差，虽然有很好的耐老化性能和很长的寿命，但对中空玻璃密封结构的完整性基本无贡献。而硅酮密封胶不仅寿命长，而且粘结性、弹性、耐老化性最好，因而对保持中空玻璃密封结构的完整性最为有利。

显而易见，双道密封中空玻璃系统中，一道密封采用气密性最好的聚异丁烯胶，二道密封采用物理性能最好的硅酮密封胶，可以互补二者各自的缺点，发挥各自的特长，满足中空玻璃日益提高了的性能及寿命要求。

四、国内外有关标准及实验评价

关于中空玻璃密封胶的标准，在美国只有结构装配用中空玻璃二道密封胶标准，即

ASTM C 1369—96《结构装配用中空玻璃二道密封胶》，该标准规定了结构装配（隐框及半隐框幕墙）用中空玻璃二道密封必须是硅酮密封胶，并规定了一系列技术指标。我国 JGJ 102《玻璃幕墙工程技术规范》和 JGJ/T 139《玻璃幕墙工程质量检验标准》中也明确规定，半隐框和隐框幕墙用的中空玻璃应用硅酮结构密封胶和丁基密封腻子。中空玻璃用密封胶标准也已重新修订，并颁布实施。该标准适用于中空玻璃单道或第二道密封双组分聚硫类密封胶和第二道密封用硅酮类密封胶。表3列出了JC 486—2001密封胶主要指标。

中空玻璃密封胶主要物理性能指标　　　　　　　　　　　表3

项　目		技　术　指　标				
		聚硫类		硅酮类		
		20HM	12.5E	25HM	20HM	12.5E
弹性恢复率，% ≥		60	40	80	60	40
拉伸模量，23℃　MPa　－20℃		>0.4 或>0.6	—	>0.6 或>0.4	—	—
热压-冷却后粘结性	位移，%	±20	±12.5	±25	±20	±12.5
	破坏性质	无破坏				
热空气-水循环后定伸粘结性	伸长率，%	60	10	100	60	60
	破坏性质	无破坏				
紫外线辐照-水浸后定伸粘结性	伸长率，%	600	10	100	60	60
	破坏性质	无破坏				

1992年，《建筑密封材料与粘结》杂志发表了 JuLian R.Panek 等在1972年进行的一项为期三年的中空玻璃密封胶评价测试结果。评价测试工作时采用一种类似 ASTM E 773 的加速测试方法来评估密封胶，结果如下：

1．聚硫密封胶

最好的聚硫胶通过16周加速测试；

好的聚硫胶通过8周加速测试；

一般的聚硫胶通过8周加速测试；

差的聚硫胶通过8周加速测试。

2．聚氨酯密封胶

好的聚氨酯通过8周加速测试；

差的聚氨酯只有一天就失效。

3．硅酮密封胶

所有硅酮/聚异丁烯胶全部通32周加速测试。

失败通常是粘结破坏而导致水进入中空玻璃单元。所有聚硫、聚氨酯均为粘结破坏而导致水进入中空玻璃单元。硅酮/聚异丁烯胶经32周测试后无破坏。

从对标准及国外相关实验分析不难看出，硅酮密封胶完全可以用在中空玻璃二道密封，并且与聚异丁烯胶组合，构成硅酮/聚异丁烯双道密封结构性能最优。

五、结束语

中空玻璃的性能及寿命与中空玻璃的密封结构密切相关，并与所用的二道密封胶的质量和使用预期寿命有很大关系。硅酮密封胶具有优异的耐候性、弹性恢复率和持久的粘结性，且预期寿命长达 30 年以上。聚异丁烯胶气密性最好且有很好的耐老化性能和很长的寿命。在双道密封中空玻璃系统中，二道密封的密封胶水气透过率的大小对气密性基本无影响，但对保持中空玻璃密封结构的完整性最为重要。因此，中空玻璃的双道密封采用硅酮/聚异丁烯胶双道密封结构最适合。

戴海林　北京西令胶粘密封材料有限责任公司　工程师　邮编：100000

建筑节能进展

我国发布气候变化初始国家信息通报

《联合国气候变化框架公约》规定，各缔约国方应在公平的基础上，根据它们共同的但有区别的责任和各自的能力，为人类当代和后代的利益保护气候系统。该公约要求所有缔约方提供温室气体各种排放源和吸收汇的国家清单，促进有关气候变化和应对气候变化的信息交流。我国为该公约的缔约国之一，应按规定组织编写气候变化的国家信息通报。为此，中国国家气候变化对策协调小组组织了国内有关政府部门、社会团体、科研机构、大专院校和企业等有关单位和专家，根据该公约规定的国家信息通报编制指南，编写了《中华人民共和国气候变化初始国家信息通报》。根据国家气候变化对策协调小组的安排，我建筑节能专业委员会会长涂逢祥教授负责其中建筑节能部分的编写，并参与了通报文稿的讨论修改。经过三年的集体努力，该通报于2004年11月编制完成，并向联合国及各国发出。本册《建筑节能》发表了该通报的部分摘要。

据悉，该项文件为我国第一次编制的气候变化信息通报，国家温室气体清单报告的温室气体数据为1994年，其他有关资料一般至2000年为止。近期将继续组织编制第二批信息通报，以报告我国气候变化最新信息。

（清　新）

2005年全国建设工作会议重视建筑节能工作

全国建设工作会议于 2004 年 12 月 28 日在北京闭幕。建设部部长汪光焘提出 2005 年建设工作八项任务，其中第四项任务就是依靠科技进步，推进资源能源节约。

汪部长在谈及 2004 年存在问题时指出"目前我国对新建建筑执行节能设计标准的监管力度不够，推动开发商建造、鼓励居民购买节能建筑的政策和内在机制尚未建立。既有建筑符合建筑节能标准比例低，单位建筑能耗高。"

汪部长在部署 2005 年工作中要求：进一步加深节约能源资源对于城乡建设可持续发展重要性的认识，更加注重建设节约型城镇和发展节能省地型住宅。城镇发展必须符合国情，走节约型发展之路。要充分认识节约能源、资源的重要性和紧迫性，增强责任感。要立足于资源环境条件，有效保护和合理利用土地、水等自然资源和人文资源，综合考虑经济社会发展需求，科学合理地确定城市布局、发展方向和建设规模，尽快形成城市发展与生态环境建设良性互动的新格局。要切实做到从节约资源中求发展，从保护环境中求发展，从循环经济中求发展。要以发展节能省地型住宅为重点，全面推广节能建筑，逐步实现住房从注重数量增长向满足住房需求和节约资源、保护环境并重转变，从低品质、频拆迁向重视住宅使用年限转变，从重视城市住宅向城市和农村住宅并重转变。同时，要进一步加强对装饰装修市场的监管，保证室内居住健康的环境。

汪部长部署的"依靠科技进步，推进资源能源节约"工作任务包括：开展建设科技攻关，落实《建设事业技术政策纲要》，提高建筑节能的科技含量，在房屋建设、工程建设和基础设施建设中推广应用新技术；按《技术公告》的要求，限制和禁止使用落后技术，提高发展的整体素质。加强国际科技合作，更好地利用国际科技资源，推动技术进步。

积极推进建设节能。强化能源安全观念，加强建设节能宣传，提高节能意识。新建建筑要全面执行已公布的建筑节能设计标准，严把施工图设计审查和竣工验收关，确保符合规范要求。要会同有关部门研究制定推动新建筑实施节能的经济政策。完成《民用建筑节能管理办法》修订及出台相关配套政策文件，健全建筑节能工作机制。对既有建筑要进行调查研究，提出有关技术措施，会同有关部门提出经济政策。要抓紧制定墙体材料改革的有关意见。进一步深化城镇供热体制改革，扩大试点城市范围。纠正城市和建筑照明过分强调景观效果浪费能源的倾向。

（广　能）

《公共建筑节能设计标准》发布实施

《公共建筑节能设计标准》（以下称《标准》），是根据建设部［2002］85号文的任务要求，由中国建筑科学研究院、中国建筑业协会建筑节能专业委员会为主编单位，会同全国21个单位共同完成的。标准编制组成立于2002年9月，2004年12月9～10日建设部标准定额司在上海组织召开了《标准》审查会，由全国著名建筑、建筑热工、暖通空调专家组成的审查委员会对《标准》作了全面审查。审查委员会认为，该《标准》是我国第一部公共建筑节能设计国家标准，总结了制定不同地区居住建筑节能设计标准的丰富经验，吸收了我国与发达国家相关建筑节能设计标准的最新成果，认真研究分析了我国公共建筑的现状和发展，做出了具有科学性、先进性和可操作性的规定，总体上达到了国际先进水平。该《标准》的实施将使我国公共建筑空调和采暖能耗显著降低，以缓解能源状况，改善生态环境，并产生显著的社会效益与经济效益。

目前我国每年在城市建成房屋建筑面积约12亿 m^2。我国房屋建筑划分为民用建筑和工业建筑。民用建筑分为居住建筑和公共建筑，公共建筑则包含商业建筑、办公建筑、科教文卫建筑、邮电、通讯、广播用房，以及交通运输用房等。据估计，上述公共建筑每年的建成量约为3～4亿 m^2。在公共建筑中，尤其是大中型商场、高档旅馆饭店，以及办公建筑等，在建筑的标准、功能及设置全年空调采暖系统方面有多方面的共性，而且其采暖空调和照明能耗比较高，采暖空调和照明的节能潜力也较大。

编制该《标准》的目的，是要在设计阶段控制采暖、空调和照明的能耗，《标准》适用于新建、扩建和改建的公共建筑的节能设计，也可用于既有公共建筑节能改造设计。《标准》的节能目标和途径是：通过改善建筑围护结构保温、隔热性能，提高供暖、通风和空调设备、系统的能效比，采取增进照明设备效率等措施，在保证相同的室内热环境舒适参数条件下，与20世纪80年代初设计建成的公共建筑相比，全年供暖、通风、空调和照明的总能耗应减少50%。由于我国已经颁布并实施了《建筑照明设计标准》GB 50034—2004，所以在该《标准》中不列出照明设计条文。

《标准》应用两条途径来进行节能设计，一为规定性方法，如果建筑设计符合标准中对窗墙比等参数的规定，设计者可以方便地按所设计建筑的城市（或附近城市）查取《标准》中的相关表格得到围护结构节能设计参数值，按此参数设计的建筑即符合节能设计标准规定；另一种为性能化方法，如果建筑设计不能满足上述对窗墙比等参数的规定，必须使用权衡判断法来判定围护结构的总体热工性能是否符合节能要求，权衡判断法需要进行全年采暖和空调能耗计算，以确定该建筑的设计参数。规定性方法操作容易、简便；性能化方法则给设计者更多、更灵活的选择。

建筑的规划设计是建筑节能设计的重要内容之一，要对建筑的总平面布置、建筑平、立、剖面形式、太阳辐射、自然通风等参数对建筑能耗的影响进行分析。使得建筑物在冬季最大限度地利用太阳辐射的能量，降低采暖负荷；夏季最大限度地减少太阳辐射得热并利用自然通风降温冷却,降低空调制冷负荷。

建筑体形的变化也直接影响建筑采暖空调能耗的大小。一般而言,建筑体形系数越大,单位建筑面积对应的外表面面积越大,传热损失就越大。但是,体形系数的确定还与建筑造型、平面布局、采光通风等相关。体形系数限值规定过小,将制约建筑师的创造性,可能使建筑造型呆板,平面布局困难,甚至损害建筑功能。因此,要考虑当地的气候条件,权衡利弊,合理地确定建筑形状。

冬夏两季公共建筑室内维持的温度与室外的温度有很大的差别,这个温差导致能量以热的形式流出或流入室内,采暖空调设备消耗的能量中很大一部分就是用来补充这个能量损失的。在相同的室内外温差条件下,建筑围护结构保温隔热性能的好坏,直接影响到流出或流入室内的热量的多少。建筑围护结构保温隔热性能好,流出或流入室内的热量的就少,采暖空调设备消耗的能量也就少。反之,建筑围护结构保温隔热性能差,流出或流入室内的热量的就多,采暖空调设备消耗的能量也就多。所以必须提高建筑围护结构的保温隔热性能。

由于我国幅员辽阔,各地气候差异很大。为了使建筑物适应各地不同的气候条件,满足节能要求,应根据建筑物所处的建筑气候分区,确定建筑围护结构合理的热工性能参数。同时,确定建筑围护结构热工性能也要从工程实践的角度考虑可行性、合理性。

北方严寒、寒冷地区主要考虑建筑的冬季防寒保温,建筑围护结构传热系数对建筑的采暖能耗影响很大。因此,在严寒、寒冷地区对围护结构传热系数的限制较严。夏热冬冷地区既要满足冬季保温又要考虑夏季的隔热,不同于北方采暖建筑主要考虑单向的传热过程。因此,既要对围护结构传热系数的有所限制,又要考虑窗户、玻璃幕墙的夏季遮阳。夏热冬暖地区主要考虑建筑的夏季隔热,因此,对围护结构传热系数没有必要高要求,而对窗户、玻璃幕墙的夏季遮阳要求比较高。

采暖通风和空调设备是保证室内热环境参数的必要条件,建筑围护结构保温隔热性能好,可以减少设备提供的冷、热量,这是一个方面;从另一方面来说,采暖通风和空调设备的效率也同样是重要的一个环节。设备效率意味着每消耗一份能量可以得到几份冷量或热量,当然,效率(或性能系数)越高,提供同样冷量或热量所需的能量就越少。在《标准》中,对冷、热源都规定了严格的效率要求,特别是对于空调系统常用的冷水机组,单元式空气调节机规定了比较严格的能源效率要求。

此外,《标准》要求在施工图阶段,设计者必须进行认真的负荷计算,并对采暖,通风与空调,冷热源和监测与控制的节能设计提出了详细的规定。

对于 50% 节能率来说,按照本标准对建筑物进行节能设计,建筑围护结构和采暖通风空调的节能贡献率大约各为 20%,而按相关照明设计国家标准进行节能设计,其节能贡献率大约为 10%。

建设部已与国家质量监督检验检疫总局联合发布该《标准》,规定《标准》于 2005 年 7 月 1 日起实施。

(维　能)

《福建省居住建筑节能设计标准实施细则》颁布实施

为节约能源、保护环境,并改善福建省居住建筑室内热环境,福建省建设厅组织了福建省建筑科学研究院等单位编制了《福建省居住建筑节能设计标准实施细则》,该细则批准为福建省工程建设标准,编号为DBJ 13—62—2004,自2004年12月10日起施行。

该细则系依据国家行业标准《夏热冬暖地区居住建筑节能设计标准》(JGJ 134—2001),充分考虑福建省的气候特点、能源状况、产业基础和节能工作条件,经过广泛调查研究、认真总结实践经验,借鉴国内外相关研究成果,反复讨论修改,广泛征求意见后编制完成的。

该细则主要内容有:总则,术语,建筑节能设计计算指标,建筑和建筑热工节能设计,建筑节能设计的综合评价,采暖空调和通风节能设计及新能源利用,建筑节能技术措施和节能建筑设计审查等。

福建省跨越夏热冬冷、夏热冬暖两区,其中宁德、南平和三明属夏热冬冷地区,福州、莆田和龙岩属夏热冬暖地区北区,泉州、厦门和漳州属夏热冬暖地区南区。该细则规定,福建省夏热冬冷地区执行夏热冬暖地区北区居住建筑节能设计规定。

福建省建设厅已发出通知,该细则中部分条文为强制性条文,必须严格执行。并规定凡新建、改建、扩建的居住建筑工程项目应严格按照该细则进行节能设计,确保节能设计落实到位。

为贯彻该细则,福建省建筑科学研究院赵士怀院长、黄夏东所长等由省建设厅组织举办培训班,在全省范围内开展培训,共1000多名专业人员参加,效果良好。

(闽 建)

乌鲁木齐市建筑节能工作进展迅速

近几年，乌鲁木齐市建筑节能工作有了较快的发展，至 2003 年底，该市共建设符合节能 50% 标准的住宅已有 180 万 m²，并有华美·文轩家园列入建设部建筑节能示范小区。

该市从完善建筑节能配套政策入手，依法推进建筑节能工作。在市政府的安排下，2003 年 3 月市建委和市计委联合印发了《乌鲁木齐市建筑节能管理规定》，规定从 4 月 15 日起，新建民用建筑全部实施建筑节能设计和施工。在此之前，2002 年 4 月印发了"关于进一步加强乌鲁木齐地区施工图设计文件审查工作的补充通知"，要求凡在乌鲁木齐行政区域内的新建居住建筑均需按照《乌鲁木齐市实施建筑节能技术若干规定》及"乌鲁木齐地区居住建筑采暖分户控制和计量设计措施（试行）的通知"进行设计和实施。

为了提高建筑节能意识，该市积极组织建筑节能教育培训。该市组织了多次有设计院、房地产公司、监理单位、施工单位参加的培训班和新闻发布会，邀请有关专家讲解建筑节能政策标准和法规，介绍建筑节能新产品、新技术，为实施建筑节能工作打好思想基础。

该市还建造了建筑面积为 6775m² 的节能 50% 试点示范工程，研究开发了节能 50% 的多层住宅建筑体系；还组织新疆华源实业（集团）有限公司承建的华美·文轩家园申报国家康居示范工程，并通过建设部的评审，还列为建筑节能 65% 的试点示范小区。

为了保证居住建筑采暖分户控制、计量及建筑节能工作的顺利实施，乌鲁木齐市建委于 2003 年 7 月组织进行了检查，抽查了 36 家单位投资建设的 39 个小区，总建筑面积 103 万 m²，取得了良好的效果。

乌鲁木齐市还充分发挥行业协会的作用，该市新型建材与建筑节能协会由原来的 3 个分会扩大为一个专家委员会和 11 个分会，拓展了业务范围，增强了建筑节能职能，发挥了协会的桥梁纽带作用。

（乌　新）

国际城市可持续能源发展市长论坛召开

2004年11月10~11日在昆明召开了国际城市可持续能源发展市长论坛。这次论坛由建设部和中国工程院主办,美国能源基金会/欧盟中国能源环境项目/德国技术合作公司协办,昆明市政府承办。出席会议的有全国政协主席、中国工程院院长徐匡迪,建设部副部长黄卫,云南省省长徐荣凯等领导。美国能源基金会高级顾问委员会主席柯尔布恩·威尔伯和高级顾问傅志寰、陈清泰、杨纪珂等出席了会议。出席会议的外国市长有瑞士苏黎世市长、德国弗莱堡市长、前哥伦比亚波哥达市市长,以及来自英国伦敦、德国柏林的市长代表。国外贵宾共有50多位。出席会议的国内贵宾有济南、海口、福州、广州等市长,北京、上海、天津和重庆市政府副秘书长,以及其他12个城市的代表。中方代表共150名左右。共有250名代表和列席代表参加了此次会议。

徐匡迪院长从宏观的角度,深入阐明了城市可持续能源发展的内涵,指出城市发展的目标和政策主导作用。黄卫副部长具体地阐明了公共交通优先、扶持和发展快速公交系统,加强建筑节能,重点抓好建筑节能实施等关键问题。会议的议题主要集中在快速公交系统和建筑节能两大领域。国内外市长介绍了城市能源发展中的经验和教训。国内外著名专家介绍的内容深刻,提出了许多有益的政策建议。两个技术分会进一步加深了对政策和关键技术的了解。这次会议开得很成功,代表们收获颇大,对于今后的快速公交系统和建筑节能的实施起到了很好的推动作用。

(环 能)

节能窗国际研讨会在北京召开

节能门窗在节能建筑中的重要位置已越来越为人们所认识，我国建筑节能事业的发展，无疑是促进门窗企业向节能型门窗快速开拓的契机。为引导节能门窗事业的发展，2004年11月23~25日，节能窗国际研讨会暨2004年塑料门窗技术交流会在北京召开。此次会议是由中国建筑金属结构协会塑料门窗委员会和中国建筑业协会建筑节能专业委员会共同组织召开的。

随着建筑节能设计标准的不断完善，对于窗户的节能要求正在提高。我国地域广阔，各地区气候差别很大，不同地区对建筑门窗的要求有一定差别。目前，我国节能门窗技术与配套产品还不能完全适应不同地区的节能需要，更不能满足今后日益提高的建筑节能设计标准的要求。因此，提高门窗的节能性能，开发和利用先进的节能窗产品与技术，是企业占领市场先机的必由之路，也是中国建筑节能发展的迫切需要。

会上，中国建筑业协会建筑节能专业委员会会长、首席专家涂逢祥教授级高工讲"节能窗大发展的良好机遇"；中国建筑业协会建筑节能专业委员会副会长、中国建筑科学研究院郎四维研究员讲"我国节能窗户性能指标体系探讨"；德国建筑节能专家苏挺博士讲"德国建筑节能的政策与标准"；中国建筑业协会建筑节能专业委员会副会长、北京市建筑节能办公室高级顾问方展和高工讲"第三步建筑节能对发展节能窗的机遇"；拜耳（中国）有限公司聚合物集团经理唐伟源讲"铝合金聚氨酯组合窗框制成分类和应用"；加拿大联合太平洋（北京）科技发展有限公司总经理王铁华讲"如何改善中空玻璃的密封寿命"；美国创奇技术公司技术经理刘军讲"提高中空玻璃节能特性的若干问题"；大连实德化建集团研究院程先胜工程师讲"塑料门窗的制作与安装"；安徽芜湖海螺型材科技股份有限公司门窗设计室戎斌工程师讲"节能塑窗在我国的发展趋势"；大庆澳维型材股份有限公司总经理张平讲"多腔式塑料窗的特点及应用"；哈尔滨中大化学建材有限公司宗小丹工程师讲"严寒、寒冷地区窗的基本安装方法"；北新建材塑料有限公司项旭东工程师讲"新一代经济型节能门窗"，最后，上海德硅贸易有限公司陈慧玲董事长就"雷诺丽特彩色窗膜对塑料门窗彩色化的贡献"用大量图片进行了精彩的发言。

会议由中国建筑金属结构协会塑料门窗委员会主任闫雷光、副主任丛敬梅和中国建筑业协会建筑节能专业委员会秘书长白胜芳分别主持。

此次会议内容丰富，涉及到的领域有：分析研究中国节能窗发展的情况与经验；发达国家节能窗发展的状况与趋势；国外先进节能窗技术与产品，包括框材、玻璃、间隔条、窗附件、遮阳等；会议并研讨我国节能窗发展的途径与趋势，研讨门窗生产企业与各地管理、科研设计、开发部门和单位在建筑节能技术方面如何加强联系与协作，塑料门窗技术交流等。研讨会印发了有29篇论文的文集。会后，代表们参观了2004年中国（北京）国际门窗幕墙博览会。

（漾　明）

2004建筑节能与技术集成创新研讨会在京召开

2004年8月13日，由全国工商联住宅产业商会新产品新技术推广中心和中国建筑业协会建筑节能专业委员会联合召开的"2004′建筑节能与技术集成创新研讨会"在北京召开。全国工商联住宅产业商会新产品新技术推广中心吴宏毅主任致开幕词并讲了话。中国建筑业协会建筑节能专业委员会会长、首席专家涂逢祥教授级高工讲了"建筑节能现状及发展趋势"；中国建筑业协会建筑节能专业委员会副会长、北京市建筑节能与墙材革新办公室高级顾问方展和高工报告"北京市建筑节能65%新标准的制定与实施"；中国建筑科学研究院物理研究所黄福其研究员讲"建筑节能体系与建筑功能寿命保障"；当代集团副总裁陈音总工程师讲"高舒适度低能耗建筑技术的工程实践"；北京市城市规划设计研究院高霖教授讲"中美合作示范项目科技部节能示范楼综合技术"。

会上，一些知名企业代表围绕建筑节能技术与产品等方面讲了话。北京锋尚国际公寓研发中心主任、国家一级注册建筑师史勇先生，联合太平洋有限公司总经理、中空玻璃专家王铁华先生，陶氏化学（中国）投资有限公司部门经理曾势桐先生，际高集团有限公司董事长、中国制冷学会高级会员丛旭日先生，美国EMSI公司总监、美国LEED（体系）认证专家徐淑云女士，皇明太阳能置业（北京）有限公司总经理谭洪起先生等就"从锋尚看绿色奥运和建筑节能"、"中空玻璃的节能与密封寿命"、"六五节能，势在必行——开发商的机遇及建筑保温解决方案"、"独立新风式空调系统与低能耗建筑"、"LEED认证体系在中国商业建筑上的实施案例——北京世纪财富中心"、"太阳能房地产的开拓与实践"等话题进行了演讲。

会议由新产品新技术推广中心副处长时钟主持。会后，代表们参观了科技部节能示范楼、锋尚国际公寓和当代Moma建筑。

随着建筑节能工作的不断深入，节能建筑要求的逐步提高，北京市已经率先提出了建筑节能65%的设计标准，并于2004年7月1日开始实施。此次会议正是针对不断提高的节能标准，提倡技术集成创新以及在节能建筑当中积极采用多种节能技术和产品，提升节能建筑中综合节能技术含量而召开的。会议的召开，为节能建筑的发展提供了新的空间。

（集　智）

建设部科技示范工程金都华府项目评析会在杭州举行

由建设部科技司、浙江省房地产协会举办的"建设部科技示范工程金都华府项目评析会"于 2004 年 9 月 19 日在杭州举行。建设部科技司领导、省市主管部门、著名专家学者、研究机构和试点单位等 100 多人，共同探讨住宅科技应用和人居环境建设等问题。

会议由浙江省房地产业协会唐世定会长主持。会上，建设部科技司司长赖明作了"全面建设小康社会中的建设科技"的主题讲话；金都房产集团总裁吴忠泉对金都房产集团近十年的发展和今后工作方向作了简要介绍；中国建筑业协会建筑节能专业委员会会长、首席专家涂逢祥教授级高工作了主题为"建筑节能造福人民"的发言；中国建研院空调所所长徐伟研究员针对"现代住宅空气质量和采暖空调节能"的发言。到会的一些企业也就自己的产品做了介绍。

随着杭州市住宅开发水平的提高及金都房产自身开发经验的积累，金都房产集团认识到杭州的住宅经济必须要走产业化道路，运用各种新技术改善住宅功能质量，节约能源，降低消耗，为住户提供"安全、舒适、节能、环保"的居住服务。在这种背景下，以高新技术为先导，以营造现代化文明居住环境为载体，以推动住宅产业化为目标的国家建设科技示范工程，与"住在杭州"的战略结合，推动杭州的住宅开发向更高、更新的方向发展。

基于这样的认识，在开发建设杭州市中心住宅金都华府项目中，金都房产集团决心运用自己十年来从事科技住宅开发的经验，结合最新的成熟技术，将该项目打造成新一代的科技住宅精品。经反复论证，浙江省建设厅审核，金都华府项目于 2003 年申报建设部"科技示范工程"，并得到了建设部领导的重视，建设部建科函 [2003] 92 号文批准金都华府列入"科技示范工程"。

金都华府项目认真贯彻《夏热冬冷地区居住建筑节能设计标准》的要求，多方面采用了节能技术和产品：外墙采用了自保温砌块体系；门窗采用断桥铝合金中空玻璃；屋面采用倒置式屋面防水体系并与屋顶花园结合。为本地建造"冬暖夏凉"的舒适型住宅。

（南　江）

南京锋尚将打造夏热冬冷地区高舒适度住宅精品

2004年9月18日，在南京市召开了一个别具风格的座谈会，会议由中国建筑业协会建筑节能专业委员会主持，江苏省建设厅、南京市建委、南京市著名设计师以及东南大学建筑学院的教授与北京锋尚集团代表出席，研讨在南京打造节能建筑精品—南京锋尚公寓的建设方案。

北京锋尚国际公寓国家康居工程，在外墙、外窗、屋面、采暖制冷以及健康新风系统中采用了低能耗技术，为住户提供了高舒适度低能耗的健康住宅，得到业主好评，并为在北京率先建造节能65%的住宅建筑创造了条件。

北京锋尚国际公寓在节能措施在多方面处于领先地位：

(1) 外墙系统：国内高层住宅首创高舒适度的、具有保温隔热双重功能的外墙外保温系统。外墙结构外侧依次为粘贴100mm厚聚苯板、100mm厚可流动空气层、瓷板干挂幕墙，外墙传热系数达 $0.3W/(m^2·K)$。

(2) 节能外窗系统：能够满足窗户多方面功能。外窗采用断桥铝合金窗框，配以高透明型低辐射率玻璃，内充惰性气体，外窗的平均传热系数 $2.0W/(m^2·K)$；并在国内高层住宅首次使用了铝合金外遮阳卷帘。

(3) 屋面系统：在屋面采用保温隔热措施。屋面做200mm厚聚苯板保温层，平均传热系数 $0.2W/(m^2·K)$，并在局部屋面绿化，尽量减少夏季的太阳辐射。

(4) 混凝土采暖制冷辅助系统：顶棚混凝土结构楼板中盘管采暖制冷。该系统将聚丁烯管（PB管）现浇在钢筋混凝土结构楼板中，夏季输入不低于20℃的水，冬季输入不高于28℃的水，通过低温辐射的方式均匀地控制室内温度。使室内温度基本控制在夏季不高于26℃、冬季不低于20℃左右，在冬季北京最冷时，只需供很少量的热量，就能满足要求，大大节省了供暖能耗。

(5) 健康新风系统：祛除室内空气中的主要污染物。锋尚公寓采用集中置换式新风系统，有过滤、加湿除湿、热交换和加热功能，经过此系统给出的新风，既节约能源，又为住户提供了湿度适宜的新鲜空气。

(6) 其他系统：中水处理系统提供了节约用水的途径；中央吸尘系统防止了灰尘的再次污染；食物垃圾处理系统使住户的室内环境健康卫生；庭院的大面积绿地，为住户提供质朴自然的环境。

随着我国建筑节能工作不断向南方推进，《夏热冬冷地区居住建筑节能设计标准》的实施，南京地区建筑节能工作也在深入地展开，北京锋尚集团正是根据这样的形势，积极将北京锋尚国际公寓国家康居工程的节能建筑理念带到了南京。

座谈会由中国建筑业协会建筑节能专业委员会会长、首席专家涂逢祥教授级高工主持并讲话，北京锋尚国际公寓研发中心主任史勇高级建筑师向大家介绍了北京锋尚国际公寓工程的情况，北京威斯顿建筑设计有限公司谢斌总经理介绍了南京锋尚公寓设计理念。江苏省建设厅科教处王华调研员就江苏省和南京市近期建筑节能工作进展作了介绍，东南大学建筑学院杨维菊教授报告了太阳能在国内外应用情况，南京市建委叶菊华顾问总工、市建委科技设计处凌舒副处长、江苏省化学建材学会理事长王俊玉高工、江苏省建筑科学研究院节能所所长许锦峰教授级高工、南京市民用建筑设计研究院陈永明教授级高级建筑师、东南大学建筑学院仲德崑教授、东南大学建筑设计院顾问总工刘恭鑫高级建筑师等就南京锋尚公寓的规划和设计提供了许多宝贵的意见和建议，这些建议将有利于使南京锋尚公寓建成夏热冬冷地区的高舒适度低能耗住宅精品。

（南　锋）

《建筑节能》第33～44册总目录

1 建筑节能综述

21世纪初建筑节能展望　　涂逢祥　第33册
当前建筑节能的情况与工作安排　　建设部建筑节能办公室　第33册
建设单位是开展建筑节能的关键所在　　方展和　第33册
关于充分发挥政府公共管理职能，推进建筑节能工作的思考　　武涌　第38册
联合国气候变化政府间组织特别报告建筑部分（摘录）　第38册
促进中国采暖能源效率的提高：经验教训和政策启示　　刘峰　第39册
以科技进步促建筑节能发展　　滕绍华　第40册
全面推动天津市建筑节能工作向纵深发展　　林彩富　第40册
发达国家政府管理建筑节能的共同特点　　孙童　第41册
关于建立我国建筑节能市场机制的几点思考　　康艳兵等　第41册
武汉市节能住宅发展研究　　李汉章等　第42册
唐山市的建筑节能工作　　唐山市建设局　第42册
唐山既有居住建筑节能改造　　唐山市建设局　第42册
节能研究报告：结论与政策建议——《中国能源综合发展战略与政策研究报告》摘录　　王庆一等　第43册
建筑节能势在必行　　涂逢祥　第43册
建筑节能是建筑发展的必然趋势　　彭姣等　第43册
《国际城市可持续能源发展市长论坛》关于建筑节能的讨论总结　第44册
坚持可持续的科学发展观　全面推进建筑节能工作——在昆明国际城市可持续能源发展市长论坛上的讲话（摘要）　　许瑞生　第44册
对建筑节能的几点思考　　龙惟定等　第44册

2 建筑节能战略、政策与规划

坚持集中供热，发展热电联产，认真做好城市能源规划　　许海松等　第36册
建设部建筑节能"十五"计划纲要　　建设部　第39册
新能源和可再生能源产业发展"十五"规划　　国家经贸委　第39册
墙体材料革新"十五"规划　　国家经贸委　第39册
关于中国建筑节能的跨越式发展　　涂逢祥　第40册
中国的能源战略和政策　　陈清泰　第42册

优化城市能源结构，推进建筑节能，增强可持续发展能力　　汪光焘　第42册

建筑节能研究报告—《中国能源综合发展战略与政策研究报告》摘录　　涂逢祥等　第42册

政府机构节能研究报告—《中国能源综合发展战略与政策研究报告》摘录　　王庆一　第42册

北京的能源规划和能源结构调整　　江　亿　第42册

大学城能源规划中的节能　　杨延萍等　第42册

国务院办公厅部署开展资源节约活动　　第43册

2020年中国能源需求展望　　周大地等　第43册

如何提高中国城市建筑领域能源与资源利用效率　　苏　挺（德）　第43册

《建设部推广应用和限制禁止使用技术》更正内容对照表　　建设部　第43册

关于四川地区建筑能耗可持续发展的思考　　冯　雅　第43册

四川省建筑热工设计分区与节能技术对策　　王　瑞　第43册

中国气候变化初始国家信息通报（摘录）　　第44册

全球气候变化问题概述——《中国能源发展战略与政策研究》摘录　　徐华清等　第44册

能源活动对环境质量和公众健康造成了极大危害——《中国能源发展战略与政策研究》摘录　　王金南等　第44册

大力发展节能省地型住宅　　汪光焘　第44册

中华人民共和国建设部关于加强民用建筑工程项目建筑节能审查工作的通知　　建科[2004]174号　　建设部　第44册

3　建筑环境与节能

环境、气候与建筑节能　　吴硕贤　第33册

夏热冬冷地区住宅热环境设计研究　　柳孝图　第33册

夏热冬暖地区住宅建筑热环境分析　　孟庆林等　第33册

夏热冬暖地区空调室内空气品质的改善与节能　　聂玉强等　第34册

从舒适性空调建筑围护结构热工性能看建筑节能　　聂玉强等　第35册

深圳市居室热环境的优化设计　　马晓雯等　第37册

夏热冬暖地区空调室内空气品质的改善与节能　　聂玉强等　第37册

建筑节能与建筑气候基础数据建设　　李建成　第41册

关于夏热冬暖地区热舒适指标的探讨　　李建成　第41册

深圳市夏季自然通风条件下室内人体感受舒适的温湿度变化区域　　刘俊跃等　第41册

建筑环境的评价方法与技术　　潘秋林等　第43册

节能建筑冬季采暖临界温度　　唐鸣放等　第43册

4　建筑节能标准

北京市标准《新建集中供暖住宅分户热计量设计技术规程》简介　张锡虎等　第33册
安徽省民用建筑节能设计标准与编制概况　王俊贤等　第34册
加强建筑节能标准化，为建筑节能工作服务　徐金泉　第36册
《夏热冬冷地区居住建筑节能设计标准》简介　郎四维等　第36册
《夏热冬冷地区居住建筑节能设计标准》编制背景　涂逢祥　第36册
《夏热冬冷地区居住建筑节能设计标准》暖通空调条文简介　郎四维　第36册
《采暖居住建筑节能检验标准》实施与工程节能验收　徐选才　第36册
关于《既有采暖居住建筑节能改造技术规程》的编制　陈圣奎　第36册
夏热冬冷地区节能建筑外围护结构热惰性指标 D 的取值研究　许锦峰　第37册
夏热冬暖地区居住建筑围护结构能耗分析及节能设计指标的建议　杨仕超　第38册
建筑围护结构总传热指标 OTTV 研究与应用　任俊　第38册
《夏热冬冷地区居住建筑节能设计标准》中窗墙面积比的确定　冯雅等　第39册
我国居住建筑节能设计标准的现况与进展　郎四维　第40册
以性能为本的建筑节能标准的发展　许俊民　第40册
《采暖居住建筑节能检验标准》内容介绍　徐选才　第40册
《夏热冬暖地区居住建筑节能设计标准》编制背景　涂逢祥　第41册
加快实施节能 65% 标准的步伐　祝根立等　第41册
上海市《住宅建筑围护结构节能应用技术规程》简介　杨星虎　第41册
上海地区《公共建筑节能设计标准》的编制和应用　徐吉浣等　第42册
2004 年北京市《居住建筑节能设计标准》介绍　曹越等　第43册
居住建筑节能设计 EHTV 法研究　任俊等　第43册
上海市公共建筑节能设计规程管道绝热编制介绍　寿炜炜　第43册
上海住宅建筑节能检测评估标准介绍　刘明明等　第44册

5　供热体制改革

城市供热改革的情况与政策　杨鲁豫　第33册
建筑采暖计量收费体制改革　涂逢祥　第35册
北京市当前建筑采暖节能中的两个问题　方展和　第35册
采暖体制改革若干问题的研究与思考　王真新　第35册
城市采暖供热价格制定管理　刘应宗等　第35册
城市采暖供热价格执行管理　刘应宗等　第36册
我国供热体制改革的基本思路　王天锡　第37册
天津市供热体制改革的实践经验　崔志强　第37册
对城市住宅供热采暖收费制度改革中一些问题的思考　徐晨辉等　第37册
对我国推行分户计量收费的几点分析　辛坦　第39册

城镇供热方式与计量收费　　　曾享麟　第41册
　　天津市供热体制改革的探索与实践　　崔志强等　第41册
　　一部制热量价格与两部制热费　　辛坦　第41册
　　关于印发《关于城镇供热体制改革试点工作的指导意见》的通知　建设部等八部委
　　　　第42册
　　当前供热体制改革与要求—在供热体制改革会议上的讲话（摘要）仇保兴　第42册
　　供热体制改革的意义和重点　　刘北川　第42册
　　供热计量技术与收费方案讨论　　陆伯祥　第42册
　　天津供热体制改革工作的回顾与展望　高顺庆　第43册

6　建筑节能技术经济分析

　　减少建筑能耗的途径　　王荣光　第33册
　　怎样在中国建设高舒适度低能耗的住宅建筑　　田原等　第33册
　　广州地区民用建筑节能技术研究与应用进展　　冀兆良等　第33册
　　夏热冬暖地区的建筑节能　　任俊　第33册
　　夏热冬冷地区节能住宅经济效益研究　　李申彦等　第41册
　　节能住宅投资分析　　葛关金　第42册
　　哈尔滨地区第三阶段建筑物耗热量指标分析　　方修睦等　第43册
　　成都地区节能建筑示范工程技术经济指标分析　　冯雅等　第43册
　　地温水源热泵经济性分析　　石永刚　第43册
　　中国1980～2002年能源生产、消费及结构　　第43册
　　中国1949年～2002年能源产量和消费量居世界位次　第43册
　　2002年世界一次能源消费及结构　　第43册
　　2002年世界一次能源储量、产量和消费量　　第43册
　　中国2002年关键能源与经济指标的国际比较　　第43册
　　中国2000～2020年一次能源需求预测　　第43册

7　节能试点建筑

　　人和名苑建筑节能综合措施分析　　赵立华　第37册
　　锦绣大地公寓——高舒适度低能耗健康住宅的实践　　陈亚君　第37册
　　北京世纪财富中心建筑能源优化方案　　高沛峻等　第42册
　　广州大学城广州大学行政办公楼外围护结构方案设计分析　　毛洪伟等　第42册
　　山东诸城市龙海花园节能住宅与太阳能利用　　王崇杰等　第42册
　　唐山玉田县玉花园（二期）节能住宅工程　　玉田县建设局　第42册
　　济南泉景·四季花园节能住宅小区　　万成粮等　第42册
　　建设部建筑节能试点示范工程（小区）管理办法　　第43册
　　建筑节能技术在清华大学超低能耗示范楼的综合应用　　薛志峰等　第43册

8　建筑围护结构节能

外围护结构节能设计浅析　　王薇薇等　第34册
关于夏热冬冷地区住宅楼体形系数的比较与分析　　王　炎　第34册
浅谈采暖居住建筑保温节能设计原则　　周滨北　第35册
夏热冬冷地区建筑围护结构节能措施　　付祥钊　第36册
采暖分户计量后内墙是否加做保温　　江　亿　第36册
吸湿相变材料在建筑围护结构中的应用　　冯　雅等　第37册
综合节能在建筑设计中的应用　　史建伟等　第40册
建筑保温在实施计量供热中的作用　　伍小亭　第40册
外墙内保温设计应注意的问题　　王殿池等　第40册
保温承重装饰空心砌块及其应用　　杜文英　第40册
保温砌模现浇承重墙体系　　冯葆纯　第42册
广州地区建筑围护结构节能设计分析　　任　俊　第43册

9　外墙外保温技术

无机矿物外墙外保温系统　　管云涛　第34册
采用ZL聚苯颗粒保温材料体系解决保温墙面裂缝问题　　黄振利等　第34册
外墙外保温防护面层材料　　邱占英　第34册
用于外墙和屋面的上海永成EIFS建筑外保温系统　　周　强等　第34册
"可呼吸"的外墙　　杨　红等　第34册
现浇混凝土外墙与外保温板整体浇筑体系　　顾同曾　第35册
既有建筑节能改造外保温墙体保温设计　　赵立华等　第35册
当前外墙外保温技术发展中的几个问题　　王美君　第38册
GKP外墙外保温技术指南　　第38册
ZL胶粉聚苯颗粒外墙外保温技术指南　　第38册
聚氨酯外墙外保温技术　　第38册
易而富EIFS外墙外保温体统与干式抹灰　　丽美顺涂料树脂公司　第40册
SB板外墙外保温技术指南　　第41册
外墙外保温在上海市节能住宅中的应用　　俞力航等　第41册
外墙外保温理事会关于发布外墙外保温指导价的公告　　第42册
膨胀聚苯板薄抹灰外墙外保温形体及其性能简述　　李晓明　第42册
高层建筑外墙外保温饰面层粘贴面砖系统　　黄振利等　第42册
后贴聚苯外保温做法的连结安全和瓷砖饰面的可行性　　钱选青等　第42册
北京地区建筑墙体保温技术及产品的发展　　淳广才　第43册
成都地区节能住宅外围护结构保温隔热指标的确定　　韦延年　第43册
外保温墙体保温隔热性能的优势　　杨善勤　第43册

建筑节能65%与硬泡聚氨酯喷涂外墙外保温技术　　张永增等　第43册

10　节能窗技术

对建筑物的窗墙比和窗户节能问题的探讨　　吴　雁等　第35册
聚氨酯泡沫复合物节能门窗安装密封胶　　范有臣　第35册
试论建筑外窗的夏季节能　　石民祥　第36册
南方炎热地区玻璃幕墙与门窗的节能问题　　杨仕超　第36册
铝质门窗的若干节能技术问题　　班广生　第36册
建筑镀膜玻璃及其复合产品的节能性能　　许武毅　第36册
正确选用中空玻璃　　徐桂芝等　第36册
建筑镀膜玻璃及其复合产品的节能性能　　许武毅　第36册
节能窗对室内得热和冷负荷影响的计算机模拟分析　　赵士怀等　第38册
节能窗对夏季室内热环境影响的计算机模拟分析　　赵士怀等　第39册
炎热地区窗户传热系数的计算问题　　董子忠等　第39册
炎热地区窗户的太阳辐射得热　　董子忠等　第39册
夏热冬冷地区的室内过热与建筑遮阳　　柳孝图　第39册
玻璃系统的遮阳性能研究　　董子忠等　第39册
铝合金门窗发展趋势分析　　王　春　第39册
节能塑料门窗在南方炎热地区的应用　　王　民等　第39册
对夏热冬暖地区建筑门窗的几点看法　　蔡贤慈　第39册
合理配置建筑门窗　　刘　军　第40册
我国节能窗户性能指标体系探讨　　郎四维　第43册
节能外窗性能分析　　杨善勤　第43册
夏热冬冷地区外窗保温隔热性能对居住建筑采暖空调能耗和节能影响的分析　　赵士怀等　第43册
节能塑料门窗的发展　　闫雷光等　第43册
高性能中空玻璃与超级间隔条　　王铁华　第43册
深圳地区不同朝向窗户玻璃的优化选择　　李雨桐等　第43册
双层立面研究初探　　蒋　骞等　第43册
窗遮阳系数的检测方法研究　　李雨桐等　第43册
太阳热能及其应用——欧洲相关建筑法规规范介绍　　柯　特（意）等　第43册
第三步建筑节能对发展节能窗的机遇与挑战　　方展和　第44册
谈谈节能建筑中的窗　　沈天行　第44册
窗户——节能建筑的关键部位　　白胜芳　第44册
北京市建筑外窗调研报告　　段　恺等　第44册
提高建筑门窗保温性能的途径　　张家猷　第44册
节能塑窗在我国的发展趋势　　胡六平　第44册
上海安亭新镇节能建筑高档塑料门窗的选用　　陈　祺等　第44册

实德新 70 系列平开塑料窗　　程先胜　第 44 册
铝合金——聚氨酯组合隔热窗框的制成分类和应用　　张晨曦　第 44 册
我国中空玻璃加工业的回顾与展望　　张佰恒等　第 44 册
提高中空玻璃节能特性的若干技术问题　　刘　军　第 44 册
改善中空玻璃的密封寿命　　王铁华　第 44 册
硅酮/聚异丁烯双道密封结构浅析　　戴海林　第 44 册

11　节能屋面技术

用挤塑聚苯板作倒置屋面保温层　　王美君　第 34 册
生态型节能屋面的研究　　白雪莲等　第 34 册
屋面被动蒸发隔热技术分析　　刘才丰等　第 34 册
屋面绝热板的改进与应用研究　　杨星虎等　第 34 册
把既有建筑的节能改造与"平改坡"相结合引向市场　　方展和　第 41 册

12　采暖空调节能技术

热量表产业化的若干理论和技术问题　　王树铎　第 33 册
采用地板热辐射采暖、热表计量，促进建筑节能全面发展　　池基哲　第 33 册
集中供热/冷系统中的能量计量　　喻李葵等　第 35 册
对集中供暖住宅分户计量若干难点的再思考　　张锡虎等　第 35 册
计量供热系统设计探讨　　王　敬　第 35 册
单户燃气供热相关问题探讨　　许海峰等　第 35 册
住宅供热计量综论　　孙恺尧　第 37 册
集中供热按表计量收费室内系统的设计方法　　高顺庆等　第 37 册
热网调节设备和热计量方式的选用　　狄洪发等　第 37 册
从生理卫生和舒适的角度论述地板辐射供暖的特点　　杨文帅等　第 37 册
太阳能、地热利用与地板辐射供暖　　王荣光等　第 37 册
采暖热计量收费方法的试验分析　　方修睦等　第 39 册
寒冷地区用空气源热泵的试验研究　　马国远等　第 39 册
浦东国际机场大型离心水泵节能改造　　曹　静　第 39 册
改善供热系统，节能建筑用能　　曾享麟　第 40 册
中国城镇供热系统节能技术措施　　中国城镇供热协会技术委员会　第 40 册
推进建筑耗能计量收费，保障可持续发展　　孙恺尧　第 40 册
地下水源热泵系统运行能耗动态模拟分析　　丁力行等　第 40 册
上海市建科大厦空调系统节能改造　　刘传聚等　第 40 册
城市污水在建筑上的利用　　沈天行等　第 40 册
关于电热采暖的多角度思考　　张锡虎等　第 41 册
武汉市中央空调节能对策的探讨　　李汉章等　第 41 册

光伏建筑一体化对建筑节能影响的理论研究　　何　伟等　第41册
华北地区大中型城市建筑采暖方式分析　　江　亿　第42册
新型的建筑物能源系统　　徐建中等　第42册
藏东南地区冬季采暖方案初探　　徐　明等　第42册
西藏地区太阳能采暖的利用　　冯　雅　第42册
温度法采暖热计量系统　　陈贻谅等　第43册
中央空调节能问题及对策刍议　　龚明启等　第43册
燃气热源供暖系统综合经济分析　　刘　亚　第43册

13　建筑节能检测

绝热材料及其构件绝热性能测试方法回顾　　周景德等　第35册
建筑幕墙门窗保温性能检测装置　　刘月莉等　第35册
天津市龙潭路节能示范住宅检测　　杜家林等　第35册
深圳市居住建筑夏季降温方式实测与分析　　范园园等　第37册
防护热箱法测试试验装置的设计与建设　　聂玉强等　第38册
南京地区采用热泵—地板采暖住宅建筑的能耗与热舒适性实测研究　　王子介　第39册
热流计法对采暖建筑节能检测热损失的计算　　冯　雅等　第40册
重庆天奇花园节能测试总结报告　　唐鸣放等　第40册
蓄水覆土种植屋面传热系数测试分析　　唐鸣放等　第40册
建筑材料、外围护结构及建筑物的绝热性能检测方法　　钱美丽　第41册
耐候性试验方法与检测分析评价　　魏铁群等　第41册
夏热冬冷地区住宅建筑热环境测试及评价　　彭昌海等　第41册
混凝土承重空心小砌块住宅建筑节能设计与测试　　杜春礼等　第41册
广州市汇景新城墙体构造热阻现场测试　　王珍吾等　第41册
广州市汇景新城住宅屋顶隔热性能实测　　高云飞等　第41册
《四川省住宅节能建筑检测验收标准》简介　　冯　雅　第42册
墙体传热系数现场检测及热工缺陷红外热像仪诊断技术研究　　杨　红等　第42册
对建筑物节能评测的几点认识　　梁苏军　第43册
全国建筑节能检测验收与计算软件研讨会纪要　　建筑节能专业委员会　第44册
对当前我国节能建筑验收检测的意见　　涂逢祥　第44册
关于居住建筑的节能检测问题　　林海燕　第44册
墙体保温工程验收与检测宜采取综合评定方法　　王庆生　第44册
关于节能保温工程施工质量的过程控制和现场检测　　金鸿祥　第44册
关于采暖居住建筑节能评价问题　　方修睦等　第44册
建筑围护结构的热工性能检测分析　　王云新等　第44册
RX-Ⅱ型传热系数检测仪在工程检测中的应用　　赵文海等　第44册
用气压法检测房屋气密性　　刘凤香　第44册
示踪气体法检测房间气密性　　赵文海等　第44册

利用导热仪和热流计方法对墙体和外门窗检测系统测量准确性的验证　　陈　炼等
　　　第 44 册
通道式玻璃幕墙遮阳性能测试　　李雨桐　第 44 册
房屋节能检测中的抽样方案　　赵　鸣等　第 44 册
空调冷水机组 COP 值现场测试方法　　鄢　涛等　第 44 册

14　建筑节能软件

采暖地区居住建筑的节能设计达标评审—DECDC 能耗计算软件简介　　曲南等　第 40 册
居住建筑设计节能能耗分析计算软件　　牟秀泉等　第 40 册
建筑节能评估系统软件开发与研究　　丁力行等　第 40 册
夏热冬冷地区建筑节能综合评价指标体系研究　　丁力行等　第 40 册
应用 DOE-2 程序分析计算建筑能耗　　林海燕　第 41 册
采暖居住建筑节能评价软件的研究与开发　　方修睦等　第 41 册
建筑节能计算机评估体系研究　　黄俊鹏等　第 41 册
围护结构隔热性评价及计算机算法　　刘明明等　第 41 册
气象资料模拟软件在建筑节能标准制定中的应用　　余　庄等　第 41 册
夏热冬暖地区居住建筑节能设计综合评价软件介绍　　杨仕超等　第 44 册
居住建筑节能设计与审查软件的研究　　马晓雯等　第 44 册
节能建筑能耗评估软件的开发　　赵立华等　第 44 册

15　建筑能耗

广州地区住宅建筑能耗现状调查与分析　　何俊毅等　第 34 册
夏热冬冷地区建筑能耗的模拟研究　　侯余波等　第 34 册
上海住宅建筑节能潜力分析　　倪德良　第 37 册
建立我国的建筑能耗评估体系　　江　亿　第 38 册
广州地区居住建筑空调全年能耗及节能潜力分析　　冀兆良等　第 38 册
广州市住宅空调能耗分析与研究　　任　俊等　第 41 册
广州地区居住建筑空调能耗分析　　周孝清等　第 41 册
公共建筑的节能判定参数的确定　　李峥嵘等　第 44 册

16　国外建筑节能

英国建筑规范中的节能要求　　乔治·韩德生　第 36 册
欧盟国家推行分户热计量收费现状分析　　辛　坦　第 36 册
加拿大的能耗统计调查方法与实践　　建设部考察团　第 37 册
英、法、德三国建筑节能标准近期进展　　涂逢祥等　第 37 册
英、法、德三国建筑节能技术考察　　顾同曾等　第 37 册

欧洲的三幢节能示范建筑　　　　　白胜芳等　第37册
德国室内采暖节能政策　　　　Paul H·Suding　第37册
瑞典节能建筑现场测试与数据分析方法　　周景德等　第38册
美国20世纪80年代初热费改革情况介绍　　李立波等　第39册